新时期小城镇规划建设管理指南丛书

小城镇污水处理厂设计与运行管理指南

孙世兵　主编

U0218359

天津大学出版社
TIANJIN UNIVERSITY PRESS

图书在版编目(CIP)数据

小城镇污水处理厂设计与运行管理指南/孙世兵主编. —天津：天津大学出版社，2014.6
(新时期小城镇规划建设管理指南丛书)
ISBN 978 - 7 - 5618 - 5100 - 5

Ⅰ. ①小… Ⅱ. ①孙… Ⅲ. ①城市污水处理－污水处理厂－设计－指南 ②城市污水处理－污水处理厂－运行－指南 Ⅳ. ①X505-62

中国版本图书馆 CIP 数据核字(2014)第 134537 号

出版发行	天津大学出版社
出 版 人	杨欢
地　　址	天津市卫津路 92 号天津大学内(邮编：300072)
电　　话	发行部：022 - 27403647
网　　址	publish. tju. edu. cn
印　　刷	北京紫瑞利印刷有限公司
经　　销	全国各地新华书店
开　　本	140mm×203mm
印　　张	13
字　　数	326 千
版　　次	2014 年 7 月第 1 版
印　　次	2014 年 7 月第 1 次
定　　价	30.00 元

小城镇污水处理厂设计与运行管理指南
编 委 会

主　编：孙世兵

副主编：相夏楠

编　委：张　娜　　孟秋菊　　梁金钊　　刘伟娜

　　　　张微笑　　张蓬蓬　　吴　薇　　胡爱玲

　　　　桓发义　　聂广军　　李　丹

内 容 提 要

本书根据《国家新型城镇化规划（2014—2020 年）》及中央城镇化工作会议精神，结合目前国内外小城镇的污水处理技术现状，系统阐述了小城镇污水处理的新型污水处理工艺和技术。全书主要内容包括概论，小城镇污水处理厂设计，小城镇污水处理系统及选择，小城镇污水处理厂的典型工艺设计，污水处理厂的设备运行与管理，小城镇污水处理厂污泥处理运行与管理，小城镇污水处理厂供配电系统、自动控制系统和测量仪表，污水处理厂安全生产管理，污水处理成本及管理等。

本书内容丰富、涉及面广，而且集系统性、先进性、实用性于一体，既可供从事小城镇规划、建设、管理的相关技术人员以及建制镇与乡镇领导干部学习工作时参考使用，也可作为高等院校相关专业师生的学习参考资料。

前　言

　　城镇是国民经济的主要载体，城镇化道路是决定我国经济社会能否健康、持续、稳定发展的一项重要内容。发展小城镇是推进我国城镇化建设的重要途径，是带动农村经济和社会发展的一大战略，对于从根本上解决我国长期存在的一些深层次矛盾和问题，促进经济社会全面发展，将产生长远而又深刻的积极影响。

　　我国现在已进入全面建成小康社会的决定性阶段，正处于经济转型升级、加快推进社会主义现代化的重要时期，也处于城镇化深入发展的关键时期，必须深刻认识城镇化对经济社会发展的重大意义，牢牢把握城镇化蕴含的巨大机遇，准确研判城镇化发展的新趋势新特点，妥善应对城镇化面临的风险挑战。

　　改革开放以来，伴随着工业化进程加速，我国城镇化经历了一个起点低、速度快的发展过程。1978—2013 年，城镇常住人口从1.7 亿人增加到7.3 亿人，城镇化率从 17.9％提升到 53.7％，年均提高 1.02 个百分点；城市数量从 193 个增加到 658 个，建制镇数量从 2 173 个增加到 20 113 个。京津冀、长江三角洲、珠江三角洲三大城市群，以 2.8％的国土面积集聚了 18％的人口，创造了 36％的国内生产总值，成为带动我国经济快速增长和参与国际经济合作与竞争的主要平台。城市水、电、路、气、信息网络等基础设施显著改善，教育、医疗、文化体育、社会保障等公共服务水平明显提高，人均住宅、公园绿地面积大幅增加。城镇化的快速推进，吸纳了大量农村劳动力转移就业，提高了城乡生产要素配置效率，推动了国民经济持续快速发展，带来了社会结构深刻变革，促进了城乡居民生活水平全面提升，取得的成就举世瞩目。

根据世界城镇化发展普遍规律，我国仍处于城镇化率30％～70％的快速发展区间，但延续过去传统粗放的城镇化模式，会带来产业升级缓慢、资源环境恶化、社会矛盾增多等诸多风险，可能落入"中等收入陷阱"，进而影响现代化进程。随着内外部环境和条件的深刻变化，城镇化必须进入以提升质量为主的转型发展新阶段。另外，由于我国城镇化是在人口多、资源相对短缺、生态环境比较脆弱、城乡区域发展不平衡的背景下推进的，这决定了我国必须从社会主义初级阶段这个最大实际出发，遵循城镇化发展规律，走中国特色新型城镇化道路。

　　面对小城镇规划建设工作所面临的新形势，如何使城镇化水平和质量稳步提升、城镇化格局更加优化、城市发展模式更加科学合理、城镇化体制机制更加完善，已成为当前小城镇建设过程中所面临的重要课题。为此，我们特组织相关专家学者以《国家新型城镇化规划（2014—2020年)》、《中共中央关于全面深化改革若干重大问题的决定》、中央城镇化工作会议精神、《中华人民共和国国民经济和社会发展第十二个五年规划纲要》和《全国主体功能区规划》为主要依据，编写了"新时期小城镇规划建设管理指南丛书"。

　　本套丛书的编写紧紧围绕全面提高城镇化质量，加快转变城镇化发展方式，以人的城镇化为核心，有序推进农业转移人口市民化，努力体现小城镇建设"以人为本，公平共享""四化同步，统筹城乡""优化布局，集约高效""生态文明，绿色低碳""文化传承，彰显特色""市场主导，政府引导""统筹规划，分类指导"等原则，促进经济转型升级和社会和谐进步。本套丛书从小城镇建设政策法规、发展与规划、基础设施规划、住区规划与住宅设计、街道与广场设计、水资源利用与保护、园林景观设计、实用施工技术、生态建设与环境保护设计、建筑节能设计、给水厂设计与运行管理、污水处理厂设计与运行管理等方面对小城镇规划建设管理进行了全面系统的论述，内容丰富，资料翔实，集理论与实践于一体，具有很强的实用价值。

　　本套丛书涉及专业面较广，限于编者学识，书中难免存在纰漏及不当之处，敬请相关专家及广大读者指正，以便修订时完善。

目 录

第一章 概 论

　　小城镇一般是指建制镇政府所在地,具有一定的人口、工业、商业的聚集规模,是当地农村、社区的政治、经济和文化中心,并具有较强的辐射能力。由于小城镇与周围村庄关系密切,所以也常简称为"村镇"。

　　污水处理是现代中、小城镇发展不可或缺的组成部分,城镇污水处理在发达国家已有较成熟的经验,中国污水处理设施相对于发达国家还十分落后,要提高城镇污水处理率还需一定时间、政策、资金和技术。

第一节　小城镇污水处理的现状与存在的问题

一、我国城市水污染的总体状况

　　水资源短缺问题的产生,一方面是由于人类用水量的增加所导致的;另一方面是由于水环境的污染,使水资源的水质恶化和水生态系统遭到破坏。在我国大部分城市和地区,由于资金和技术的原因,污水处理设施严重不足,近80%的污水未经有效处理就直接排入自然水体,已使全国近40%的河段遭受污染,90%以上的城市水域被严重污染,近50%的重点城镇水源不符合饮用水标准。

　　2002年,七大水系741个重点监测断面中,29.1%的断面满足Ⅰ~Ⅲ类水质要求;30.0%的断面属Ⅳ、Ⅴ类水质;40.9%的断面属劣Ⅴ类水质。除个别水系支流和部分内陆河流外,总体上呈加重趋势。其中,七大水系干流及主要一类支流的199个国控断面中,Ⅰ~Ⅲ类水质断面占46.3%;Ⅳ、Ⅴ类水质断面占26.1%;劣Ⅴ类水质断面占27.6%。

二、小城镇污水的特点与危害

　　城市化是不可抗拒的经济和社会发展规律,是工业化的必然结果。发达国家的城市化率已达 70%~80%,我国目前已达 40%左右。随着人类对自然、经济社会、资源和环境认识的深化,发达国家的城市化已开始进入以高新技术为支撑的城乡共生互补,环境生态良性循环,经济社会可持续发展后的城市化阶段。随着我国经济持续快速发展,小城镇数量会剧增,发展潜力也会巨大。

(一)小城镇污水的特点

1. 小城镇污水水量变化较大

我国小城镇数量众多,分布较广,地点分散,污水无害化处理设施缺乏,使得大部分小城镇污水直接排入水体,造成江河湖泊水质恶化和地下水污染,污染的不断加剧已危及城镇供水安全及人身健康,因此,建设排水体系,治理水污染,已提上议事日程。

2. 小城镇污水水质变化较大

小城镇污水主要由生活污水和工业废水组成,其中生活污水成分比较固定。但小城镇同大城市相比,不具备建立完善的工业体系,许多小城镇都有其主导的产业,产业结构的单一导致产生的工业废水水质单一。不同地方、不同发展目标的小城镇工业废水的成分则多种多样,其废水需要用不同的处理方法。例如,一些以轻纺为发展经济的城镇,排出的废水中就含有变色的废水,电镀厂则排出含有氰化物的废水,造纸厂排出纸浆废水。工业废水中往往含有大量的有害物质,大大超过了收纳生活污水的一般污水厂水质状况,造成污水厂超负荷运行,运行费用增加,出水水质变差的后果。

3. 小城镇污水受雨天影响较大

据统计,我国的排水系统中约有 70%都采用了合流制的排水体制,小城镇的排水系统多采用的是合流制的排水体制,这种排水体制造成污水厂受气候影响,尤其是降雨的影响很大。因此,我国已有的小城镇污水处理厂,在雨季时,大量的雨水进入污水处理厂,就会造成污水厂超负荷运转,同时,也会导致大量的污水未经要求处理而排入受纳水体中。

因地制宜采取集中与分散相结合的治理模式,探索、开发和采用适合小城镇地区能耗低、效率高、投资省、易管理的污水处理新工艺势在必行。

(二)小城镇污水的危害

污水的最终出路有三种,即排入江河湖泊、灌溉农田或重复使用。没有经过处理的污水直接排放到水体,会使水体性质发生改变。随着生产的发展,污水量将不断增加,污水的成分日益复杂,各种各样的污水排入水体后,会造成上游河流受到污染还没有得到净化,又再次受到下游河流附近工厂排放污水的污染,以致整个河流始终处于污染状态。长此下去,水体水质会逐渐变坏,如变黑、变臭,溶解氧减少,各种有毒重金属离子增多,会给人们的生活带来很大的危害。具体来说有以下几点。

(1)对人体健康的危害。污水中致病的病毒、病菌、寄生虫进入人体中易引起疾病蔓延,含有的各种有毒物质会引起人体中毒。

(2)对农业生产的危害。污水中存在大量的溶解固体,如溶解盐。污水流入农田会使溶解盐聚存于土壤中,而使得土壤逐渐盐化。一些污染物含量过多,影响农作物的生存,甚至中毒不能食用。

(3)对渔业的危害。水中有毒物质会使鱼类中毒或积存于鱼体内,通过食物链的作用对人体产生危害。同时,水中溶解氧缺乏,鱼会窒息而死,造成许多地方"地上无草,水中无鱼"的荒凉景象。

三、小城镇污水处理面临的问题

根据建设部2006年《城市、县城和村镇建设统计公报》,截至2006年末,全国城市的污水处理率已达57%(其中20%的城市污水处理率已达到或接近70%),县城的污水处理率为13.56%,但小城镇的污水处理工程还处于起步阶段,污水处理率不足1%。

1. 设施建设严重不足与重复建设并存

目前,我国正朝着全面实现小康社会的发展目标不断向前迈进,在这进程中,统筹城乡发展,进一步加快小城镇发展建设步伐,已成为全面建设小康社会奋斗目标的必然趋势和必由之路。随着小城镇经济社会发展水平的不断提高和人口规模的快速集聚,小城镇污水产生量与日俱增,但由于受建设资金投入不足限制,目前,我国小城镇污水处理设施建设严重滞后于城镇经济社会发展要求,污水肆意排放现象普遍,水环境污染问题突出,给城镇居民生活、生产环境和身体健康造成了一定影响。据统计,2005 年我国城市污水处理率约为 46%,县城污水处理率约为 11%,而乡镇级别的城镇污水处理率不超过 1%,乡村几乎是空白。

与此同时,受行政区划和管理体制制约,目前,小城镇污水处理设施规划建设基本上是各自为政、独立设置的,很难与周边的大、中城市或相邻城镇进行统一协调考虑,从而难以实现污水处理设施的共享共用和有效资源的合理配置。这种自成体系的小城镇污水处理设施建设模式,一定程度上导致了低水平重复建设问题的普遍存在,一方面,造成已有设施处理能力和建设资金的极大浪费;另一方面,因不能形成适宜的设施建设与处理规模,大大降低了污水处理设施的运行效率,工程投资效益难以充分发挥。

2. 经济适用技术开发应用滞后

目前,我国小城镇污水处理设施建设在工艺技术路线选择上,大多仍采用与大、中城市污水处理类似的传统工艺技术,如活性污泥法、生物膜法等处理工艺,而针对小城镇社会经济发展状况与管理水平、污水水量水质特点、地形地势条件等具体情况的经济适用型处理工艺的技术开发和应用仍然较为滞后。小城镇污水处理采用传统处理工艺,一方面,导致工程投资较大、运行费用较高,加剧了其原本就严重不足的财政资金状况;另一方面,小城镇管理水平难以达到传统处理工艺对设施运行与维护管理的要求,不利于污水处理设施的正常运行和处理效益的充分发挥。

3. 专业技术人员缺乏,运行管理能力薄弱

针对小城镇污水处理设施建成后的运行管理问题,按照目前我国行政管理机构设置模式,建设行政管理部门的最低设置级别是县级政府,小城镇不设专门的建设行政管理机构和人员,而县级建设行政管理部门的管理重点是县城,难以顾及小城镇的基础设施规划建设与运

行管理。因此,一方面,因小城镇污水处理等基础设施缺乏相应的管理机构,而造成设施建设滞后和建设无序等问题;另一方面,部分已经建成污水处理设施的小城镇,因缺乏必要的专业技术管理人员和运行经费,导致设施正常运行和维护管理困难,难以实现按预期的设计目标,对小城镇产生的污水进行有效的处理。

4. 缺少相应的规范、标准

现行的《城市污水处理工程项目建设标准》适用于建设规模为 10 000 m³/d 以上(含 10 000 m³/d)的污水处理工程,而国内绝大多数小城镇污水处理工程的建设规模小于 10 000 m³/d。近年的工程实践经验表明,小城镇硬性照搬《城市污水处理工程项目建设标准》,往往投资大,运行成本高,大多数(尤其是中西部)小城镇均难以承受,这些都严重制约了小城镇污水处理工程建设和当地环境保护事业的发展,因此,编制适用于小城镇的建设规模在 10 000 m³/d 以下的污水处理工程项目建设标准极为迫切。

四、当前小城镇污水处理工程的特点

近年来已建小城镇污水处理工程的建设经验表明,硬性照搬城市污水处理工程的建设经验,套用现行大中规模污水处理工程的相关标准,往往造成小城镇在污水处理工程投资和运行费用方面都难以承受。因此,必须根据小城镇的特点研究和采用相适应的建设标准,使小城镇污水处理工程的建设投资和运行费用与当地经济发展水平相适应,有效保护和改善生态环境,实现可持续发展。

1. 污水处理规模及进水特点

我国在不断扩大城镇化进程的过程中,小城镇的发展趋势正逐渐从数量增长向规模扩大过渡,小城镇当前发展的重点是扩大规模和提高质量。据民政部统计数据,就建制镇而言,绝大多数建制镇的非农业人口或城镇人口都在逐年增加。但小城镇的规模仍然普遍较小。根据建设部村镇建设办公室的调研统计,2007 年我国大部分小城镇镇区人口规模为 2 500～10 000 人,平均人口规模在 8 300 人左右,其中很多建制镇的非农业人口在 2 000 人以下,根据相应的用水量指标推算,大多数建制镇污水量规模在 2 000~2 500 m³/d。

小城镇的人口规模、自来水普及率和工农业发展的结构水平,决定了小城镇的污水总量 50% 以上是生活污水,多数小城镇的工业废水以农产品加工的废水为主。受居民生活规律的影响,城镇污水的水量、水质波动较大,尤其是昼夜变化大,通常在每天的早、中、晚出现三次水量高峰,其余时段水量很小。

2. 污水处理系统设置

虽然改革开放以来,我国的城镇化水平有了较大幅度的提高,但城镇的集约化程度总体不高。

小城镇集聚规模小、空间布局分散,而且乡镇企业的布局也相对分散,没有向小城镇区集中。如果将小城镇的污水集中处理,一方面,将不同来源的污水混合,污水成分将复杂,处理的工艺流程会较复杂,处理成本也会较高;另一方面,需建设较大范围的污水收集管网,污水需进行长距离转输或中途提升,导致排水系统布局不合理,既加大了建设投资,又提高了运行成本。

因此,小城镇污水处理系统设置不宜强调集中的处理方式,应根据当地的自然地理条件、城镇总体规划、污水收集系统的实际情况,以及出水排放的趋向合理确定污水收集系统的划分。污水管系统的设置计应以重力流为主,尽量不设中途提升泵站。对城镇布局分散、被自然河道或山体分割成几部分的地区,应按照经济合理的原则,选择适度分散的处理方式。有废水需要处理的单位,也可以到污水项目服务平台咨询具备类似污水处理经验的企业。

第二节　　水质目标和污水处理程度

一、小城镇污水的来源

小城镇污水包括生活污水、工业废水和一部分城镇地表径流(雨水或雪水)。

生活污水是在日常生活中使用过的,并为生活废料所污染的水,主要来自家庭、商业、机关、学校、医院及工厂的生活设施等排出的污水。生活污水主要含有碳水化合物、蛋白质、脂肪、氨基酸等有机物，一般没有毒性，并且具有一定的肥效，可用来灌溉农田。

工业废水是在工矿企业生产过程中使用过的水，分为生产污水和生产废水。生产污水是指在工矿企业生产过程中被生产原料、中间产品或成品污染的水，是城市污水有毒有害污染物的主要来源（表1-1），需局部处理达标后才能排入城市排水管网。生产废水为未直接参与生产工艺、未被生产原料等物料污染或温度略有上升的水，如冷却水。由于其污染程度低，一般不需处理或仅需进行简单处理，是较好的再生水源。

城市地表径流是由雨（或雪）降至地面所形成的，其中含有淋洗大气及冲洗构筑物、地面废渣、垃圾所携带的各种污染物。这种污水的水质、水量随季节和时间变化，成分较复杂。

表 1-1　生产污水中有毒有害污染物及其来源

有害物质	主要排放工厂
游离氯	造纸厂、织物漂白
氨	煤气厂、焦化厂、化工厂
氰化物	电镀厂、焦化厂、煤气厂、有机玻璃厂、金属加工厂
氟化物	玻璃制品厂、半导体元件厂
硫化物	皮革厂、染料厂、炼油厂、煤气厂、橡胶厂
六价铬化物	电镀厂、化工颜料厂、合金制造厂、冶炼厂、铬鞣制革厂
铅及其化合物	电池厂、油漆化工厂、冶炼厂、铅再生厂、矿山
汞及其化合物	电解食盐、炸药制造厂、医药仪表厂、汞精炼厂、农药厂
铬及其化合物	有色金属冶炼、电镀厂、化工厂、特种玻璃制造厂
砷及其化合物	矿石处理、农药制造厂、化肥厂、玻璃厂、涂料厂
有机磷化合物	农药厂
酚	煤气厂、焦化厂、炼油厂、合成树脂厂
酸	化工厂、钢铁厂、铜及金属酸洗、矿山

有害物质	主要排放工厂
碱	化学纤维厂、制碱厂、造纸厂
醛	合成树脂厂、青霉素药厂、合成橡胶厂、合成纤维厂
油	石油炼厂、皮革厂、毛纺厂、食品加工厂、防腐厂
亚硫酸盐	纸浆工厂、粘胶纤维厂
放射性物质	原子能工业、反射性同位素实验室、医院、疗养院

二、小城镇污水的水质污染指标

(一)污水中的主要污染物

城市污水主要包括生活污水和工业污水,由城市排水管网汇集并输送到污水处理厂进行处理。城市污水处理工艺一般根据城市污水的利用或排放去向考虑水体的自然净化能力,确定污水的处理程度及相应的处理工艺。污水中的主要污染物可分为三大类:物理性污染、化学性污染和生物性污染。

1. 物理性污染

(1)热污染。污水的水温是污水水质的重要物理性质之一。就污水处理本身而言,水温过低(如低于 5 ℃)或过高(如高于 40 ℃)都会影响污水的生物处理效果。温度较高的污水主要来自热电厂及各种发热工厂过程中的冷却水。未经处理的冷却水排入水体后,造成受纳水体的水温升高,水中有毒物质毒性加剧,溶解氧降低,危害水生生物的生长甚至导致死亡。

(2)悬浮物质污染。悬浮物质是指水中含有的不溶性物质,包括固体物质、浮游生物及呈乳化状态的油类(泡沫)。它们主要来自生活污水、垃圾和采矿、建材、食品、造纸等工业产生的污水,或者是由于地面径流所引起的水土流失进入水中的。悬浮物质的存在造成水质浑浊、外观恶化,且改变水的颜色。

(3)放射性污染。污水中的放射性物质主要来自铀、镭等放射性金属的生产和使用过程,如放射性矿藏的开采、核试验、核电站的建立以及同位素在医学、工业、研究等领域的应用等。放射性物质的衰变释放出放射性核素(α、β、γ射线)构成一种特殊的污染,即放射性污染,对人体进行慢性辐射并可以长期蓄积,引起潜在效应,诱发贫血、癌症等。

2. 化学性污染

(1)无机无毒物污染。无机无毒物主要指无机酸、无机碱、一般无机盐以及氮、磷等植物营养物质。酸性、碱性污水主要来自矿山排水、化工、金属酸洗、电镀、制碱、碱法造纸、化纤、制革、炼油等多种工业污水。酸碱污水排入水体后会改变受纳水体的 pH 值,从而抑制、杀灭细菌或其他微生物的生长,削弱水体的自净能力,破坏生态平衡。此外,酸、碱污染还能逐步地腐蚀管道、船舶和地下构筑物等设施。

一般无机盐类是由于酸性污水与碱性污水相互中和,以及它们与地表物质之间相互反应产生。无机盐量的增多导致水的硬度增加,给工业用水和生活用水带来许多不利因素。

污水中的氮、磷是植物和微生物的主要营养物质。氮主要来源于氮肥厂、洗毛厂、制革厂、造纸厂等;磷主要来源是磷肥厂和含磷洗涤剂,施用氮肥和磷肥的农田排水也会有残余的氮和磷。

当水体中氮、磷等植物营养物质增多时,可导致水体,特别是湖泊、水库、港湾、内海等水流缓慢的水域中的藻类等浮游植物及水草大量繁殖。这种现象称之为水体的"富营养化"。"富营养化"污染可导致水中溶解氧减少,鱼类的生活空间减少,而且有些藻类还带有毒性,危害鱼类及水生动物的生存。更有过多的藻类残体可使湖泊变浅,最后形成水体老化和沼泽化。

(2)无机有毒物污染。无机有毒物包括金属毒物和非金属毒物两类。

1)金属毒物主要为汞、铬、镉、铅、锌、镍、铜、钴、锰、钛、钒、铂和铋等,特别是前几种危害更大。如汞进入人体后被转化为甲基汞,在脑组织内积累,破坏神经功能,无法用药物医治,严重时造成死亡。镉中毒时引起全身疼痛,其中的镉取代了骨质中的钙,使骨骼软化自然折断所致,腰关节受损、骨节变形,有时还会引起心血管病。金属毒物具有以下特点。

①不能被微生物降解,只能在各种形态间相互转化、分散。

②其毒性以离子状态存在时最严重,金属离子在水中容易被带负电荷的胶体吸附,吸附金属离子的胶体可随水流迁移,但大多数会迅速沉降,因此,重金属一般都富集在排污口下游一定范围内的底泥中。

③能被生物富集于体内,即危害生物,又通过食物链危害人体。

④重金属进入人体后,能够和生理高分子物质,如蛋白质和菌等发生作用而使这些生理高分子物质失去活性,也可能在人体的某些器官积累,造成慢性中毒,其危害有时需 10～20 年才能显露出来。

2)重要的非金属毒物有砷、硒、氰、氟、亚硝酸根等。如砷中毒时能引起中枢神经紊乱,诱发皮肤癌等。亚硝酸盐在人体内还能与仲胺生成亚硝胺,具有强烈的致病作用。

(3)有机无毒物污染(需氧有机物污染)。有机无毒污染物主要包括生活污水、牲畜污水和某些工业污水中所含的碳水化合物、蛋白质、脂肪等有机物。这类有机物是不稳定的,它们在微生物作用下,借助于微生物的新陈代谢进行分解,向稳定的无机物质转化。在分解过程中需要消耗氧气,故又称之为需氧污染物或耗氧有机物。在有氧条件下,经好氧微生物作用进行转化,从而消耗大量的溶解氧,产生 CO_2、H_2O 等稳定物质;水中溶解氧耗尽后,则在厌氧微生物作用下进行转化,产生 H_2O、CH_4、CO 等稳定物质,同时,放出硫化氢、硫醇等难闻气体,使水质变黑变臭,造成环境质量进一步恶化。这一类污染物质是目前水体中最大量、最经常和最普遍的一种污染物。

(4)有机有毒物污染。污染水体中的有机有毒物质种类很多,这类污染物质多属于人工合成的有机物质,如 DDT、六六六、多环芳烃、芳香胺等污染物;这类污染物质的主要特征是化学性质稳定,很难被微生物分解,其另一特征是它们以不同的方式和程度都有害于人类健康——致畸、致突变物质,有些还被认为是致癌物质。

(5)油类物质污染。有机油类污染物质包括"石油类"和"动植物油类"两项。它们进入水体后漂浮在水面上,形成油膜,隔绝阳光、大气与水体的联系,破坏水体的复氧条件,从而影响水生物、植物的生长。

3. 生物性污染

生物性污染物主要是指废水中的致病性微生物,它包括致病细菌、病虫卵和病毒。未污染的天然水细菌含量很低,当城市污水、垃圾淋溶水、医院污水等排入后将带入各种病原微生物。如生活污水中可能含有能引起肝炎、伤寒、霍乱、痢疾、脑炎的病毒和细菌以及蛔虫卵和钩虫卵等。生物污染物污染的特点是数量大、分布广、存活时间长、繁殖速度快。

(二)污水的主要污染指标

污水的主要污染指标是用来衡量水在使用过程中被污染的程度,也称污水的水质指标。污水的水质指标可分为三大类:物理性指标、化学性指标和生物性指标。

1. 物理性指标

(1)固体物质(TS)。水中固体物质是指在一定温度下将水样蒸发至干时所残余的固体物质总量,也称蒸发残余物。按水中固体的溶解性可分为溶解性固体(DS)和悬浮性固体(SS)。溶解性固体也称"总可滤残渣",是指溶于水的各种无机物质和有机物质的总和。在水质分析中,对水样进行过滤操作,滤液在 $103\sim105\ ℃$ 蒸干后所得到的固体物质即为溶解性固体。悬浮性固体是水中未溶解的非胶态的固体物质,在条件适宜时可以沉淀。悬浮性固体可分为有机性和无机性两类,反映污水汇入水体后将发生的淤积情况,其含量的单位为 mg/L。因悬浮性固体在污水中肉眼可见,能使水浑浊,属于感官性指标。

悬浮固体代表了可以用沉淀、混凝沉淀或过滤等物化方法去除的污染物,也是影响感官性状的水质指标。

(2)浑浊度。水中含有泥砂、纤维、有机物、浮游生物等会呈现浑浊现象。水体浑浊的程度可用浑浊度的大小来表示。所谓浑浊度是指水中的不溶物质对光线透过时所产生的阻碍程度。在水质分析中规定,1 L 水中含有 1 g SiO_2 所构成的浊度为一个标准浊度单位,简称1度。浊度采用 NTU 单位。

(3)颜色。水的颜色有真色和表色之分。真色是由于水中所含溶解物质或胶体物质所致,即除去水中悬浮物质后所呈现的颜色。表色则是由溶解物质、胶体物质和悬浮物质共同引起的颜色。异常颜色的出现是水体受污染的一个标志。

水的物理性水质指标还有嗅味、温度、电导率等。

2. 化学性指标

(1)生物化学需氧量(BOD)。生物化学需氧量是指温度、时间都在一定的条件下,由于微生物的作用,水中能分解的有机物完全氧化分解时所消耗的溶解氧量,也就是水中可生物降解有机物稳定化所需要的氧量,单位为 mg/L。BOD 不仅包括水中好氧微生物的增长繁殖或呼吸作用所消耗的氧量,还包括了硫化物、亚铁等还原性无机物所耗用的氧量,但这一部分的所占比例通常很小。BOD 越高,表示污水中可生物降解的有机物越多。

污水中可降解有机物的转化与温度、时间有关。在 20 ℃的自然条件下,有机物氧化到硝化阶段,即实现全部分解稳定所需时间在 100 d以上,但实际上常用 20 ℃时 20 d 的生化需氧量 BOD_{20} 近似地代表完全生化需氧量。生产应用中 20 d 的时间太长,一般采用 20 ℃时 5 d的生化需氧量 BOD_5 作为衡量污水有机物含量的指标。

(2)化学需氧量(COD)。化学需氧量是指在一定条件下,用强氧化剂污水中的有机物质所消耗的氧量。尽管 BOD_5 是城市污水中常用的有机物浓度指标,但是存在以下几个分析上的缺陷。

1)5 d 的测定时间过长,难以及时指导实践。

2)污水中难生物降解的物质含量高时,BOD_5 测定误差较大。

3)工业废水中往往含有抑制微生物生长繁殖的物质,影响测定结果。因此,有必要采用 COD 这一指标作为补充或替代。化学需氧量(COD)是指在酸性条件下,用强氧化剂重铬酸钾将污水中有机物氧化为 CO_2、H_2O 所消耗的氧量,用 COD_{Cr} 表示,一般写成 COD,单位为 mg/L。重铬酸钾的氧化性极强,水中有机物绝大部分(90%~95%)被氧化。化学需氧量的优点是能够更精确地表示污水中有机物的含量,并且测定的时间短,不受水质的限制;其缺点是不能像 BOD 那样表示出微生物氧化的有机物量。另外,还有部分无机物也被氧化,并非全部代表有机物含量。

城市污水的 COD 一般大于 BOD_5,两者的差值可反映废水中存在难以被微生物降解的有机物。在城市污水处理分析中,常用 BOD_5/COD 的比值来分析污水的可生化性。当 $BOD_5/COD>0.3$ 时,可生化性较好,适宜采用生化处理工艺。

(3)总有机碳(TOC)。总有机碳是指污水中所有有机物的含碳量。在 TOC 测定仪中,当样品在 950 ℃条件下燃烧时,样品中所有的有机碳和无机碳生成 CO_2,此即为总碳(TC);当样品在 150 ℃条件下燃烧时,只有有机碳转化为 CO_2,剩余的即为总无机碳 TIC。总碳与总无机碳之差即为总有机碳 TOC,即:

$$TOC=TC-TIC$$

TOC 值近似地代表水样中全部有机物被氧化时耗去的氧量,COD 值与 TOC 值的换算系数为 2.57,即:

$$1gTOC=2.57gCOD$$

(4)有机氮。有机氮是水中蛋白质、氨基酸、尿素等含氮有机物总量的一个水质指标。若使有机氮在有氧条件下进行生物氧化,可逐步分解为 NH_3、NH_4^+、NO_2^-、NO_3^- 等形态,NH_3 和 NH_4^+ 称为氨氮,NO_2^- 称为亚硝酸盐氮,NO_3^- 称为硝酸盐氮。有机氮与氨氮、亚硝酸盐氮、硝酸盐氮的总和则称为总氮(TN)。

(5)pH 值。酸度和碱度是污水的重要污染指标,用 pH 值来表示。pH 值是指水中氢离子浓度的大小,即 pH 值$=lg[H^+]$。

凡水中能够给出质子的物质与碱标准溶液作用消耗的量,称为酸度。这类物质包括无机酸、有机酸、强酸弱碱盐等。地面水中,由于溶入二氧化碳和被机械、矿业、电镀、农药、印染、化工等行业排放的含酸废水污染,使水体 pH 值降低,破坏了水生生物和农作物的正常生活及生长条件,造成鱼类死亡,作物受害。

凡水中能够接受质子的物质与强酸发生中和作用的物质总量,称为碱度,包括强碱、弱碱、强碱弱酸盐等。天然水中的碱度主要是由重碳酸盐、碳酸盐和氢氧化物引起的,其中,重碳酸盐是水中碱度的主要形式。污染源主要有:造纸、印染、化工、电镀等行业的废水及洗涤剂,化肥和农药在使用过程中的流失。

若天然水体长期遭受酸、碱污染时,将使水质逐渐酸化或碱化,从而对正常生态系统产生影响。《地表水环境质量标准》(GB 3838—2002)里规定水体的 pH 值为 6～9;饮用水要求 pH 值为 6.5～8.5;《城镇污水处理厂污染物排放标准》(GB 18918—2002)规定城市污水处理厂出水的 pH 值为 6～9。

(6)有毒物质指标。有毒物质指标指水中的有毒物质,主要包括氰化物、汞、砷化物、镉、铬、铅等,它们的含量均作为单独的水质指标。

1)氰化物(CN)。氰化物是剧毒物质,急性中毒时抑制细胞呼吸,造成人体组织严重缺氧,对人的经口致死量为 0.05～0.12 g。我国饮用水标准规定,氰化物含量不得超过 0.05 mg/L,农业灌溉水质标准规定为不大于 0.5 mg/L。氰化物在水中的存在形式有无机氰(如氰氢酸 HCN、氰酸盐 CN^-)及有机氰化物(称为腈,如丙烯腈 C_2H_3CN)。

2)汞(Hg)。汞是重要的污染物质,也是对人体毒害作用比较严重的物质。汞是累积性毒物,无机汞进入人体后随血液分布于全身组织,在血液中遇氯化钠生成二价汞盐累积在肝、肾和脑中,在达到一定浓度后毒性发作,其毒理主要是汞离子与酶蛋白的硫结合,抑制多种酶的活性,使细胞的正常代谢发生障碍。

我国饮用水、农田灌溉水都要求汞的含量不得超过 0.001 mg/L,渔业用水要求更为严格,不得超过 0.000 5 mg/L。

3)砷化物(As)。砷是对人体毒性作用比较严重的有毒物质之一。我国饮用水标准规定,砷含量不应大于 0.04 mg/L,农田灌溉标准是不高于 0.05 mg/L,渔业用水不超过 0.1 mg/L。砷化物在污水中存在形式有无机砷化物(如亚砷酸盐 AsO_2,砷酸盐 AsO_4^{3-})以及有机砷(如三甲基砷)。

4)镉(Cd)。镉也是一种比较广泛的污染物质。镉是一种典型的累积富集型毒物,主要累积在肾脏和骨骼中,引起肾功能失调,骨质中钙被镉所取代,使骨骼软化,造成自然骨折,疼痛难忍。这种病潜伏期长,短则 10 年,长则 30 年,发病后很难治疗。

　　每人每日允许摄入的镉量为 0.057～0.071 mg。我国饮用水标准规定,镉的含量不得大于 0.01 mg/L,农业用水与渔业用水标准则规定要小于 0.005 mg/L。

　　5)铬(Cr)。铬也是一种较普遍的污染物。铬在水中以六价和三价两种形态存在,三价铬的毒性低,作为污染物质所指的是六价铬。人体大量摄入能够引起急性中毒,长期少量摄入也能引起慢性中毒。六价铬是卫生标准中的重要指标,饮用水中的浓度不得超过 0.05 mg/L,农业灌溉用水与渔业用水应小于 0.1 mg/L。

　　6)铅(Pb)。铅对人体也是累积性毒物,长期摄入会引起慢性中毒。我国饮用水、渔业用水及农田灌溉水都要求铅的含量小于 0.1 mg/L。

3. 生物性指标

　　污水生物性物质的检测指标有大肠菌群数(或称大肠菌群值)、大肠菌群指数、病毒及细菌总数。

　　(1)大肠菌群数(大肠菌群值)与大肠菌群指数。大肠菌群数(大肠菌群值)是每升水样中所含有的大肠菌群的数目,以个/L 计量;大肠菌群指数是查出 1 个大肠菌群所需的最少水量,以毫升(mL)计量。可见大肠菌群数与大肠菌群指数互为倒数,即

$$大肠菌群指数＝1\,000/大肠菌群数(mL)$$

　　若大肠菌群数为 500 个/L,则大肠菌群指数为 1 000/500 等于 2 mL。

　　大肠菌群数作为污水被粪便污染程度的卫生指标,原因有以下两个。

　　1)大肠菌与病原菌都存在于人类肠道系统内,它们的生活习性及在外界环境中的存活时间都基本相同。每人每日排泄的粪便中含有大肠菌约 $1×10^{11}～4×10^{11}$ 个,数量大大多于病原菌,但对人体无害。

　　2)由于大肠菌的数量多,且容易培养检验,但病原菌的培养检验十分复杂与困难。故此,常采用大肠菌群数作为卫生指标。水中存在大肠菌,就表明受到粪便的污染,并可能存在病原菌。

　　(2)病毒。污水中已被检出的病毒有 100 多种。检出大肠菌群,可以表明肠道病原菌的存在,但不能表明是否存在病毒及其他病原菌

（如炭疽杆菌）。因此，还需要检验病毒指标。病毒的检验方法目前主要有数量测定法与蚀斑测定法两种。

（3）细菌总数。细菌总数是大肠菌群数、病原菌、病毒及其他细菌数的总和，以每毫升水样中的细菌菌落总数表示。细菌总数愈多，表示病原菌与病毒存在的可能性愈大。因此，用大肠菌群数、病毒及细菌总数三个卫生指标来评价污水受生物污染的严重程度就比较全面。

三、水污染物排放标准

（一）常用的有关污水排放的国家标准

国家已经颁布并正在使用的行业标准和综合排放标准有以下几种。

《城镇污水处理厂污染物排放标准》（GB 18918—2002）；

《恶臭污染物排放标准》（GB 14554—1993）；

《船舶污染物排放标准》（GB 3552—1983）；

《煤炭工业污染物排放标准》（GB 20426—2006）；

《工业炉窑大气污染物排放标准》（GB 9078—1996）；

《海洋石油勘探开发污染物排放浓度限值》（GB 4914—2008）；

《纺织染整工业水污染物排放标准》（GB 4287—2012）；

《钢铁工业水污染物排放标准》（GB 13456—2012）；

《肉类加工工业水污染物排放标准》（GB 13457—1992）；

《合成氨工业水污染物排放标准》（GB 13458—2013）；

《航天推进剂水污染物排放标准》（GB 14374—1993）；

《磷肥工业水污染物排放标准》（GB 15580—2011）；

《烧碱、聚氯乙烯工业水污染物排放标准》（GB 15581—1995）；

《制浆造纸工业水污染物排放标准》（GB 3544—2008）；

《污水海洋处置工程污染控制标准》（GB 18486—2001）；

《兵器工业水污染物排放标准　火炸药》（GB 14470.1—2002）；

《兵器工业水污染物排放标准　火工药剂》（GB 14470.2—2002）；

《弹药装药行业水污染物排放标准》（GB 14470.3—2011）。

(二)水污染物排放标准

1. 控制项目及分类

(1)根据污染物的来源及性质,将污染物控制项目分为基本控制项目和选择控制项目两类。基本控制项目主要包括影响水环境和城镇污水处理厂。一般处理工艺可以去除的常规污染物,以及部分一类污染物,共 19 项;选择控制项目包括对环境有较长期影响或毒性较大的污染物,共计 43 项。

(2)基本控制项目必须执行。选择基本控制项目,由地方环境保护行政主管部门根据污水处理厂接纳的工业污染物的类别和水环境质量要求选择控制。

2. 标准分级

根据城镇污水处理厂排入地表水域环境功能和保护目标,以及污水处理厂的处理工艺,将基本控制项目的常规污染物标准值分为一级标准、二级标准和三级标准。一级标准分为 A 标准和 B 标准,且一类重金属污染物和选择控制项目不分级。

(1)一级标准的 A 标准是城镇污水处理厂出水作为回用水的基本要求。当污水处理厂出水引入稀释能力较小的河湖作为城镇景观用水和一般回用水等用途时,可执行一级标准的 A 标准。

(2)城镇污水处理厂出水排入国家和省确定的重点流域及湖泊、水库等封闭,半封闭水域时,执行一级标准的 A 标准,排入地表水 III 类功能水域(划定的饮用水源保护区和游泳区除外)、海水 II 类功能水域时,执行一级标准的 B 标准。

(3)城镇污水处理厂出水排入地表水 IV、V 类功能水域或海水三、四类功能海域,执行二级标准。

(4)非重点控制流域和非水源保护区的建制镇的污水处理厂,根据当地经济条件和水污染控制要求,采用一级强化处理工艺时,执行三级标准。但必须预留二级处理设施的位置,分期达到二级标准。

3. 标准值

城镇污水处理厂水污染物排放基本控制项目,执行表 1-2 和

表 1-3的规定;选择控制项目执行表 1-4 的规定。

表 1-2　基本控制项目最高允许排放浓度(日均值)　　单位:mg/L

序号	基本控制项目		一级标准		二级标准	三级标准
			A标准	B标准		
1	化学需氧量(cm)		50	60	100	120①
2	生化需氧量(BOD₅)		10	20	30	60①
3	悬浮物(SS)		10	20	30	50
4	动植物油		1	3	5	20
5	石油类		1	3	5	15
6	阴离子表面活性剂		0.5	1	2	5
7	总氮(以 N 计)		15	20	—	—
8	氨氮(以 N 计)②		5(8)	8(15)	25(30)	—
9	总磷 (以 P 计)	2005 年 12 月 31 日前建设的	1	1.5	3	5
		2006 年 1 月 1 日起建设的	0.5	1	3	5
10	色度(稀释倍数)		30	30	40	50
11	pH		6～9			
12	粪大肠菌群数(个/L)		10^3	10^4	10^4	—

①下列情况下按去除率指标执行:当进水 COD 大于 350 mg/L 时,去除率应大于 60%;
　　BOD 大于 160 mg/L 时,去除率应大于 50%。

②括号外数值为水温>120 ℃时的控制指标,括号内数值为水温≤120 ℃时的控制指标。

表 1-3　部分一类污染物最高允许排放浓度(日均值)　　单位:mg/L

项目	标准值	项目	标准值
总汞	0.001	六价铬	0.05
烷基汞	不得检出	总砷	0.1
总镉	0.01	总铅	0.1
总铬	0.1		

表1-4 选择控制项目最高允许排放浓度(日均值) 单位:mg/L

序号	选择控制项目	标准值	序号	选择控制项目	标准值
1	总镍	0.05	23	三氯乙烯	0.3
2	总铍	0.002	24	四氯乙烯	0.1
3	总银	0.1	25	苯	0.1
4	总铜	0.5	26	甲苯	0.1
5	总锌	1.0	27	邻-二甲苯	0.4
6	总锰	2.0	28	对-二甲苯	0.4
7	总硒	0.1	29	间-二甲苯	0.4
8	苯并(a)芘	0.000 03	30	乙苯	0.4
9	挥发酚	0.5	31	氯苯	0.3
10	总氰化物	0.5	32	1,4-二氯苯	0.4
11	硫化物	1.0	33	1,2-二氯苯	1.0
12	甲醛	1.0	34	对硝基氯苯	0.5
13	苯胺类	0.5	35	2,4-二硝基氯苯	0.5
14	总硝基化合物	2.0	36	苯酚	0.3
15	有机磷农药(以 P 计)	0.5	37	间-甲酚	0.1
16	马拉硫磷	1.0	38	2,4-二氯酚	0.6
17	乐果	0.5	39	2,4,6-三氯酚	0.6
18	对硫磷	0.05	40	邻苯二甲酸二丁酯	0.1
19	甲基对硫磷	0.2	41	邻苯二甲酸二辛酯	0.1
20	五氯酚	0.5	42	丙烯腈	2.0
21	三氯甲烷	0.3	43	可吸附有机卤化物(AOX 以 CL 计)	1.0
22	四氯化碳	0.03			

第三节　小城镇污水的再利用

一、再生水回用于生活杂用

再生水回用于生活杂用可以在污水厂二级处理出水之后采用常规给水处理工艺。再生处理之前可以采用物理预处理或生物预处理，也可采用膜技术、活性炭吸附。

再生水用于冲洗厕所、城市绿化、洗车等生活杂用时，应符合现行《城市污水再生利用　城市杂用水水质》（GB/T 18920—2002）的要求，见表 1-5。

表 1-5　城市杂用水水质标准

序号	项　　目		冲厕	道路清扫、消防	城市绿化	车辆冲洗	建筑施工
1	pH		6～9				
2	色（度）	≤	30				
3	嗅		无不快感				
4	浊度（NTU）	≤	5	10	10	5	20
5	溶解性总固体（mg/L）	≤	1 500	1 500	1 000	1 000	—
6	五日生化需氧量（BOD_5）（mg/L）	≤	10	15	20	10	15
7	氨氮（mg/L）	≤	10	10	20	10	20
8	阴离子表面活性剂（mg/L）	≤	1.0	1.0	1.0	0.5	1.0
9	铁（mg/L）	≤	0.3	—	—	0.3	—
10	锰（mg/L）	≤	0.1	—	—	0.1	—
11	溶解氧（mg/L）	≥	1.0				
12	总余氯（mg/L）		接触 30 min 后≥1.0，管网末端≥0.2				
13	总大肠菌群（个/L）	≤	3				

二、再生水回用于工业

工业是用水和排水大户,工业除了尽力将本厂废水循环利用,以提高水的重复利用率之外,对城市污水再用于工业,也日渐重现。工业用水根据用途的不同,对水质的要求差异很大,水质要求越高,水处理的费用也越大。

再生水回用于工业,其利用面最广、利用量最大的是冷却水。冷却水系统常遇到结垢、腐蚀、生物增长、污垢、发泡等问题。水中残留的有机质会引起细菌生长,形成污垢、腐蚀、发泡;氨的存在影响水中余氯的含量,易产生腐蚀,促使细菌繁殖;钙、镁、铁、硅等造成结垢;水中高的 TDS 由于提高了水的导电性促使腐蚀加剧。因此,必须对冷却水系统的水质加以控制。

目前,国内对再生水回用于工业的冷却水最高允许浓度标准作了限定。

三、再生水回用于农业

灌溉回用水是泛指森林、草场、饲料作物、经济作物、蔬菜、果树等农林牧业灌溉用水,有时还包括绿化、景观用水的和地下水回灌用水的统称。

由于城市污水中有害物质很多,含有重金属、无机盐等无机物,同时还有大量有机污染物,一般不宜直接灌溉农田。经处理后的城镇污水,从水质看,可以满足灌溉要求,达到《农田灌溉水质标准》(GB 5084—2005)的规定,如果污水处理厂周围是农田,污水处理厂的出水用于农田灌溉是最好的途径,既节约了输水工程,又可将再生就近得到利用,还可将二级污水处理厂出水的氮、磷去除标准放宽(只限农业灌溉期间)。应当注意的是,采用这类水灌溉时,必须考虑对地下水质的影响。

使用再生水灌溉农田,应保证不危害作物生长、不影响农产品质量、不破坏土壤结构与性能、不污染地下水。当再生水用于农田灌溉时,水质应满足《农田灌溉水质标准》(GB 5084—2005)。应严格按照标准中所规定的水质及农作物灌溉定额进行灌溉,严禁使用污水浇灌生食的蔬菜和瓜果;同时,该标准不适用医药、生物制品、化学试剂、农药、石油炼制、焦化和有机化工处理后的废水进行灌溉。

农田灌溉用水水质应符合表 1-6、表 1-7 的规定。

表 1-6　农田灌溉用水水质基本控制项目标准值

序号	项　目		作物种类		
			水作	旱作	蔬菜
1	五日生化需氧量(mg/L)	≤	60	100	40,15
2	化学需氧量(mg/L)	≤	150	200	100,60
3	悬浮物(mg/L)	≤	80	100	60,15
4	阴离子表面活性剂(mg/L)	≤	5	8	5
5	水温(℃)	≤	25		
6	pH		5.5～8.5		
7	全盐量(mg/L)	≤	1 000(非盐碱土地区),2 000(盐碱土地区)		
8	氯化物(mg/L)	≤	350		
9	硫化物(mg/L)	≤	1		
10	总汞(mg/L)	≤	0.001		
11	镉(mg/L)	≤	0.01		
12	总砷(mg/L)	≤	0.05	0.1	0.05
13	铬(六价)(mg/L)	≤	0.1		
14	铅(mg/L)	≤	0.2		
15	粪大肠菌群数(个/100 mL)	≤	4 000	4 000	2 000,1 000
16	蛔虫卵数(个/L)	≤	2		2,1

注:1. 加工、烹调及去皮蔬菜。
　　2. 生食类蔬菜、瓜类和草本水果。
　　3. 具有一定的水利灌排设施,能保证一定的排水和地下水径流条件的地区,或有一定淡水资源能满足冲洗土体中盐分的地区,农田灌溉水质全盐量指标可以适当放宽。

表1-7 农田灌溉用水水质选择性控制项目标准值

序号	项 目		作物种类		
			水作	旱作	蔬菜
1	铜(mg/L)	≤	0.5		1
2	锌(mg/L)	≤	2		
3	硒(mg/L)	≤	0.02		
4	氟化物(mg/L)	≤	2(一般地区),3(高氟区)		
5	氰化物(mg/L)	≤	0.5		
6	石油类(mg/L)	≤	5	10	1
7	挥发酚(mg/L)	≤	1		
8	苯(mg/L)	≤	2.5		
9	三氯乙醛(mg/L)	≤	1	0.5	0.5
10	丙烯醛(mg/L)	≤	0.5		
11	硼(mg/L)	≤	1(对硼敏感作物),2(对硼耐受性较强的作物),3(对硼耐受性强的作物)		

注:1. 对硼敏感作物,如黄瓜、豆类、马铃薯、笋瓜、韭菜、洋葱、柑橘等。

2. 对硼耐受性较强的作物,如小麦、玉米、青椒、小白菜、葱等。

3. 对硼耐受性强的作物,如水稻、萝卜、油菜、甘蓝等。

再生水用于渔业时,水质应满足《渔业水质标准》(GB 11607—1989)的要求,见表1-8。

表1-8 渔业水质标准

项目序号	项 目	标 准 值
1	色、臭、味	不得使鱼、虾、贝、藻类带有异色、异臭、异味
2	漂浮物质	水面不得出现明显油膜或浮沫
3	悬浮物质	人为增加的量不得超过10,而且悬浮物质沉积于底部后,不得对鱼、虾、贝类产生有害的影响
4	pH值	淡水6.5~8.5,海水7.0~8.5
5	溶解氧	连续24 h中,16 h以上必须大于5,其余任何时候不得低于3,对于鲑科鱼类栖息水域冰封期其余任何时候不得低于4

项目序号	项　目	标　准　值
6	生化需氧量(5 d、20 ℃)	不超过 5，冰封期不超过 3
7	总大肠菌群	不超过 5 000 个/L(贝类养殖水质不超过 500 个/L)
8	汞	≤0.000 5
9	镉	≤0.005
10	铅	≤0.05
11	铬	≤0.1
12	铜	≤0.01
13	锌	≤0.1
14	镍	≤0.05
15	砷	≤0.05
16	氰化物	≤0.005
17	硫化物	≤0.2
18	氟化物(以 F 计)	≤1
19	非离子氨	≤0.02
20	凯氏氮	≤0.05
21	挥发性酚	≤0.005
22	黄磷	≤0.001
23	石油类	≤0.005
24	丙烯腈	≤0.5
25	丙烯醛	≤0.02
26	六六六(丙体)	≤0.002
27	滴滴涕	≤0.001
28	马拉硫磷	≤0.005
29	五氯酚钠	≤0.01
30	乐果	≤0.1
31	甲胺磷	≤1
32	甲基对硫磷	≤0.000 5
33	呋喃丹	≤0.01

四、再生水回用于景观水体

由于再生水回用于景观水体的应用在我国还刚刚起步,因此,相关水质标准与技术措施尚处于经验摸索阶段。随着我国再生水回用于景观水体的不断实践,原建设部颁布了再生水回用于景观水体的水质标准——《城市污水再生利用 景观环境用水水质》(GB/T 18921—2002)。《城市污水再生利用 景观环境用水水质》(GB/T 18921—2002)分别从感观性状指标、水质常规指标、水中营养盐含量、卫生学指标等方面对再生水回用于景观水体水质指标加以规定,而且增加了与人群健康密切相关的毒理学指标。

再生水作为景观环境用水时,其指标限值应满足表 1-9 的规定。对于以城市污水为水源的再生水,除应满足表 1-9 各项指标外,其化学毒理学指标还应符合表 1-10 中的要求。

表 1-9 景观环境用水的再生水水质标准

序号	项 目		观赏性景观环境用水			娱乐性景观环境用水		
			河道类	湖泊类	水景类	河道类	湖泊类	水景类
1	基本要求		无漂浮物,无令人不愉快的嗅和味					
2	pH 值(无量纲)		6～9					
3	五日生化需氧量(BOD_5)	≤	10	6		6		
4	悬浮物(SS)	≤	20	10		—a		
5	浊度(NTU)	≤	—a			5.0		
6	溶解氧	≥	1.5			2.0		
7	总磷(以 P 计)	≤	1.0	0.5		1.0		0.5
8	总氮	≤	15					
9	氨氮(以 N 计)	≤	5					
10	粪大肠菌群(个/L)	≤	10 000	2 000		500		不得检出
11	余氯b	≥	0.05					
12	色度(度)	≤	30					

序号	项 目		观赏性景观环境用水			娱乐性景观环境用水		
			河道类	湖泊类	水景类	河道类	湖泊类	水景类
13	石油类	≤	1.0					
14	阴离子表面活性剂	≤	0.5					

注:1. 对于需要通过管道输送再生水的非现场回用情况采用加氯消毒方式;而对于现场回用情况不限制消毒方式。

2. 若使用未经过除磷脱氮的再生水作为景观环境用水,鼓励使用本标准的各方在回用地点积极探索通过人工培养具有观赏价值水生植物的方法,使景观水体的氮磷满足表 1-9 的要求,使再生水中的水生植物有经济合理的出路。

a. "—"表示对此项无要求。

b. 氯接触时间不应低于 30 min 的余氯。对于非加氯消毒方式无此项要求。

表 1-10　选择控制项目最高允许排放浓度(以日均值计)

序号	选择控制项目	标准值	序号	选择控制项目	标准值
1	总汞	0.01	16	挥发酚	0.1
2	烷基汞	不得检出	17	总氰化物	0.5
3	总镉	0.05	18	硫化物	1.0
4	总铬	1.5	19	甲醛	1.0
5	六价铬	0.5	20	苯胺类	0.5
6	总砷	0.5	21	硝基苯类	2.0
7	总铅	0.5	22	有机磷农药(以 P 计)	0.5
8	总镍	0.5	23	马拉硫磷	1.0
9	总铍	0.001	24	乐果	0.5
10	总银	0.1	25	对硫磷	0.05
11	总铜	1.0	26	甲基对硫磷	0.2
12	总锌	2.0	27	五氯酚	0.5
13	总锰	2.0	28	三氯甲烷	0.3
14	总硒	0.1	29	四氯化碳	0.03
15	苯并(a)芘	0.000 03	30	三氯乙烯	0.8

续表

序号	选择控制项目	标准值	序号	选择控制项目	标准值
31	四氯乙烯	0.1	41	对硝基氯苯	0.5
32	苯	0.1	42	2,4-二硝基氯苯	0.5
33	甲苯	0.1	43	苯酚	0.3
34	邻-二甲苯	0.4	44	间-甲酚	0.1
35	对-二甲苯	0.1	45	2,4-二氯酚	0.6
36	间-二甲苯	0.4	46	2,4,6-三氯酚	0.6
37	乙苯	0.1	47	邻苯二甲酸二丁酯	0.1
38	氯苯	0.3	48	邻苯二甲酸二辛酯	0.1
39	对-二氯苯	0.4	49	丙烯腈	2.0
40	邻-二氯苯	1.0	50	可吸附有机卤化物(以 CL 计)	1.0

五、再生水补充地下水

地下回灌水源包括地表水、雨水、回用的城市污水等。随着兴建的污水厂越来越多,将城市污水处理厂二级出水深度处理后用于工业、农业,尤其是用于地下回灌的研究势在必行。

利用再生水回灌地下水可补充地下水水量的不足,防止地面下沉和海水倒灌,调蓄地下水量有一定的水质净化作用,是污水资源化利用的重要方面。

影响地下水化学类型及离子变化的指标主要包括:pH 值、含盐量、氯离子、硫酸根、总硬度等。再生水中可能含有的对环境和人体健康有危害的污染物。根据我国再生水的水质特性,主要包括:常规污染物、重金属、有毒有害化学物质、持久性有机物、消毒副产物等。卫生学指标,控制病原微生物,主要包括:细菌、病毒和原生动物。

为保证卫生安全,将再生水回灌后在地下的停留时间也作为卫生学的控制指标。根据以上原则共筛选出水质控制指标基本控制项目 23 项,选择控制项目 52 项,其各项指标推荐值列于表 1-11 和表 1-12 中。

表 1-11　再生水地下水回灌基本控制项目及限值(除标注外其余为 m/L)

序号	基本控制项目	地表回灌		井灌
		表层黏性土厚度<1.0	表面黏性土厚度≥1.0	
1	色度(稀释倍数)	≤15	≤30	≤15
2	浊度(NTU)	≤5	≤10	≤5
3	pH(无量纲)	6.5~8.5	6.5~8.5	6.5~8.5
4	总硬度(以 CaCO₃ 计)	≤450	≤450	≤450
5	溶解性总固体	≤1 000	≤1 000	≤1 000
6	硫酸盐	≤250	≤250	≤250
7	氯化物	≤250	≤250	≤250
8	挥发酚类(以苯酚计)	≤0.002	≤0.5	≤0.002
9	阴离子表面活性剂	≤0.3	≤0.3	≤0.3
10	高锰酸盐指数	≤6.0	≤15	≤6
11	COD	≤20	≤40	≤20
12	BOD₅	≤4	≤10	≤4
13	硝酸盐(以 N 计)	≤15	≤15	≤15
14	亚硝酸盐(以 N 计)	≤0.02	≤0.02	≤0.02
15	氨氮(以 N 计)	≤0.2	≤1.0	≤0.2
16	总磷	≤1.0	≤1.0	≤1.0
17	动植物油	≤0.05	≤0.5	≤0.05
18	石油类	≤0.05	≤0.5	≤0.05
19	氰化物	≤0.05	≤0.05	≤0.05
20	硫化物	≤0.2	≤0.2	≤0.2
21	氟化物	≤1.0	≤1.0	≤1.0
22	粪大肠菌群数(个/L)	≤3	≤1 000	≤3
23	抽取利用前在地下停留时间(月)	≥12	≥6	≥12

表 1-12　再生水地下水回灌选择控制项目及限值

序号	选择控制项目	标准值 (mg/L)	序号	选择控制项目	标准值 (mg/L)
1	总汞	0.001	27	三氯乙烯	0.07
2	烷基汞	不得检出	28	四氯乙烯	0.04
3	总镉	0.01	29	苯	0.01
4	六价镉	0.05	30	甲苯	0.7
5	总砷	0.05	31	二甲苯	0.5
6	总铅	0.05	32	乙苯	0.3
7	总镍	0.05	33	氯苯	0.3
8	总铍	0.002	34	1,4-二氯苯	0.3
9	总银	0.05	35	1,2-二氯苯	1.0
10	总铜	1.0	36	硝基氯苯	0.05
11	总锌	1.0	37	2,4-二硝基氯苯	0.5
12	总锰	0.1	38	2,4-二氯苯酚	0.093
13	总硒	0.01	39	2,4,6-三氯苯酚	0.2
14	总铁	0.3	40	邻苯二甲酸二丁酯	0.003
15	总钡	1.0	41	邻苯二甲酸二 (二乙基己基)酯	0.008
16	总并(a)芘	0.00001	42	丙烯腈	0.1
17	甲醛	0.9	43	滴滴涕	0.001
18	苯胺类	0.1	44	六六六	0.005
19	硝基苯	0.017	45	六氯苯	0.05
20	马拉硫磷	0.05	46	七氯	0.0004
21	乐果	0.08	47	林丹	0.002
22	对硫磷	0.003	48	总 α 放射性(Bq/L)	0.1
23	甲基对硫磷	0.002	49	总 β 放射性(Bq/L)	1
24	五氯酚	0.009	50	三氯乙醛	0.01
25	三氯甲烷	0.06	51	丙烯醛	0.1
26	四氯化碳	0.002	52	硼	0.5

第四节　小城镇污泥的处理与处置

一、污泥概念

这类固体残余物是通过格栅过滤或沉淀由污水中分离后得到的。因分离过程发生在水相中,很难将水全部去除。这类固体残余物不是干的,在进一步处理前常含大量水分,这种水和固体的混合物称"污泥"。

污泥实际上是污水中污染物的浓缩体,经过污水处理工艺的污染物或以原来的形式或被转变成其他污染物存在于污泥中。污泥含大量有机成分,如不处理会很快腐化并散发出令人讨厌的臭气。因此,要经过一系列的处理使其稳定化,去除较多的水分使污泥处置过程中不再产生公害或污染环境。

污泥的黏性比废水要大,处理时产生的操作问题比废水要多。根据稳定化及不同脱水程度的需要,污泥处理设施的成本占污水处理厂总成本的 30%~50%。

污泥处理和综合利用必须小心控制,因为可能会产生下列问题。

(1)含重金属污泥和污染。

(2)动物和人类受来自污水的寄生虫、绦虫的感染。

(3)污染河流和地下水。

(4)污染周围环境。

二、污泥处置方案

污泥处置有许多方案。最常用的两个方案是卫生填埋与用于农业、园艺及森林。

(1)卫生填埋法既可以是脱水污泥,又可以是污泥焚烧后的灰烬。当需要保护填埋场下的地下水免受污染时,则要专门制作一个不渗水的地面。流经填埋场的地表水及污泥脱除的水必须处理。

(2)污泥农用是很好的方法,但要意识到污泥中可能含有致病菌,有时候以包囊的形式存在,抵抗消毒作用,还有一些生命体对某些作

物有害。很有必要对污泥进行某种形式的灭菌或进行长期堆存以免
产生危害。有许多方法能把污泥处理成安全适用于农业的产品。

　　除此之外,污泥中还含有来自工业的金属浓缩物。通过控制有关
企业的排放浓度,可使污泥中的金属浓度限制在土壤能接受的限
值内。

三、污泥处理和处置方法

　　一级处理去除可沉降物质和二级处理应用有机生物都产生了大
量污泥,污泥有时就地堆放。但多数情况下,因无堆放场地,或堆放时
散发臭气、昆虫,污泥不得不被转移到其他地方。为了减少运输费用、
便于综合利用或处置,污泥必须进行脱水,还往往需要辅以其他处理
方法。在小的污水处理厂,污泥往往只是运往大污水处理厂处理,或
以液体状态或经自然干化后用于附近农田。20 世纪以来,已开发出很
多污泥处理和处置方法,现在经常从中选择一种或多种方法联合使用
于不同地区。

　　污泥处理与污水处理的方法分类相似,表 1-13 根据污泥处理不
同阶段所采用的工艺进行分类。

表 1-13　污泥处理阶段的分类

污泥处理阶段	各阶段主要目的	污泥处理工艺	各工艺目的	按处理类型分类
浓缩	减少后续处理的体积及改善稳定处理的运行	重力浓缩 澄清 气浮 离心	改善重力浓缩	物理 物理 物理 物理
稳定	减少污泥的有机固体因而减少污泥处置和再利用时的臭气;减少寄生虫;使脱水更容易	厌氧消化(未加热) 厌氧消化(加热) 二次消化(不加热) 好氧消化 化学稳定 巴氏灭菌(低温消毒) 堆肥	破坏寄生虫结构 农业再利用	生物 生物 生物 生物 化学 物理 生物/物理

续表

污泥处理阶段	各阶段主要目的	污泥处理工艺	各工艺目的	按处理类型分类
脱水	减少污泥处置量;使污泥易于运输和机械处理;减少污泥焚烧或干化时的燃料耗用量	干化床	污泥含固量大于45%	物理
		带式压滤	15%～25%	化学/物理
		离心	15%～25%	化学/物理
		板框压滤	25%～40%	化学/物理
		真空过滤	15%～20%	化学/物理
干化/焚烧	在处置前减少体积	加热干化	污泥固体量小于20%	物理
		焚烧	产生无机灰渣	物理
处置	不能再利用则安全处置	土地填埋	—	物理
再利用/循环	利用污泥产生效益	农业	改善土壤及其生产力	
		玻璃化(作用)	惰性终产物	物理
		产油	有燃烧价值的产品	物理
		气化	有燃烧价值的产品	物理

四、污泥处理和处置有关事项

广泛采用的是在中等和大型处理厂中建立集中式污泥处理设施,小厂的污泥用公路槽车运到这些污泥处理中心处理。

有大量工业废水产生的地方,其污泥的处理最好与来自生活污水的污泥分开处理,这样的处理更有效。处理要求有分流管网系统和分别处理两类污水的设施。

其他同样重要的问题是,要避免在一个地区建设好几个污水处理厂,因为污水处理设施集中化更经济。

避免多建污水处理厂的方法是用公路槽车把有毒工业废水运到处理中心,化粪池及污水池污水也同样运到处理厂。

第二章 小城镇污水处理厂设计

第一节 小城镇污水处理厂设计程序

在进行污水处理厂的工程设计时,应遵循一定的设计程序,污水处理厂的设计一般可分为三个阶段:设计前期工作;扩初设计;施工图设计。大中型污水处理厂在扩初设计之前,须先进行环境影响评价和工程可行性研究,由主管部门审批后再开始设计。如工程规模大,技术复杂,应在扩初设计之后增加技术设计。

一、设计前期工作

设计前期工作非常重要,它要求设计人员必须明确任务,收集所需的所有原始资料、数据,并通过对这些数据、资料的分析和归纳而得出切合实际的结论。

(一)可行性研究

可行性研究的工作内容主要包括:预可行性研究和可行性研究两项。

1. 预可行性研究

预可行性研究是投资在 3 000 万元以上的项目应进行的项目建设研究,其建设单位要提交项目建设可行性研究报告,经过专家评审,并向上级单位送审《项目建议书》的技术附件,经审批同意后,才能进行下一步的可行性研究。

2. 可行性研究

污水处理厂的可行性研究是多学科综合运用的决策过程,是建设项目前期工作的核心。城市污水处理厂是城市的基础设施,必须选择最佳的建设决策,因此,要对污水处理厂所涉及的各个方面进行论证,并对项目本身进行规划和测算。

可行性研究是对建设项目进行全面的技术经济论证,为项目建设提供科学依据,保证建设项目在技术上先进、可行;在经济上合理、有利;并具有良好的社会和环境效益。可行性研究报告是国家控制投资决策、批准设计任务书的重要依据,它主要包括以下几项内容。

(1)项目概况:废水的水量、水质、处理工艺、构筑物种类及处理要求。

(2)方案论证。

1)城市排水体制论证。

2)城市污水水质情况论证。

3)城市污水水量情况论证。

4)污水处理厂论证。

①位置与布局论证。

②污水、污泥处理与处置工艺论证。

(3)工程方案内容。

1)设计原则。

2)城市污水处理厂及配套管网的方案比较,通过各方案的技术经济比较论证,提出方案的初步选择意见。

3)污水处理工程规模与分期,合流系统截流倍数的确定,干管的断面尺寸、定线和长度,泵站的数量;回用水规模与分期,回用水干管直径、定线和长度,泵站数量及扬程。

4)污水水质及处理程度的确定,回用水水质及深度处理程度的确定。

5)污水处理厂的污水、污泥处理工艺流程、回用水深度处理工艺流程以及污泥综合利用的说明。

6)供电安全程度,自动化管理水平等。

7)厂、站的绿化及卫生防护。

(4)管理机构、劳动定员及建设进度设想。

1)管理机构及劳动定员。

①污水处理厂的管理机构设置。

②人员编制(附定员表)及生产班次的划分。

2)建设进度。

①工程项目的建设进度要求和总的安排。

②建设阶段的划分(附建设进度设想表)。

(5)投资估算及资金筹措。

1)投资估算。

①编制依据与说明。

②工程投资估算表(按子项列表)。

③近期工程投资估算表(按子项列表)。

2)资金筹措。

①资金来源(申请国家投资;地方自筹;贷款及偿付方式等)。

②资金的构成(列表)。

(6)财务效益及工程效益分析。

1)财务预测。

①资金专用预测(列表说明),根据建设进度设想表确定项目的分年投资。

②固定资产折旧(列表说明)。

③污水处理生产成本(列表说明),算出单位水量的费用(元/m^3),生产成本结构为药剂费用;动力费用;工资福利费;固定资产综合折旧(包括折旧费用及大修费用);养护维修折旧;其他费用(行政管理费等);排水收费标准的建议等。

2)财务效益分析。

①算出投资效益。

②投资回收期(列表)。

3)工程效益分析。

①节能效益分析。

②经济效益分析。

③环境效益和社会效益分析。

(7)存在的问题及建议。

1)结论在技术、经济、效益等方面论证的基础上,提出城市污水处理工程项目的总评价和推荐方案意见。

2)存在问题说明有待进一步研究解决的主要问题。

(8)附图及附件。附图主要包括总体布置图、主要工艺流程图、污水厂总平面图和对比方案示意图;附件主要指各类批件和附件。

(二)初步设计

初步设计应根据批准的可行性研究报告进行,其主要任务是明确工程规划、设计原则和设计标准,深化可行性研究报告提出的推荐方案并进行必要的局部方案比较,解决主要工程技术问题,提出拆迁、征地范围和数量,以及主要工程数量、主要材料设备数量与工程概算。污水处理厂的初步设计基本内容包括:设计说明书、设计图纸、主要设备及材料表和工程概算书。

(1)设计说明书。

1)概述。

①设计依据。说明设计任务书或委托书及选厂报告等的批准机关、文号、日期、批准的主要内容,设计委托单位的主要要求。

②主要设计资料。资料名称、来源、编制单位及日期(除有关资料外),一般包括用水、用电协议,环保部门的批准书,区域水环境和重点水污染源治理可行性研究报告等。

③城市概况及自然条件。建设现状、总体规划、分期计划及有关情况,概述地情、地貌、工程地质、水文地质、气象水文等有关情况。

④现有排水工程概况。现有污水、雨水管渠泵站,处理厂的位置、水量、处理工艺、设施利用情况、存在问题等。

2)设计概要。

①总体设计。说明城市污水水量、水质,若水质有碍生化处理或污水管道的运行时,应采取的解决措施。

②污水处理厂设计。

a. 说明污水厂位置的选择考虑的因素,如地理位置、地形、地质条件、防洪标准、卫生防护距离、占地面积等。

b. 根据进厂的污水量和污水水质,说明污水处理和污泥处置采用方法的选择,工程总平面布置原则,预计处理后达到的标准。

c. 按流程顺序说明各构筑物的方案比较或选型,工艺布置,主要设计数据、尺寸、构造材料及所需设备选型、台数与性能,采用新技术的工艺原理特点。

d. 说明采用的污水消毒方法或深度处理的工艺及其有关说明。

e. 根据情况说明处理后的污水、污泥综合利用等情况。

f. 简要说明厂内主要辅助建筑物及生活福利设施的建筑面积与使用功能。

g. 说明厂内结水管及消火栓的布置,排水管布置与雨水排除措施、道路标准、绿化设计。

③建筑设计。

a. 说明根据生产工艺要求或使用功能确定的建筑平面布置、层数、层高、装修标准、对室内热工、通风、消防、节能所采取的措施。

b. 说明建筑物的立面造型及周围环境的关系。

c. 辅助建筑物及职工宿舍的建筑面积和标准。

④结构设计。

a. 工程所在地区的风荷、雪荷、工程地质条件、地下水位、冰冻深度、地震基本限度。对场地的特殊地质条件(如软弱地基、膨胀土、滑坡、溶洞、冻土、采空区、防震的不利地段等)应分别予以说明。

b. 根据构筑物使用功能,生产需要所确定的使用荷载、土壤允许承载力度等,阐述对结构设计的特殊要求(如抗浮、防水、防爆、防震、防腐等)。

c. 阐述主要构筑物和大型管渠结构设计的方案比较和确定,如结构选型,地基处理及基础型式、伸缩缝、沉降缝和防震缝的设置,为满足特殊使用要求的结构处理、主要材料的选用,新技术、新结构、新材料的采用。

⑤采暖、通风设计。

a. 说明室外主要气象参数,各构(建)筑物的计算温度,采暖系统的形式及组成,管道敷设方式、采暖热媒、耗热量、节能措施。

b. 计算总热负荷量,确定锅炉设备选型(或其他热源)供热介质及设计参数,锅炉用水水质软化及消烟除尘措施,简述锅炉组成,附属设备间设备的布置。

　　c. 通风系统及其设备选型,降低噪声措施。

　　⑥供电设计。

　　a. 说明设计范围及电源资料概况。

　　b. 说明电源电压、供电来源,备用电源的运行方式,内部电压选择。

　　c. 说明用电设备种类,并以表格表明设备容量、计算负荷数值和自然功率因数、功率因数补偿方法,补偿设备的数量以及补偿后功率因数结果。

　　d. 说明供电系统负荷性质及其对供电电源可靠程度的要求,内部配电方式,变电所容量、位置、变压器容量和数量的选定及其安装方式(室内或室外)、备用电源、工作电源及其切换方法、照明要求。

　　e. 说明采用继电保护方式、控制工艺过程、各种遥测仪表的传递方法、信号反映、操作电源、简要动作管理和连锁装置、确定防雷保护措施和接地装置。

　　f. 泵房操作以及变、配电建筑物的布置、结构形式和要求。

　　g. 说明安装作业计算及生产管理用各类仪表。

　　⑦仪表、自动控制及通信设计。

　　a. 说明仪表、自动控制设计的原则和标准,仪表、测定自动控制的内容,各系统的数据采集和调度系统。

　　b. 说明通信设计范围和内容,有线及无线通信。

　　⑧机械设计。

　　a. 说明所选用标准机械设备的规格、性能、安装位置和操作方式,非标准机械的构造形式、原理、特点以及有关设计参数。

　　b. 说明维修车间承担的维修范围,车间设备的型号、数量和布置。

　　⑨环境保护。

　　a. 处理厂对附近居民点的卫生环境影响。

　　b. 污水排入水体的影响以及用于污水灌溉的可能性。

　　c. 污水回用、污泥综合利用的可能性或出路。

d. 处理厂处理效果的监测手段。

e. 锅炉房消烟除尘措施和预期效果。

f. 降低噪声措施。

3)人员编制及经营管理。

①提出需要的运行管理机构和人员编制的建议。

②提出年总成本费用,并计算每立方米的污水处理成本费用。

③单位污水量的投资指标。

④安全措施。

⑤关于分期投资的确定。

4)对于阶段设计要求。

①需提请在设计阶段审批或确定的主要问题。

②施工图设计阶段需要的资料和勘测要求。

(2)设计图纸。

1)污水处理厂总体布置图。

①污水处理厂平面图。比例一般采用1:200~1:500,图上表示出坐标轴线、等高线、风玫瑰(指北针)、四周尺寸。绘出现有和设计的构筑物及主要管渠、围墙、道路和相关位置,列出构筑物和辅助建筑物一览表和工程量表。

②污水、污泥流程断面图。采用比例竖向1:100~1:200,表示出生产流程中各构筑物及其水位标高关系,主要规模指标。

③建筑总平面图。对于较大的厂应绘制,并附厂区主要技术经济指标。

2)主要构筑物工艺图。比例一般采用1:100~1:200,图上表示出工艺布置,设备、仪表及管道等安装尺寸、相关位置、标高(绝对标高)。列出主要设备一览表,并注明主要设计技术数据。

3)主要构筑物建筑图。比例一般采用1:100~1:200,图上表示出结构形式、基础做法,建筑材料、室内外主要装修门窗等建筑轮廓尺寸标高,并附技术经济指标。

4)主要辅助建筑物图。如综合楼、车间、仓库、车库,可参照上述要求。

5)供电系统和主要变、配电设备布置图。表示变电、配电、用电起动保护等设备位置、名称、符号及型号规格,附主要设备材料表。

6)自动控制仪表系统布置图。仪表数量多时,绘制系统控制流程图,当采用微机时,绘制微机系统框图。

7)通风、锅炉房及供热系统布置图。

8)机械设备布置图。采用1∶50～1∶200,图上表示出工艺设置,设备位置,标注主要部件名称和尺寸提出采用的设备规格和数量。

9)非标机械设备总装简图。采用比例1∶50～1∶200,图上注明主要部件名称、外廓尺寸及传动设备功率等。

(3)主要设备及材料表。提出全部工程与分期建设需要的三材(木材、钢材、水泥)、管材及其他主要设备、材料的名称、规格(型号)、数量等(以表格方式列出清单)。应能满足工程施工招标、施工准备及主要设备订货的需要。

(4)工程概算书。初步设计概算是控制和确定建设项目造价的文件。设计概算批准后,投资计划和建设项目总包合同的依据。

概算文件应完整地反映工程初步设计内容,严格执行国家有关制度,影响造价的各种因素,正确依据定额、规定进行编制。

概算文件包括:编制说明,总概算书,综合概算书,主要建筑材料,技术经济指标。

二、扩初设计

扩初设计是指在可行性研究报告或初步设计得到审批后,进行的具体工程方案设计过程。它主要包括以下几个部分。

1. 设计说明书

编制扩初设计说明书是设计工作的重要环节,其内容视设计对象而定。一般包括以下内容。

(1)设计委托书的批准文件,与本项目有关的协议与批件。

(2)该地区(企业)的总体规划、分期建设规划、地形、地貌、地质、水文、气象和道路等自然条件资料。

(3)废水水量、水质资料,包括平均值、现状值和预测值。

(4)说明选定方案的工艺流程、处理效果、投资费用、占地面积、动力与原材料消耗及操作管理等情况,论证方案的合理性、先进性、优越性和安全性。

(5)对系统做物料衡算、热量衡算、动力及原材料消耗计算,主要设备及构筑物工艺尺寸计算,主要工艺管渠的水力计算,高程布置计算等,阐述主要设备及构筑物的设计技术数据、技术要求和设计说明。

(6)厂址的选择及工艺布置的说明,从规划、工艺、布置、施工、操作及安全等方面论述。

(7)设计中采用的新技术及技术措施等。

(8)说明对建筑、电气、照明、自动化仪表、安全施工等方面的要求和配置。

(9)提出运转和使用方面的注意事项、操作要求及规程。

(10)劳动定员及辅助建筑物。

2. 工程量

计算并列出工程所需要的混凝土量、挖土方量、回填土方量。

3. 材料与设备量

列出工程所需要的设备及钢材、水泥、木材等材料的规格和数量。

4. 工程概算书

根据当地建材、设备供应情况及价格,工程概算编制定额与有关租地、征地、拆迁补偿、青苗补偿等的规定和办法,编制本项目的工程概算书。

5. 扩初图纸

扩初图纸主要包括处理厂总平面布置图、工艺流程图、高程布置图、管道沟渠布置图和主要设备及构筑物平、立、剖面图等。

扩初设计是工程技术人员对工程设计任务和要求进行的必要说明,其作用首先是提供给上级有关部门(环保部门、主管部门)对该工程在技术经济上的审查依据,其次是工程技术人员在下一步工程技术设计中的一份有效的依据,也是给施工、安装单位的一份工作指导书。

三、施工图设计

施工图设计是指在扩初设计被批准后,以扩初图纸和设计说明书为依据,绘制建筑施工图和设备加工的正式详图的设计过程,包括各构筑物、管渠和设备在平面及高程上的准确位置及尺寸,各部分的详细图、工程材料及施工要求等。

第二节　小城镇污水处理厂工艺流程选择

水在生活与工业生产过程中的用途大致可分成七个类型:饮用;食品、饮料及其他工业产品的原料;洗涤;生产蒸汽;传热介质;消防;原料或废物的输送介质。每类用途中的用水对象不同,对水质的要求也不同,处理水的流程工艺就不同。

按现代水处理发展的特点,水处理的任务是将水质不合格的原料水(天然水源中的水或用过的水)加工成符合需要水质标准的产品水的过程。当产品水是用于饮用或工业的生产过程时,这样的水处理过程属于给水处理;当产品水只是为了符合排入水体或其他处置方法的水质要求时,这样的水处理过程就属于污水(废水)处理。

一、工艺流程选择的影响因素

1. 废水水质

生活污水水质通常比较稳定,一般的处理方法包括酸化、好氧生物处理、消毒等。而工业废水应根据具体的水质情况进行工艺流程的合理选择。特别需要指出的是,对于采用好氧生物处理工艺处理废水来说,要注意废水的可生化性,通常要求 $COD/BOD_5 > 0.3$,如不能满足要求,可考虑进行厌氧生物水解酸化,以提高废水的可生化性,或考虑采用非生物处理的物理或化学方法等。

2. 污水处理程度

污水处理程度是污水处理工艺流程选择的主要依据。污水处理程度原则上取决于污水的水质特征、处理后水的去向和污水所流入水体的自净能力。

（1）水质特征表现为水中所含污染物的种类、形态及浓度，它直接影响水处理程度及工艺流程的选择。

（2）处理后水的去向取决于水处理工程的处理程度，若处理后的产品水是为了农田灌溉，则应使原料水经二级生化处理后才能排放；如原料水经处理后必须回用于工业生产，则处理程度和要求以及流程选择要根据回用的目的不同而异。

（3）水体自净能力应作为确定水处理工艺流程的根据之一，这样，既能较充分地利用水体自净能力，使污水处理工程承受的处理负荷技能相对减轻，又能防止水体遭受新的污染，破坏水体正常的使用价值。

无论是何种需要处理的污水，也无论是采取何种处理工艺及处理程度，都应以处理系统的出水能够达标为依据和前提。按照法律、法规、政策的要求预防和治理水体环境污染。

3. 建设及运行费用

考虑建设与运行费用时，应以处理水达到水质标准为前提条件。在此前提下，工程建设及运行费用低的工艺流程应得到重视。此外，减少占地面积也是降低建设费用的重要措施。

4. 工程施工难易程度

工程施工难易程度也是选择工艺流程的影响因素之一。如地下水位高，地质条件差的地方，就不适宜选用深度大、施工难度高的处理构筑物。

5. 当地的自然和社会条件

当地的地形、气候等自然条件也对废水处理流程的选择具有一定影响。如当地气候寒冷，则应采用在低温季节也能够正常运行，并保证水质达标的工艺。

当地的社会条件如原材料、水资源与电力供应等也是流程选择应当考虑的因素之一。

6. 水量波动

除水质外，污水的水量也是影响因素之一。对于水量、水质变化大的污水,应首先考虑采用抗冲击负荷能力强的工艺,或考虑设立调节池等缓冲设施以尽量减少不利影响。

7. 处理过程中是否产生新矛盾

污水处理过程中,应注意是否会造成二次污染问题。例如,制药厂废水中含有大量有机物质(如苯、甲苯、溴素等),在曝气过程中会有废气排放,对周围大气环境造成影响;化肥厂生产废水在采用沉淀、冷却处理后循环利用,在冷却塔尾气中会含有氰化物,对大气造成污染;农药厂乐果废水处理中,以碱化法降解乐果,如采用石灰做碱化剂,则产生的污泥会造成二次污染;印染或染料厂废水处理时,污泥的处置成为重点考虑的问题。

总之,污水处理流程的选择应综合考虑各项因素,进行多种方案的技术经济比较,才能得出结论。

二、天然水给水处理

天然水给水处理应主要考虑以下几个问题。

1. 原水水质

(1)如取用地下水,由于水质较好,通常不需任何处理,仅经消毒即可。如铁、锰、氟含量超过生活饮用水标准,则应采取除铁、除锰、除氟的措施。

(2)如取用地表水,一般经过混凝—沉淀—过滤—消毒的处理过程,水质即可达到生活饮用水标准,如原水浊度较低(如 150 mg/L 以下),可考虑省略沉淀构筑物,原水加药后直接经双层滤料过滤即可。

(3)如取用湖水,水中含藻类较多,可考虑以气浮代替沉淀,或采用微滤机做预处理,以延长滤池的工作周期。

(4)如取用高浊度水,为了达到预期的混凝沉淀效果,减少混凝剂用量,应增设预沉池,使水质达到用水标准。

2. 给水对象

各种给水对象(生活饮用水、生活杂用水、工业生产过程用水)对水质的要求往往不同,因此,不必将全部水都处理到生活饮用水的标准,这样可以大大节省处理的费用。

3. 混凝剂选择

混凝剂的选择应结合原水水质及用水对象的特点来考虑,一般通过混凝搅拌烧杯实验即可确定适宜的混凝剂种类及投量。若水温低,往往还需投加助凝剂以帮助混凝,提高混凝沉淀效果。

如给水对象是对含铁量敏感的单位(如造纸厂、纺织厂、印染厂等),则不宜采用铁盐做混凝剂。如水中含单宁或腐殖质,当水的 pH>6 时,铁离子能与之生成复杂的暗黑色化合物,使水的色度增加。

三、城市生活污水处理

城市生活污水的特征比较有规律,处理要求也较统一,主要是降低污水的生化需氧量和悬浮固体含量,以形成较完整的典型处理流程。一般的城市生活污水可采用以传统活性污泥法为主的二级生化处理,这一工艺流程如图 2-1 所示。

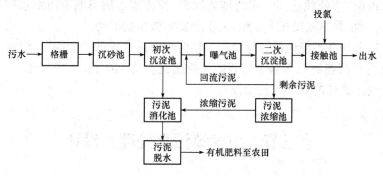

图 2-1　二级生化处理工艺流程图

四、工业废水处理

工业废水水质千差万别,种类繁多,甚至同一工厂往往也会排出多种类型的废水。因此,工业废水处理不可能确定出规范的处理流程,只能进行个别的分析,最好通过实验确定工艺流程。

在确定工业废水具体处理流程前,首先要调查下列内容。

(1)污染物的种类及来源。

(2)循环给水及压缩废水量的可能性。

(3)回收利用废水中有毒物质的方式方法。

(4)废水排入城市下水道的可能性。

五、工业废水与城市污水共同处理

应充分认识到工业废水与城市污水共同处理能节省建设和运行费用的好处,同时,工业废水的水量、水质的波动得到城市污水缓冲,有害物质的影响也由于城市污水的稀释得到减弱,因此,只要管理得当,共同处理,大多都能得到较好地处理效果。

但也要注意到共同处理可能引起的问题,并采取适当的措施予以解决,才能多、快、好、省地解决工业废水与城市污水的污染问题。正确的方针应当是:首先由各工厂分别处理各自的特殊污染废水,再排入下水道,然后送往城市污水处理厂与城市污水共同处理。在排入下水道前,应处理达到一定的排放标准,使废水水质与城市污水水质基本一致,既不致损坏下水道,又不会影响微生物活动。

上述并不能包括选择处理工艺流程时应考虑的全部问题,设计者应当在调查研究与科学实验的基础上进行详细的技术、经济比较,才能确定最佳的处理工艺流程。

第三节　小城镇污水处理厂设计

一、污水处理厂设计内容与原则

1. 污水处理厂设计内容

污水要求达标排放,一般需经预处理、一级处理、二级处理才能达到要求,甚至需要三级处理才能达到目的。污水处理工艺设计一般包括以下内容。

(1)根据城市或企业的总体规划或现状与设计方案选择处理厂厂址。

(2)处理工艺流程设计说明。

(3)处理构筑物型式选型说明。

(4)处理构筑物或设施设计计算。

(5)主要辅助构(建)筑物设计计算。

(6)主要设备设计计算选择。

(7)污水厂总体布置(平面或竖向)及厂区道路、绿化和管线综合布置。

(8)处理构(建)筑物、主要辅助构(建)筑物、非标设备设计图绘制。

(9)编制主要设备材料表。

2. 污水处理厂设计原则

污水处理厂的设施,一般可以分为处理构筑物、辅助生产构(建)筑物、附属生活建筑物。污水处理厂的原则有以下几点。

(1)构筑物为工艺需要服务,要进行必要的实验研究,提供相应实验数据,并能保证稳定运行,符合水力运行规律。

(2)污水处理厂设计必须符合经济要求。

(3)构筑物上安装的装置要便于操作,检修、巡检要有安全通道及防护措施。

(4)与构筑物相连接的管线设施要比较容易疏通。

(5)污水处理厂设计必须考虑安全运行的条件。

(6)污水处理厂的设计在经济条件允许的情况下,厂内布局、构(建)筑物外观、环境及卫生等可以适当注意美观和绿化。

3. 污水处理厂设计应达到的标准

(1)选择的工艺流程、建(构)筑物布置、设备等能满足生产需要。

(2)设计中采用的数据、公式和标准必须正确可靠。

(3)设计应符合污水处理达标排放标准。

(4)设计中在满足生产需要的基础上,在经济合理的原则下,尽可能地采用先进技术。

（5）设计应注意近远期相结合，一般采用分期建设。

（6）在设计中要尽可能降低工程造价，使工程取得最大的经济效益和社会环境效益，但要适当考虑厂区的美观和绿化。

二、污水处理厂厂址选择

污水处理厂厂址选择是进行设计的前提，应结合城市或工厂的总体规划、地形、管网布置及环保要求等因素综合考虑，进行多方案的技术、经济比较，选出适用可靠的厂址。一般应考虑以下几个问题。

（1）在地形及地质条件方面有利于处理构筑物的平面与高程的布置和施工，不受洪水威胁，考虑防洪措施，地质条件好，地下水位低，地基承载力较大，湿陷性等级不高，岩石较少。

（2）应与选定的污水处理工艺相适应，但无论采用何种工艺，必须从支援农业出发，少占农田，尽可能不占良田。

（3）考虑周围环境卫生条件，自来水厂应布置在城镇上游，并满足《生活饮用水水质标准》规定。污水处理厂应布置在城镇集中给水水源的下游，距城镇或生活区 300 m 以上，并便于处理后的污水用于农田灌溉，但也不宜太远，以免增加管道长度，提高造价。

（4）污水处理厂尽可能设在夏季主风向的下方。

（5）污水处理厂厂址应尽量靠近供电电源，以利于安全运行和降低输电线路费用。

（6）减少管网的基建费用，当取水地点距用水区较近时，给水厂一般设置在取水构筑物附近，当取水地点距用水区较远时，给水厂选址应通过技术、经济比较后确定。对于高浊度水源，有时也可将预沉池与取水构筑物建在一起，而水厂其余部分应设置在主要用水区附近。污水处理厂如果是为几个流域或几个区服务，则厂址应结合管网布置进行优化设计，使总体投资最省。

（7）要考虑发展的可能，留有扩建余地。处理厂占地面积的大小，与处理水量、处理方法等有关。表 2-1 的有关资料可供选址时参考。

表 2-1　给水及废水处理厂占地面积

给水厂		污水处理厂			
			占地(亩/10^4 m³)		
				二级处理	
规模 (10^4 m³/d)	占地 (亩/10^4 m³)	规模 (10^4 m³/d)	一级处理	生物滤池	曝气池或 高负荷滤池
>100	5	10	15~20	60~90	30~37
50~100	4.5	7.5	12~18	60~90	22~30
30~50	3.5	5	9~13	60~90	17~23
20~30	2.5	2	8~12	60~90	15~22
10~20	1.5	1	7.5~10	60~90	15~20
5~10	1.2	0.5	7.5~10	60~90	15~19

三、污水处理厂总体布置

(一)平面布置

1. 平面布置主要内容

平面布置的主要内容包括：各种构(建)筑物的平面定位；各种输水管道、阀门的布置；排水管渠及检查井的布置；各种管道交叉的布置；供电线路的布置；道路、绿化、围墙及辅助建筑的布置等。

2. 平面布置原则

污水处理厂的建筑物组成包括：生产性处理构筑物、辅助建筑物和连接各建筑物的渠道。对其进行平面规划布置时，应考虑的原则有以下几条。

(1)布置应尽量紧凑，以减少处理厂占地面积和连接管线的长度。

(2)生产性处理构筑物作为处理厂的主体建筑物，在做平面布置时，必须考虑各构筑物的功能要求和水力要求，结合地形和地质条件，合理布局，以减少投资并使运行方便。

(3)对于辅助建筑物，应根据安全、方便等原则布置。如泵房、鼓风机房应尽量靠近处理构筑物,变电所应尽量靠近最大用电户,以节省动力与管道;办公室、分析化验室等均应与处理构筑物保持一定距离,并处于它们的上风向,以保证良好的工作条件;贮气罐、贮油罐等易燃易爆建筑的布置应符合防爆、防火规程;污水处理厂内的道路应方便运输等。

(4)污水管渠的布置应尽量短,避免曲折和交叉。另外,还必须设置事故排水渠和超越管,以便发生事故或进行检修时,污水能越过该构筑物。

(5)厂区内给水管、空气管、蒸汽管以及输电线路的布置,应避免相互干扰,既要便于施工和维护管理,又要尽量紧凑。当很难敷设在地上时,也可敷设在地下或架空敷设。

(6)将排放异味、有害气体的构(建)筑物布置在居住与办公场所的下风向;为保证良好的自然通风条件,构(建)筑物布置应考虑主导风向。

(7)要考虑扩建的可能,应留有适当的扩建余地,并考虑施工方便。

生产性处理构筑物,包括泵房、鼓风机房、加药间、消毒间、变电所等。辅助建筑物,包括化验室、修理间、库房、办公室、车库、浴室、食堂、厕所等,其使用面积可参考表 2-2。

表 2-2　辅助建筑物使用面积　　　　　　　单位:m²

序号	建筑物名称	水厂规模(10^4 m³/d)		
		0.5~2	2~4	5~10
1	化验室(理化、微生物)	45~55	55~65	65~80
2	修理间(机修、电修、仪表)	65~100	100~135	135~170
3	库房(不含药剂库)	60~100	100~150	150~200
4	值班宿舍	按值班人员确定		
5	车库	按车辆型号和数量确定		

总之,在工艺设计计算时,除应满足工艺设计上的要求外,还必须

符合施工、运行上的要求。对于大中型处理厂,还应做出多种方案比较,以便找出最佳方案。

3. 污水处理厂的平面布置

污水处理厂的平面布置是在工艺设计计算之后进行的,根据工艺流程、单体功能要求及单体平面图形进行。

(1)首先对处理构(建)筑物进行组合安排,布置时对其平面位置、方位、操作条件、走向、面积等统筹考虑,并应对高程、管线和道路等进行协调。

(2)生产辅助建筑物与生活附属建筑物的布置。

(3)污泥区的布置。

(4)管、渠的平面布置。

(5)道路、围墙及绿化带的布置。

如图 2-2 所示为某市污水处理厂总平面布置图。

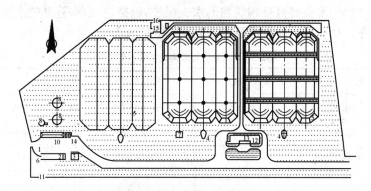

图 2-2　某市污水处理厂总平面布置图

1—格栅间;2—曝气沉砂池;3—计量室;4—分配井;5—氧化沟;6—鼓风机房;

7—污泥泵间;8—污泥浓缩池;9—均质池;10—污泥脱水机房;11—污水泵房;

12—变压器/配电室;13—管理室;14—容器;15—反冲洗泵间;16—处理水泵间

(二)高程布置

高程布置的目的是合理地处理各构筑物在高程上的关系。具体地说,是通过水头损失的计算,确定各构筑物的标高,以及连接构筑物的管渠尺寸和标高,从而使污水能够按处理流程在处理构筑物间顺利流动。

1. 高程布置主要内容

高程布置主要内容包括:各处理构(建)筑物的标高;管线埋深或标高;阀门井、检查井井底标高;管道交叉处的管线标高;各种主要设备机组的标高;道路、地坪的标高和构筑物的覆土标高。

2. 高程布置原则

尽量利用地形特点使构筑物接近地面高程布置,以减少施工量,节约基建费用;尽量使污水和污泥利用重力自流,以节约运行动力费用。

3. 构筑物的水头损失

为达到重力自流目的,必须精确计算污水流经处理构筑物的水头损失,水头损失包括下列内容。

(1)污水流经处理构筑物的水头损失,包括进、出水管渠的水头损失,在作初步设计时可参照表 2-3 所列数据估算。

表 2-3　污水流经处理构筑物的水头损失

构筑物名称	水头损失(cm)	构筑物名称	水头损失(cm)
格栅	10~25	普通快滤池	200~250
沉淀池	10~25	压力池	500~600
平流沉淀池	20~40	通气滤池	650~675
竖流沉淀池	40~50	生物滤池 (1)装有旋转布水器 (2)装有固定喷洒布水器	270~280 450~475
辐射沉淀池	50~60	曝气池 (1)污水潜入池 (2)污水跌水入池	25~50 50~150
反应池	40~50	混合式接触池	10~30

　　（2）污水流经管渠的水头损失，包括沿程水头损失和局部水头损失，可按下列公式计算。

$$h = h_1 + h_2 = \sum iL + \sum \xi \frac{v}{2g} \ (\text{m})$$

式中　h_1——沿程水头损失，m；

　　　　h_2——局部水头损失，m；

　　　　i——单位管长的水头损失（水力坡度）；

　　　　L——连接管段长度，m；

　　　　ξ——局部阻力系数；

　　　　g——重力加速度，m/s^2；

　　　　v——连接管中流速，m/s。

　　连接管中流速一般取 0.7～1.5 m/s，进入沉淀池时，流速可以低些；进入曝气池或反应池时，流速则可以高些。流速太低时，会使管径过大，相应管件及附属构筑物规格亦增大；流速太高时，则要求管（渠）坡度较大，水头损失增大，会增加填、挖土方量等。正确确定连接管（渠）时，可考虑留有水量发展的余地。

　　（3）污水流经量设备的水头损失，按所选类型计算，一般污水厂进、出水管上计量表中水头损失可按 0.2 m 计算。

4. 高程布置应考虑的因素

　　（1）初步确定各构筑物的相对高差，只要选定某一构筑物的绝对高程，其他构筑物的绝对高程亦确定。

　　（2）要选择一条距离最长、水头损失最大的流程，按远期最大流量进行水力计算。同时，还要留有余地，以确保系统出现故障或处于不良情况下，仍能进行工作。

　　（3）当污水和污泥不能同时保证重力自流时，应污泥量少许，可用泵提升污泥。

　　（4）高程布置应考虑出水能自流排入接纳水体。

　　（5）地下水位高时，应适当提升构筑物设置高度，减少水下施工的工程量。

如图 2-3 所示为某市污水处理厂污水处理流程高程布置图。

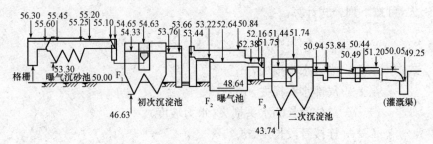

图 2-3　某市污水处理厂污水处理流程高程布置图

第三章　小城镇污水处理系统及选择

第一节　小城镇污水处理系统类型及组成

一、污水治理途径

我国小城镇基础设施相对薄弱,城市水处理厂不能很好地满足社会的进步和人民生活水平日益提高所带来的污水排放问题,导致大量未经处理的污水排入江河湖海,造成水体感官污染(漂浮的杂物、浑浊、气味、色度等)、油类污染(隔绝水体复氧)、酸(或碱)污染、重金属污染(直接或间接致死水生生物)、有机物污染(使水体发臭)、植物营养性污染(水体中藻类异常大量增殖),使水体利用价值降低甚至完全丧失。随着人口的剧增和工业的迅猛发展,大量污水排入水体,造成地表水质降低,失去饮用、娱乐、灌溉、养殖作用,还会使地下水中的有害物质增加,影响地下水的利用。

根据我国环境保护远景目标纲要,2010 年全国城镇的城市污水处理率应达到 50%;50 万人以上的城市及重点流域和水源保护区内的中小城市与村镇,都将建设污水处理厂;水资源短缺地区,还将积极发展污水再生利用事业。因此,小城镇污水应实行点源控制与城市污水集中处理相结合的技术路线,必须尽力保护水资源,减少水污染,净化和再生受污染的水,从而实现水资源可持续利用的长远目标。

二、污水处理系统组成

污水处理系统是处理和利用污水的一系列处理构筑物(或设备)及附属构筑物的综合体系,担负污水处理的任务,促进水资源的良好利用。

污水处理系统或设施可以按污水来源、设施功能、对水的处理程度来划分。污水处理系统应按污水处理后达标排放,或对处理后污水和污泥加以利用的要求进行设置,系统方案的确定应做到工艺技术先进可靠、工程投资经济合理、运行管理方便且费用低。

小城镇污水处理系统通常可以分为预处理系统、一级处理系统、二级处理系统和污水深度处理。

(一)预处理系统和一级处理系统

城市污水的预处理系统和一级处理主要采用栅网拦截或沉淀等简单的物理方法,在污水水质或水量变化较大的处理厂,还设有均合池(调节池),但大部分处理厂都采用进水总干管直接调节水质或水量。

预处理系统通常包括格栅处理、污水提升和沉砂处理。格栅处理的目的是截留大块物质以保护后续水泵、管线、设备的正常运行;污水提升的目的是提高污水水位,以保证污水可以靠重力流过后续建在地面上的各个处理构筑物;沉砂处理的目的是去除污水中裹挟的砂、石与大块颗粒物,以减少它们在后续构筑物中的沉降和在后续管线中的沉淀,避免堵塞造成后续设施淤砂,形成死区,影响构筑物的处理功效。

一级处理系统主要是初次沉淀池,目的是将污水中悬浮物尽可能地沉降去除,污水经一级处理后的处理效率为 SS 去除 $40\%\sim55\%$,BOD_5 去除 $25\%\sim35\%$。

1. 格栅

格栅的作用是截留大块物质以保护后续水泵设备管线正常运行,典型一级处理系统在污水进水泵前和污水处理系统前均须设置格栅,格栅按栅条间隙大小,可分为粗格栅($50\sim100$ mm)、中格栅($10\sim40$ mm)和细格栅($3\sim10$ mm)三种。格栅的种类有很多,有链条式格栅、钢丝绳式格栅、液压式格栅、回转式格栅、步进式格栅、辐射式格栅和弧形格栅,如图 3-1 所示为格栅示意图。

一般情况下,粗格栅主要设于泵前,拦截一些非常大的污物,对水泵起保护作用,有效地保护中格栅的正常运行;中格栅对栅渣的拦截

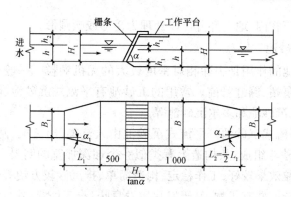

图 3-1 格栅示意图

发挥主要作用,绝大部分栅渣将在中格栅被拦截下来;细格栅将进一步拦截剩余的栅渣,主要截留细软栅渣,防止缠绕物通过。目前,多数城市污水处理厂设置两道格栅,将粗格栅设置于进水泵站前,中格栅设置于进水泵站后。

2. 污水提升泵站

污水提升泵站的作用是将上游水提升至后续处理单元所要求的高度,使其实现重力自流。污水泵站的基本组成包括机器间、集水池、格栅、辅助间,有时还附设有变电所。泵站内的水泵多种多样,一般以离心泵为主。按照安装方式分为干式泵和潜污泵,干式泵又有立式泵和卧式泵;潜污泵有污水中安装和干式安装两种类型。泵的类型主要视污水处理厂的规模、要求的扬程、工作介质和控制方式等具体情况而定。

实际应用中采取何种类型,应根据具体情况,经多方案技术经济比较后决定。根据我国设计和运行经验,凡水泵台数不多于 4 台的污水泵站,其地下部分结构采用圆形最为经济,其地面以上构筑物的形式必须与周围建筑物相适应。当水泵台数超过上述数量时,地下及地上部分都可以采用矩形或由矩形组合成的多边形;地下部分有时为了发挥圆形结构比较经济和便于沉井施工的优点,也可以采取将集水池和机器间分开为两个构筑物的布置方式,或者将水泵分设在两个地下的圆形构筑物内,地上部分可以处理为矩形或腰圆形。

3. 沉砂池

沉砂池的作用是去除相对密度较大的无机颗粒。一般设在初沉砂池前或泵站、倒虹管前。常用的沉砂池有平流式沉砂池、曝气沉砂池、涡流式沉砂池和多尔沉砂池等。

(1)平流式沉砂池。平流式沉砂池由入流渠、出流渠、闸板、水流部分及沉砂斗组成,从构造上看类似一个加深加宽的明渠,它具有截留无机颗粒效果较好、工作稳定、构造简单、排沉砂较方便等优点。但沉砂中夹杂一些有机物,易于腐化散发臭味,难于处置,并且对有机物包裹的砂粒去除效果不好。如图 3-2 所示为多斗式平流式沉砂池工艺图。

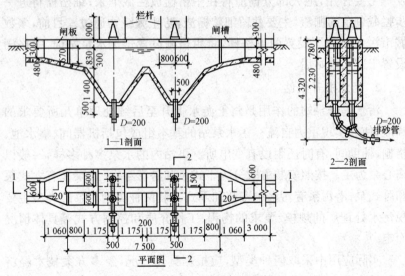

图3-2　多斗式平流式沉砂池工艺图

当污水流过沉砂池时,由于过水断面增大,水流速度下降,污水中挟带的无机颗粒将在重力作用下下沉,而相对密度较小的有机物则处于悬浮状态,并随水流走,从而达到从水中分离无机颗粒的目的。

(2)曝气沉砂池。曝气沉砂池是在平流式沉砂池的基础上发展起来的,是一长形渠道,沿渠壁一侧的整个长度方向,距池底 20～80 cm 处安设曝气装置,在其下部设长形集砂斗,池底有 $i=0.1～0.2$ 的坡度,以保证砂粒滑入。如图 3-3 所示为曝气沉砂池沉砂工艺图。

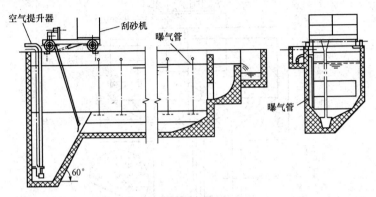

图 3-3　曝气沉砂池沉砂工艺图

曝气沉砂池在我国污水处理厂中使用广泛,除砂效果好。普通沉砂池的最大缺点在于其截留的沉砂中夹杂着一些有机物,而对被少量有机物包裹的砂粒截留效果也不高。使用曝气沉砂池能够在一定程度上克服了上述缺点。

(3)涡流式沉砂池。涡流式沉砂池又称钟式沉砂池,主要依靠电动机械转盘和斜坡式叶片,利用离心力将砂粒甩向池壁去除,并将有机物去除。涡流式沉砂池构造如图 3-4 所示。

涡流式沉砂池除砂效率约为 95%(砂粒粒径大于 0.29 mm),有机物分离效率为 50%～70%。涡流式沉砂池设计由处理水量来选定其型号。

4. 初次沉淀池

初次沉淀池是城市污水处理的主体构筑物,设置初次沉淀池的目的是通过沉淀去除水中的可沉悬浮物,减少后续处理的能耗。在城市生活污水中的悬浮物 SS 中,可沉悬浮物约占 60%,其余约 40% 为不可沉胶体物质。初次沉淀池对可沉悬浮物的去除率可达 90% 以上,并能将约为 10% 的胶体物质由于黏附作用而去除,总 SS 去除率为 50%～

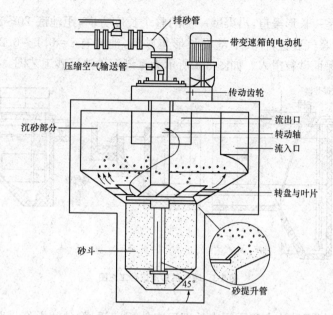

图 3-4　涡流式沉砂池构造图

60%,可使污水中的 BOD_5 降低 25%～35%。另外,初次沉淀池还能起到均合池的作用,使入流污水水质水量的波动不至于对后续生物处理单元造成大的冲击。

初次沉淀池有平流式沉淀池、竖流式沉淀池和辐流式沉淀池三种类型,城市污水处理厂一般采用平流式沉淀池和辐流式沉淀池两种类型。

(1)平流式沉淀池。平流式沉淀池平面呈矩形,污水从沉淀池的一端流入,水流以水平方向在池内流动,沉淀后的水从池的另一端流出。平流式沉淀池一般由进水装置、出水装置、沉淀区、缓冲区、污泥区及排泥装置等构成。排泥方式有机械排泥和多斗排泥两种,机械排泥多采用链带式刮泥机和桥式刮泥机。如图 3-5 所示为桥式刮泥机平流式沉淀池。

平流式沉淀池施工简单、造价低,但占地面积较大,适合于各类型的污水处理厂或处理站。

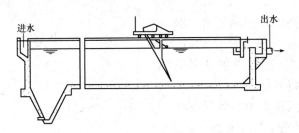

图 3-5　桥式刮泥机平流式沉淀池示意图

（2）竖流式沉淀池。竖流式沉淀池一般为圆形或方形,由中心进水管、出水装置、沉淀区、污泥区及排泥装置组成,如图 3-6 所示。废水从设在池中心的导流筒进入,再经过导流筒下部的反射板均匀缓慢地分布进入池内。由于出水口设在池面的周围,因此,池中水的流向为由下向上流动。沉淀下来的悬浮物贮存在池底部的污泥斗中。

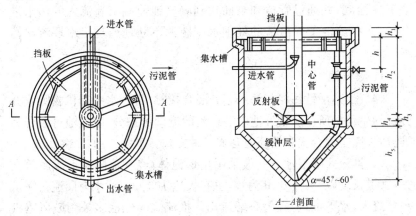

图 3-6　竖流式沉淀池构造图

竖流式沉淀池占地面积小,管理简单,但池体的深度较大,造价高,对污水水量和水温变化适应性较差,只适用于小型污水处理厂。

（3）辐流式沉淀池。辐流式沉淀池一般为圆形,也有正方形,可分为进水区、出水区、沉淀区、缓冲区和贮泥区五部分,如图 3-7 所示。废水从池中心的进水管进入,通过中心管再使水在池内均匀分布,沉

淀后的水在池面四周溢出。水
流在池中呈水平方向流动,污
泥沉于池底,通常采用刮泥机
或吸泥机将泥排出。

辐流式沉淀池池体深度较
小,管理方便,但占地面积大,
施工复杂,一般适用于大中型
的污水处理厂。

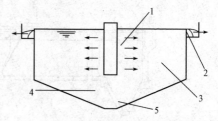

图 3-7　辐流式沉淀池示意图
1—进水区;2—出水区;3—沉淀区;
4—缓冲区;5—贮泥区

(二)二级处理系统

二级处理系统主要是由曝气池和二次沉淀池构成,主要目的是通
过微生物的新陈代谢将污水中的大部分污染物变成 CO_2 和 H_2O。曝
气池内微生物在反应过后与水一起源源不断地流入二次沉淀池,微生
物沉在池底,并通过管道和泵回送到曝气池前端与新流入的污水混
合;二次沉淀池上面澄清的处理水则源源不断地通过出水堰流出污
水厂。

1. 曝气池

曝气池是活性污泥与污水充分混合接触,将污水中有机物吸收并
分解的生化场所。从曝气池中混合液的流动形态分,曝气池可以分为
推流式、完全混合式和循环混合式三种方式。

(1)推流式曝气池。一般采用矩形池体,经导流隔墙形成廊道布
置,廊道长度以 50～70 m 为宜,也有长达 100 m。污水与回流污泥从
一端流入,水平推进,经另一端流出。推流式曝气池多采用鼓风曝气
系统,但也可以考虑采用表面机械曝气装置。采用表面机械曝气装置
时,混合液在曝气内的流态,就每台曝气装置的服务面积来讲完全混
合,但就整体廊道而言又属于推流。在这种情况下,相邻两台曝气装
置的旋转方向应相反(图 3-8),否则两台装置之间的水流相互冲突,可
能形成短路。

(2)完全混合式曝气池。完全混合式曝气池混合液在池内充分
混合循环流动,因而,污水与回流污泥进入曝气池立即与池中所有

图 3-8　采用表面机械曝气装置的推流式曝气池

混合液充分混合,使有机物浓度因稀释而迅速降至最低值。完全混合式曝气池多采用表面机械曝气装置,但也可以采用鼓风曝气系统。

(3)循环混合式曝气池。循环混合式曝气池主要是指氧化沟。氧化沟是平面呈椭圆环形或环形"跑道"的封闭沟渠,混合液在闭合的环形沟道内循环流动,混合曝气。入流污水和回流污泥进入氧化沟中参与环流并得到稀释和净化,与入流污水及回流污泥总量相同的混合液从氧化沟出口流入二沉池。处理水从二沉池出水口排放,底部污泥回流至氧化沟。氧化沟不仅有外部污泥回流,而且还有极大的内回流。

曝气池沉积较大,占地面积多,适用于大中型城市污水厂。

2. 二次沉淀池

二次沉淀池(简称为二沉池)的作用是将活性污泥与处理水分离,并将沉泥加以浓缩。二沉池的基本功能与初沉池是基本一致的,因此,前面介绍的几种沉淀池都可以作为二沉池,另外,斜板沉淀池也可以作为二沉池。但由于二沉池所分离的污泥质量小,容易产生异重流,因此,二沉池的沉淀时间比初沉池的长,水力表面负荷比初沉池的小。另外,二沉池的排泥方式与初沉池也有所不同。初沉池常采用刮泥机刮泥,然后从池底集中排出;而二沉池通常采用刮吸泥机从池底大范围排泥。

(三)污水深度处理

污水深度处理是指城市污水或工业废水经一级、二级处理后,为了达到一定的回用水标准使污水作为水资源回用于生产或生活的进一步水处理过程。针对污水(废水)的原水水质和处理后的水质要求

可进一步采用三级处理或多级处理工艺。常用于去除水中的微量
COD 和 BOD 有机污染物质，SS 及氮、磷高浓度营养物质及盐类。深
度处理的方法有沉淀法、砂滤法、活性炭法、臭氧氧化法、膜分离法、离
子交换法、电解处理、湿式氧化法、催化氧化法、蒸发浓缩法等物理化
学方法与生物脱氮、脱磷法等。

1. 混凝沉淀

混凝沉淀工艺是污水深度处理中最常用的工艺，我国大多数污水
厂在深度处理工艺中均采用此方法。向水中投加化学药剂，药剂水解
后与污染物相互作用，通过混凝过程形成大颗粒絮体，通过沉淀或气
浮得到分离。混凝沉淀工艺经济、成熟，但处理效果受水质改变影响
较大(藻类、pH 值、水温等)，且对水质要求较高时，该工艺则无法满足
处理效果。用作混凝剂的化学药剂有四种类型：石灰、铝盐、铁盐和聚
合物。

2. 过滤

过滤是使水通过粒状滤料滤床，从而由水中去除悬浮和胶体杂质
的一种物理化学过程，水充满滤料的空隙，杂质则被滤料表面所吸附，
或在空隙中被截留，主要去除经生物絮凝和化学絮凝都不能沉降的颗
粒和胶体物质。

3. 活性炭吸附再生

活性炭是从水中去除大部分有机物和某些无机物的最有效工艺
的一种，而且对生物处理中不能去除的难降解的物质也能够去除。活
性炭靠吸附过程由水中去除有机物和无机物，吸附也就是把一种物质
吸引并聚集到另一种物质的表面上去的过程。

4. 消毒

污水处理的最后一步是灭菌，杀死有害细菌和病毒。最常用的是
加氯灭菌法，但是近些年来，人们对这种方法的某些副作用表示关注。
氯能与有机物产生反应，形成危险的有机氯化合物。污水处理水在排
出以前，用脱氯，加二氧化硫、偏亚硫酸氢钠、亚硫酸氢钠、苏打或过氧
化氢，或者通过使用活性炭的办法能降低或消除这些副作用。也有一

些可以替代氯化作用而不产生有害化合物的方法,如紫外辐射法和臭氧氧化法。

臭氧是有效可靠杀死细菌和病毒的氧化剂。让空气或纯氧通过放电器在现场产生臭氧。由于臭氧消毒需要大量的能量,因此,它比紫外辐射或氯化硼消毒法的成本要高。和紫外辐射法一样,臭氧消毒法也需要污水至少经过二级处理。

第二节　小城镇污水处理工艺及其选择

一、污水处理工艺方案的选择原则

小城镇污水处理工艺方案的选择原则:针对性强,技术成熟,投资合理,运行安全可靠,维护管理简单,运行费用低。

工艺选择应满足以下具体情况。

(1)水量的不均匀性,昼夜变化大,可能夜间多数时间没水。

(2)排放要求,根据受纳水体要求或回用要求确定出出水水质,从而确定处理目标。

(3)管理者素质。污水处理是技术含量较高的行业,小城镇的劳动力素质较低,信息、交通运输、分析化验能力都不能与大城市相比,所选处理工艺尽量简单,容易维护,可靠程度高。

(4)尽量降低投资和运行费用。小城镇自身的财力较低,建设资金和运行资金低是确保能建得起和运行得起的关键。

(5)占地、环保要求低。小城镇污水厂用地地价便宜,臭味对周围环境影响小,可以减少这方面投资。

二、污水特征与处理程度

1. 污水特征

(1)城市污水的组成。由城市排水管网收集的污水称为城市污水,是由居住区等区域排出的生活污水和城市排水系统集水范围内工业、企业污水组成,在雨季还包括部分雨水。详细组成如下。

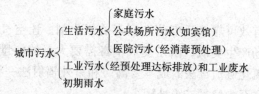

近年来,我国小城镇发展速度很快,小城镇规模进一步扩大,污水产生量迅速提高。但与大、中城市相比较,小城镇污水主要为生活污水(占 50%以上),污水中悬浮物浓度较高,特别是一些小城镇排水系统不完善,大多采用明渠排水,雨水和地下水渗入现象严重,降低了污水中的有机物浓度。由于小城镇人口规模相对较小,污水水量、水质都呈现出较为突出的时间,不均匀性和水质不稳定性。针对我国小城镇污水产生特点及小城镇社会经济发展特性,污水处理工艺技术的选择,既不能完全照搬目前在大、中城市中广泛采用的传统城市污水处理工艺技术,也不能完全采用村庄居民点的污水处理方式,而必须按照经济、高效、简便、易行的原则进行选择。具体地说,即适宜小城镇采用的污水处理工艺应具备基建投资省、运行费用低、节能降耗明显;处理工艺具有较强的耐冲击负荷能力,去除效率高;工艺简便易行、运行稳定、维护管理方便,利用当地小城镇现有的技术与管理力量就能满足设施正常运行的需要;处理工艺具有一定的灵活性,能较好地适应现阶段达标处理排放要求与未来考虑进行再生利用需要的变化等特点。

(2)城市污水水质。功能综合的城市,排水系统接纳的生活污水占总污水量的 45%~65%,相应城市污水具有生活污水的特征。城市污水的水质随接纳的工业污水水量和工业企业生产性质的不同而有所变化,尤其是一些特殊的污染物指标,如重金属离子与冶金工业,有毒有机物与农药、染料等工业等,但由于特殊工业企业的数量与其排水量所占比例很小,因而,对城市污水整体影响不大(特别是工业污水经预处理后)。

典型的生活污水水质变化范围可参考表 3-1。

表 3-1　典型生活污水水质

序号	指　　　标	浓度(mg/L)		
		高	中	低
1	总固体(TS)	1 200	720	350
2	溶解性总固体	850	500	250
3	非挥发性	525	300	145
4	挥发性	325	200	105
5	悬浮物(SS)	350	220	100
6	非挥发性	75	55	20
7	挥发性	275	165	80
8	可沉降物	20	10	5
9	生化需氧量(BOD_5)	400	200	100
10	溶解性	200	100	50
11	悬浮性	200	100	50
12	总有机碳(TOC)	200	60	80
13	化学需氧量(COD)	1 000	400	250
14	溶解性	400	150	100
15	悬浮性	600	250	150
16	可生物降解部分	750	300	200
17	溶解性	325	150	100
18	悬浮性	325	150	100
19	总氮(N)	85	40	20
20	有机氮	35	15	8
21	游离氮	50	25	12
22	亚硝酸氮	0	0	0
23	硝酸氮	0	0	0
24	总磷(P)	15	8	4
25	有机磷	5	3	1
26	无机磷	10	5	3
27	氯化物(Cl)	200	100	60
28	碱度($CaCO_3$)	200	100	50
29	油脂	150	100	50

2. 污水设计水量

城市污水处理厂设计时,有以下几种设计水量。

(1)平均日流量(m^3/d)。用来表示污水厂的公称规模,并用以计算污水厂抽升电耗、耗药量、处理总水量、总泥量等。

(2)最大时、最大日流量(m^3/h 或 m^3/d)。用来确定管渠和泵站、风机房等设备容量的基本数据。一般情况下,污水厂各构筑物(除水力停留时间超过 5.0 h 的构筑物外)应按此流量设计。

(3)平均日的平均时流量(m^3/h)。当污水厂构筑物水力停留时间大于 4.0 h,该构筑物及其后续处理构筑物按此流量校核。

(4)降雨时的设计流量(m^3/h 或 L/s)。包括旱季流量和截流(n 倍的初期雨水)流量。需用这种流量校核初沉池及其以前的构筑物或设施,此时初沉池水力停留时间应不小于 30 min。

(5)当污水厂为分期建设时,设计流量用相应的各期流量。

3. 污水设计进出水水质设计

(1)设计进水水质。

1)生活污水。根据我国近年实测资料,生活污水的 BOD_5 和 SS 设计值可取为 BOD_5 为 20～35 g/(人·d),SS 为 35～50 g/(人·d)。

2)工业废水。工业废水的设计水质按企业实际排水水质数据计算,可由当地环境保护部门或市政部门提供。

3)城市污水厂设计进水水质。应根据工业废水和生活污水所占比例确定设计进水水质范围,并根据城市污水水质常年监测资料进行对比、参考重点工业、企业污染源监测资料,确定污水厂设计进水水质范围。

(2)出水水质标准。

1)《地面水环境质量标准》(GB 3838—2002)。

2)《城市污水再生利用　城市杂用水水质》(GB/T 18920—2002)。

3)《农田灌溉水质标准》(GB 5084—2005)。

出水水质校准应根据排放去向、接纳污水体功能、与被保护水体的关系由第 1)确定,亦可根据第 2)或 3)确定。

4. 污水处理程度的确定

城市污水处理程度可按下式计算。

$$\eta_t = \frac{S_{io} - S_{ie}}{S_{io}} \times 100\%$$

式中 η_t——污水某水质项目需处理的程度，%；

    S_{io}——污水某水质项目进水指标，mg/L；

    S_{ie}——污水某水质项目出水指标，mg/L。

三、适合小城镇污水处理技术

根据我国小城镇现状特点和发展趋势，现提出以下几种工程投资，相对较小、运行费用低、处理效果好、操作简单、管理方便的小城镇污水处理经济适用技术，以加快推进小城镇污水处理设施建设步伐，促进小城镇经济社会的可持续健康发展。

（一）一级及一级强化处理工艺系统

一级处理主要去除污水中呈悬浮状态的固体污染物质，物理处理法大部分只能完成一级处理的要求，一级处理一般很少单独使用，多作为二级处理工艺的预处理。城镇污水一级处理的主要构筑物有格栅、沉砂池和初沉池。

一级处理去除效果较差，运行费用高、污泥量大且后续处理有难度，因此采用较少。一般仅用于生化性较差的污水处理或当作二级生化处理的补充。

（二）二级生物处理工艺系统

二级处理是在一级处理的基础上增加生化处理方法，去除污水中呈胶体和溶解状态的有机污染物质。二级处理的生化方法主要有活性污泥法、生物膜法、活性污泥和生物膜法的复合技术和人工快速渗滤技术。

1. 活性污泥法

活性污泥法工艺成熟可靠，处理效率高，受环境影响小，是我国小城镇污水处理的主流工艺。

(1)氧化沟工艺。氧化沟污水处理技术是传统活性污泥法工艺的一种变形和改进,因其具有耐冲击负荷能力强、出水水质稳定,操作简单、易于运行控制,运行费用低、综合处理成本较小等优点,因此,为世界各国广泛采用。我国自 20 世纪 80 年代起,也相继采用此工艺处理各类城市污水,取得了良好的效果。该处理技术经过 50 多年的发展应用,在池形结构、运行方式、曝气装置等方面得到了进一步的改良、改进,使其在处理规模、适用范围等方面得到了进一步的长远发展。随着我国小城镇经济基础的不断发展、管理水平的逐步提高,氧化沟处理技术因其良好的处理效果、简易的操作以及较低的运行费用等特点,将在小城镇污水处理中得到推广应用。

氧化沟主要类型有卡鲁塞尔、奥贝尔、二沟交潜式等。为降低工程造价氧化沟可设计成有防渗能力的土池结构。

(2)百乐卡工艺。百乐卡工艺是由芬兰开发的专利技术,又叫悬挂式曝气生物法。百乐卡工艺用土池作为生化池,用浮动链曝气,并配有专用的沉淀刮泥设备。曝气设备、刮泥设备的维修可在水面上进行,池子基本不需放空检修,管理简单,可利用原有的坑塘洼地经必要整修后可作为生化池,投资费用低,适用于经济不是很发达的小城镇。实践证明该方法处理小城镇污水效果稳定,出水水质好。

(3)间歇性活性污泥法(SBR 法)。间歇性活性污泥法又称序批式活性污泥法,简称 SBR 法。小城镇污水主要集中在白天,晚上水很少,白天用 SBR 作为调蓄池,晚上电价便宜作为处理池,这样可减少构筑物数量。在 SBR 池中采用潜水或漂浮式机械曝气具有设备数量少,控制过程简单的优点。SBR 对水量的适应性强,尤其是小规模更具优势。

但传统的 SBR 法用于生物除磷脱氮时,效果不够理想。而且,传统的 SBR 工艺只有一个反应池,在处理连续自来水时,一个 SBR 系统无法应对,工程上经常采用多池系统,使进水在各个池子之间循环切换,每个池子在进水后依次经历反应、沉淀、滗水、闲置四个阶段对污水进行处理,因此,使得 SBR 系统的管理操作难度和占地都会加大。

2. 生物膜法

(1)生物接触氧化法。生物接触氧化是一种具有活性污泥法特点的生物膜法,它综合了曝气池和生物滤池两者的优点。

生物接触氧化池具有容积负荷高、停留时间短、有机物去除效果好、运行管理简单和占地面积小等优点。

(2)生物滤池处理技术。生物滤池是由土壤自净、污水灌溉及原始间歇砂滤池发展而来的一种人工生物处理技术,受气温变化影响较小,现已由低负荷发展到高负荷,进一步扩大了其应用范围。目前,生物滤池处理技术已逐渐发展有曝气生物滤池、变速生物滤池、蚯蚓生物滤池等多种工艺形式。

当出水质要求高,有回用要求或占地面积受限时,采用好氧生物滤池,具有占地面积小,处理出水水质好的优点,缺点是工艺较普通活性污泥法复杂,其投资和运行成本高于活性污泥法。当出水用于景观水体时,因出水中悬浮物、有机物、氨氮等降低,可减缓水体富营养化进展,好氧生物滤池出水清澈,作为景观用水时视觉效果较好。

近年来,蚯蚓生物滤池因其基建投资和运行费用更为低廉、处理效果好(在具有较好的 BOD_5 和 SS 去除功能的同时,对氨氮去除率高)而引起了众多研究者的注意和大量的应用实践,该技术针对我国目前经济基础相对较为薄弱、运行管理水平较低的小城镇,具有良好的应用潜力和前景。

3. 活性污泥与生物膜法的复合技术

活性污泥与生物膜法的复合技术,可以发挥两种方法的优势:主要体现在可减少占地、提高净化效率及效果上,如以颗炭为载体的流动床曝气技术(流动载体也可以为塑环、海绵体等),曝气池中加生物挂毯,都可实现提高出水水质的要求,在生物池放置固定填料的接触氧化工艺,具有占地小,抗冲击负荷能力强,出水水质稳定,也适合小型污水处理,在我国应用广泛,技术、设备、材料成熟。

4. 人工快速渗滤技术

人工快速渗滤系统(Constructed Rapid Infiltration System,简称CRI 系统)是在传统快速渗滤系统(Rapid Infiltration System,简称RI系统)基础上发展起来的一种崭新的生态污水处理技术。它通过有控制地将污水投放于人工构筑的渗滤介质的表面,使其在向下渗透的过程中经历不同的物理、化学和生物作用,在过滤截留、吸附和生物降解的协同作用下去除污染物。

与传统二级污水处理技术相比,CRI技术具有其独特的优点。

(1)建设和运营成本低。CRI系统工艺流程简单,不需要曝气,不用污泥回流,不产生活性污泥,其建设成本是传统方法的1/2,直接运行成本是活性污泥法的1/3,其他传统方法的1/2。

(2)污染物去除率高、出水效果好。CRI系统对污染物具有较高的去除率,一般COD达85%以上,BOD达90%以上,SS的去除率达到95%以上,氨氮去除率为90%左右,总磷的去除率可达50%～70%以上。

(3)操作、运行简便。CRI系统工艺简单,构筑物较少,自动化控制程度高,对运行管理人员要求不高,十分便捷。

(4)建设周期短。规模低于千吨/日的工程一般能在几个月内建成。

(三)三级(深度)处理工艺系统

三级处理是在一级、二级处理后,进一步处理难降解的有机物、磷和氮等会导致水体富营养化的可溶性无机物等,其主要方法有生物脱氮除磷法、混凝沉淀法、砂滤法、活性炭吸附法、离子交换法和电渗析法等。

下面主要介绍土壤渗滤技术。

污水土地处理系统多年来一直被人们广泛使用,各种土壤渗滤系统是许多小规模污水处理站的理想选择。利用渗井处理污水曾被大面积使用,但由于没有防渗措施,它可能会对土壤和地下水产生污染,因而,在许多地方被立法加以禁止。以快速土壤渗滤系统原理开发的生物净化井是成套化小规模污水处理设备,造价低,管理简单,对污水有较好的净化效果,而且具有较好的生态效益和景观效果。

生物净化井是成套化的人工土地快速渗滤系统小型装置,采用大粒径易挂膜生物滤料,将一定量的污水投配于渗透性能较好的滤料层中,使其在渗透的过程中经物理截留和生化作用,最终达到污水净化目标的过程。生物净化井由污水的预处理、调节、布水、渗滤及集水等部分组成,中心部分是渗滤池。

在土地渗滤系统中,投配污水缓慢通过布置在水管周围的填料,在土壤毛管作用下向填料层扩散。由于污水富含微生物所必需的营养和能源物质,加之适宜的填料形状为微生物提供了良好的生存发育环境,所以,填料中有较高的生物活性,存在大量微生物。作物根区也处于好氧状态,污水中的污染物质在扩散过程中被土壤阻留、土壤吸附、微生物降解、植物吸收等一系列作用被去除。其中微生物对污水中有机物质的去除起着十分重要的作用,被截留和吸附在填料中的有机污染物,在微生物的作用下,经过生物化学反应,被分解转化成无机物,这是去除有机污染物的关键。

由于生物净化井系统的负荷低、停留时间长,水质净化效果非常好,而且稳定。该系统适宜于小规模的农村生活污水的处理,尤其适用于单户或三五户居民的生活污水处理,推广利用前景较为广阔。

(四)自然生物处理方法

1. 氧化塘处理技术

氧化塘又称稳定塘或生物塘,它是天然的或人工修成的池塘,其构造简单,易于维护管理的一种废水处理设施,废水在其中的净化与水的自净过程十分相似。

氧化塘处理技术是指污水中的有机污染物通过在塘中生长的微生物代谢作用被氧化分解,达到净化效果的一种污水处理技术。该技术是一种投资小、构造简单、运行维护管理方便、净化效果好、节省能耗的污水处理方式,在国内外城镇污水处理领域被广泛应用。氧化塘系统主要有好氧塘、兼性塘、厌氧塘、曝气塘四种不同的组合形式,其可单独使用,或与其他处理设施组合应用。近年来,又陆续研究开发出了高效塘、人工强化系统塘、生态系统塘等多种改进模式,取得了良好的应用效果。

小城镇可充分利用现有的各种天然浅塘、围堤、洼地、滩涂及废地、荒地等改造建成氧化塘,在实现污水处理的同时,还可在塘中发展生态养殖。相关研究数据表明,氧化塘的处理效率可达到:$BOD >$

90％,SS 为 75％～80％,TN 为 70％;同时,污水中的有机物和氮、磷等营养物质为鱼类等水产养殖提供了丰富的碳、氮、磷等营养源,产量与清水养殖相比较,明显增加。因此,氧化塘处理技术在达到污水达标处理目的的同时,还可实现一定的资源化效益。

2. 人工潜流湿地

湿地是由水和生长着水生植物的土地形成的一个生态系统。人工潜流湿地利用湿地系统内部良好的循环,对污水有很强的净化效果,而且具有较好的生态效益和景观效果,可广泛应用于处理各种类型的污水,包括生活污水、工业废水、河湖库水质改善等多方面,是投资低廉、节能低耗的污水处理实用技术。

人工潜流湿地是将污水有控制地投配到生长着植物的土地上,利用土壤、植物和微生物等的作用处理污水的一种污水自然处理系统,当污水流过时,经砂石、土壤过滤,植物的富集吸收,植物根际微生物活动等多重作用,使水质得到净化。污水在湿地床表面下经水平和垂直方向渗滤流动,通过植物传递到根系的氧气有助于污水的好氧处理,并可以充分利用填料表面生长的生物膜、丰富的植物根系及表层土和填料进行土壤的物理、化学和土壤微生物的生化作用等,提高处理效果和处理能力;同时,系统具有水力负荷高,净化效果良好,受温度影响较小,处理效果及卫生条件较好等特点。

四、污水处理构筑物的选择

同一级处理构筑物,不同的形式具有各自的特点,表现在它的工艺系统、形式、适应性能、处理效果、运行与维护管理等,其建造费用和运行费用也存在差异。因此,在选择污水处理方法时,应通过技术比较来确定。

(一)一级处理构造物的选型

1. 格栅

多数污水处理厂都安装有格栅,一般采用机械清渣方式,但有的处于闲置状态,是否安装格栅及选择何种清渣方式,应视污水中浮渣量,根据表 3-2 来确定。

表 3-2　是否安装格栅及选择何种清渣方式

项目	人工清渣	机械清渣
按保护对象选择	保护入流设施、拦截粗大漂浮物,应选用粗格栅,栅条间距50～100 mm	保护污水提升泵房,选中格栅,栅条间距 10～40 mm;保护曝气扩散器或填料等装置,选细格栅,栅条间距 3～10 mm
按清渣方式选择	每日栅渣量小于 0.2 m³	每日栅渣量大于 0.2 m³
按栅渣处理方式选择	重力分离渣含水,人工除渣卫生条件差,劳动强度大,投资低	离心分离渣含水,机械破碎、包装栅渣,卫生条件好,机械自动操作,投资高
按运行维护选择	机械格栅运行费用较高,操作与维修较复杂	非机械格栅操作与维修简单,费用较低

2. 沉砂池

沉砂池主要是为去除粒径为 0.2 mm 以上的砂粒,去除率要求达到 80%。常用沉砂池有平流沉砂池、曝气沉砂池、钟式沉砂池。三者的技术特征见表 3-3。

表 3-3　沉砂池的比较

池型	优点	缺点	适用条件
平流沉砂池	构造简单、沉砂效果较好且稳定,运行费用低、重力排砂方便	重力排砂时施工困难,沉砂含有机物多、不易脱水	小、中型污水厂
曝气沉砂池	构造简单、沉砂效果较好、沉砂清洁易于脱水、机械排砂、能起预曝气作用	占地面积大投资大运行费用较高	中、大型污水厂
钟式沉砂池	沉砂效果好且可调节,适应性强,占地少,投资省	构造复杂运行费用高	大、中、小型污水厂

3. 沉淀池

按水流形式划分,沉淀池可分为平流式沉淀池、竖流式沉淀池、辐流式沉淀池和斜板(管)式沉淀池。各种沉淀池的详细比较见表 3-4。

表 3-4　沉淀池的比较

池型	优点	缺点	适用条件
平流式	沉淀效果较好 耐冲击负荷 平底单斗时施工容易 造价低	配水不易均匀 多斗式构造复杂,排泥操作不方便,造价高 链带式刮泥机维护困难	适用地下水位高,大中小型污水厂
竖流式	静压排泥系统简单 排泥方便 占地面积小	池深池径比值大、施工较困难 高冲击负荷能力差 池径大时,布水不均匀	适用地下水位低、小型污水厂
辐流式	沉淀效果好 周边配水时容积利用率高 排泥设备成套性能好 管理简单	中心进水时配水不易均匀 机械排泥系统复杂、安装要求高 进出配水设施施工困难	适用地下水位高地质条件好,大中型污水厂
斜板式	沉淀效果效率高 停留时间短 占地面积小 维护方便	构造比较复杂 造价较高	适用地下水位低、小型污水厂

(二)二级处理构造物的选型

城市污水二级处理的主要方法有活性污泥法和生物膜法两类,两类又有很多具体工艺形式,选用时应根据不同处理方法的优缺点及适用对象来选用,见表 3-5。

表 3-5　二级处理构造物的选型

池　型	优　点	缺　点	适用条件
传统活性污泥法	BOD 去除率高达 90%～95% 工作稳定 构造简单 维护方便	占地大投资高 产泥多且稳定性差 抗冲击能力较差 运行费用较高	出水要求高的大中型污水厂
吸附再生活性污泥法	构造简单维护方便 具有抗冲击负荷能力 运行费用较低 占地少投资省	BOD 去除率 80%～90% 剩余污泥量大且稳定性较差	悬浮性有机物含量高的大中型污水厂
完全混合活性污泥法	抗冲击负荷能力强 运行费用较低 占地不多投资较省	BOD 去除率 80%～90% 构造较复杂 污泥易膨胀 设备维修工作量大	污水浓度高的中小型污水厂
氧化沟法	BOD 去除率 95% 以上 有较高脱氮效果 系统简单管理方便 产泥少且稳定性好	曝气池点地多投资高 运行费用较高	悬浮性 BOD 低有脱氮要求的中小型污水厂
生物滤池	运行过程比较省电 进水悬浮性有机物浓度低时管理简单	占地面积大 卫生条件差 易堵塞 不适宜低温环境	适用于低浓度、低悬浮物的小型污水厂
生物转盘	构造简单 动力消耗低 抗冲击负荷能力强 操作管理方便 污泥净生长量小且稳定性比较好 不发生污泥膨胀 不需污泥回流 具有脱氮和除磷能力	盘片数量多 材料贵 水深较浅 占地面积大 基建投资大 处理效率易受环境条件影响 卫生条件差(或需加保护罩)	适用于气候温和的地区，水量小的污水厂

池　型	优　点	缺　点	适用条件
生物接触氧化	处理能力较大 占地面积省 对冲击负荷适应性强 不发生污泥膨胀现象 污泥产量少且稳定性（比活性污泥）稍好 不需污泥回流 出水水质较好	布水、布气不易均匀 填料价格昂贵影响建设投资 运行不当易堵塞	适用于悬浮性有机物浓度低的中小型污水厂

(三)三级处理构造物的选型

城市污水经二级处理后，一般能达标排放，但要满足更高水质要求，还需进行混凝法或过滤法、吸附法、臭氧氧化法、电渗析、液氯和次氯酸钠氧化等方法处理。其中混凝和过滤是常用的三级处理方法，有时也使用吸附（如处理水用作循环冷却水系统补充水），其他方法使用较少，这三种常用三级处理方法的比较见表3-6。

表 3-6　常用三级处理方法的比较

方法	净化对象	处理效果(%)			工艺系统与设施	运行管理	占地面积	投资	运行成本
		SS	BOD	COD					
混凝	悬浮物有机物	70	40	25	混合、反应、沉淀	简单	大	低	中
过滤	悬浮物有机物	65 (80)	35 (50)	20 (35)	(混合、反应)过滤	复杂	中	中	中
吸附	有机物悬浮物	90	90	80	过滤、吸附	复杂	大	高	高

第四章 小城镇污水处理厂的典型工艺设计

第一节 微生物的培养和试运行

一、微生物的培养

1. 活性污泥的培养

(1)培养。活性污泥的培养就是为活性污泥的微生物提供一定的生长繁殖条件(繁殖条件包括营养物质、溶解氧、适宜的温度和酸碱度等),经过一段时间就会有活性污泥形成,并在数量上逐渐增长,最后达到处理废水所需的污泥浓度,常用方法见表4-1。

表 4-1 活性污泥的培养方法

培养方法		具体做法	优缺点	适用范围
接种培养		将曝气池注满污水,然后大量投入接种污泥,再根据投入接种污泥的量,按正常运行负荷或略低进行连续培养	培养时间短,但受接种污泥来源的限制	适用于小型污泥处理厂或污水厂扩建工程
自然培养	间歇培养	将城市污水引入曝气池后暂停进水,进行曝气。在水温、气温都合适情况下 2～3 d 就会出现絮状物,这时可少量连续进水,也可间歇进水,连续曝气。连续曝气一周后,通过显微镜检查到菌胶团长势良好后即可,由少到多逐渐增加进水到设计量,投入试运行。如果营养不足可加入一些粪便、食品加工业的含氮磷丰富的废液,以及饭店的米泔水等以增快培养的速度。还要注意在培养菌的初期,由于好氧细菌没大量形成,应控制曝气量,避免好氧细菌老化	不需要接种污泥,但培养时间较长	适用于污水尝试较高、有机物质浓度较高、气候比较温和的条件下采用

续表

培养方法		具体做法	优缺点	适用范围
自然培养	连续培养	将曝气池注满污水,停止进水,闷曝 1 d,然后连续进水连续曝气,当曝气池中形成污泥絮体,二沉池中有污泥沉淀时,可以开始回流污泥,逐渐培养直至 MLSS 达到设计值。在连续培养时,由于初期形成的污泥量少污泥代谢性能不强,应该控制污泥负荷低于设计值,并随着时间的推移逐渐提高负荷	不需要接种污泥,但培养时间较长	适用于污水尝试较高、有机物质浓度较高、气候比较温和的条件下采用

(2)驯化。对于有毒或难生物降解的有机工业废水,在污水培养的后期,将生活污水量和外加营养量逐渐减少,而工业废水量逐渐增加,最后全部变为工业废水,此过程称为驯化。

通过驯化使可利用废水有机污染物的微生物数量逐渐增加,不能利用的则逐渐死亡、淘汰,最终使污泥达到正常的浓度、负荷,并有好的处理效果。一般有机物都能被微生物代谢吸收,简单有机物可被细菌直接吸收利用,而复杂的大分子有机物或有毒性的有机物,首先必须被细菌分泌出的"诱导酶"分解转化成简单的有机物后才能被吸收。凡能分泌出这种"诱导酶"的细菌,都能适应工业废水的水质特征而生存下来。这种细菌的富集、迅速繁殖,就是污泥的驯化。

在污泥驯化过程中,使工业废水比例逐渐增加,生活污水比例逐渐减少。每变化一次配比,污泥的浓度和处理的效果下降不应超过10%,并且经 7~10 d 运行后,才能恢复到最佳值。

对于可生化性较好、有毒成分较少、营养较全的工业废水,可同时进行培菌和驯化,所以,培菌一开始就要加入一定比例的工业废水。否则,必须把培菌与驯化完全分开。

(3)培养驯化成功的标志。活性污泥培养驯化成功的标志。

1)生物处理系统的各项指标达到设计要求;

2)曝气池微生物镜检生物相要丰富,有原生动物出现;

3)培养出的污泥及 MLSS 达到设计标准;

4)稳定运行的出水水质达到设计要求。

2. 厌氧污泥的培养

厌氧污泥培养的主要目标是厌氧消化三个阶段所需的细菌、当厌氧消化池经过满水试验和气密性试验后,才可开始培养。厌氧污泥的培养有接种培养法和逐步培养法,培养时应符合下列要求。

(1)大中型污水处理厂一般在水处理阶段正常后,有足够的剩余污泥后,再培养厌氧污泥比较有利。

(2)先将消化池内充满二级出水,投入其他消化池的厌氧污泥菌种,或接入水处理段的剩余污泥。

(3)在消化污泥来源缺乏的地方也可用人粪、牛粪、猪粪、酒糟和剩余的淀粉等有机废物稀释到含固率为 1%～3% 投入消化池。

(4)培养消化污泥菌时,必须控制 pH 值和有机物投配负荷,pH 值应保持在 6.4～7.8 之间,有机负荷控制在 0.5 kg VSS/(m^3 · d)之下。投配负荷过高,会导致挥发性脂肪酸大量积累,pH 值降低,使酸衰退阶段太长,从而延长培养时间。

(5)充分搅拌消化池内的混合污泥。中温消化要保持消化池内的水温在 35 ℃±2 ℃,边进泥边加热,待加至所需温度及泥位后,暂停进泥。待厌氧消化产气正常后方可逐渐增加投泥量,直到正常加泥。

(6)每日分析沼气成分,所需数据正常时,取样品进行点火试验(注意防火、防爆)然后才可正式进行沼气利用工作。

3. 生物膜的培养

生物膜的培养通常称为挂膜。挂膜菌种大多数采用生活粪便污水和活性污泥混合液。由于生物膜中微生物固着生长,适宜特殊菌种的生存,所以,挂膜有时也可采用纯培养的特异菌种菌液。

挂膜过程必须使微生物吸附在固体支撑物上,同时,还应不断供给营养物,使附着的微生物能在载体上繁殖,不被水流冲走。常用的挂膜方法有闭路循环法和连续法两种。

闭路循环法即将菌液和营养液从设备的一端流入,从另一端流出,将流出液收集在水槽内,不断曝气,使菌与污泥处于悬浮状态,曝气一段时间后,进入分离池进行沉淀(0.5～1.0 h),去掉上面清液,适当添加营养液或菌液,再回流入生物膜反应设备,如此形成一个闭路系统。直到发现载体上长有黏状泥,即开始连续进入废水。这种挂膜方法需要菌种及污泥数量大,而且由于营养物缺乏,代谢产物积累,因而成膜时间较长,一般需要 10 d。

连续法即菌液和污泥循环 1~2 次后即连续进水,并使进水量逐步增大。这种挂膜法由于营养物供应良好,只要控制挂膜液的流速(在转盘中控制转速),以保证微生物的吸附。在塔式滤池中挂膜时的水力负荷可采用 4~7 $m^3/(m^2 \cdot d)$,为正常运行的 50%~70%,待挂膜后再逐步提高水力负荷至满负荷。

二、试运行期间的运行管理

1. 试运行期间的注意事项

(1)当活性污泥培养成功后,污水处理厂即可投产试运行。试运行的水量可根据来水情况安排。一般开始试运行时按照设计量的一半运行,待正常时再投入另一半试运行。

(2)试运行期间为了确定最佳工艺运行条件作为变量考虑的因素有污水的温度、电导率、曝气池中的溶解氧和污泥浓度、消化池内泥温、pH 值、加热污泥系统的运行情况、沼气柜的运行情况、脱水机的运行状况。

(3)活性污泥法的重要参数 BOD_5、COD_{Cr}、$MLSS$、$MLVSS$、氨氮、总磷等需要化验室每天监测,用以调整工艺参数。SV、SVI、显微镜检查,每天可根据实际需要多次检测,随时调整工艺。

(4)污水处理、污泥处理在试运行阶段控制、调整应以培养、驯化污泥为主,切实做好控制、观察、记录和分析检验工作,对污水处理量、污泥处理量、污泥产量、沼气产量、药剂耗量、生产电耗量、自来水耗量应有详细记录。对进、出水水质、好氧污泥指标、厌氧活性污泥指标、脱水污泥指标、沼气成分等应有足够的分析数据,便于提高污水处理的质量。

2. 试运行期间的设备管理

试运行期间除调整好工艺参数外,对于设备的试运行情况也应有详细的记录,建立健全设备档案,把设备的规格、数量、产品厂家、价格、合格证书、试运行状况、维修、故障分析和解除、设备的保养、更换和改造等事项一并记入档案。一些特殊设备如锅炉、高压变配电及电器、起重设备、压力容器等国家规定的强制检测设备和沼气柜、消化池还要到市级主管部门办理相关手续，登记备案。配备相应的保护器材、设备，制定严格的使用规章制度。

三、试运行后期的资料管理

污水处理厂在试运行后期应注意总结、收集、整理在单机试车、联动试车和试运行过程中各种资料，大约分为以下两类。

（1）竣工资料。竣工资料主要是单体试车和初步验收阶段为厂内设备及土建安装工程进行竣工验收（初步验收）所需的各项技术档案资料。

（2）试运行技术经济资料。试运行技术经济资料包括全部联动试车的资料和为了验证工艺设计所做的各项试验资料。化验室设备性能鉴定等技术资料也应包括在内。经济资料应包括电耗、能耗、药耗、各类材料消耗、人工费成本、污水处理量、污水处理单耗、污泥处理量、污泥处置费等指标。

第二节　小城镇污水厂一级处理工艺

一、格栅

格栅是一种最简单的过滤器材，用来截留污水中粗大的悬浮物和漂浮物。格栅的形态和尺寸大小由其用途来决定。

1. 格栅应用

格栅在应用中可分为固定格栅和活动格栅两种。

固定格栅一般由间隔的固定金属栅条构成，污水从间隙中流出。栅条通常做成有渐变的断面，用最宽的一侧对着污水流向，以便固体物质在间隙中卡住时，易于耙除截留物。根据截留物被耙除的方式不同，固定格栅又可分为手耙式格栅和机械耙式格栅两种。

活动格栅又可分为钢索格栅和鼓轮格栅两种。钢索格栅是由一组在滚轴上转动的钢丝索构成,污水从钢丝索空间流过,截留在钢丝索上的大颗粒固体随着钢丝索的转动被带出筛滤室,并在钢丝索回到筛滤室之前被刷除掉;鼓轮格栅实际上是一种筛网过滤装置,它由一个周边用金属网覆盖的旋转鼓轮构成,旋转鼓轮部分浸入筛滤室,一端封闭,污水从另一端进入,鼓轮绕水平轴旋转,通过金属网过滤流出鼓外,截留在鼓内的悬浮物被转鼓带到上部时,被喷出来的水反冲洗到排渣槽内排出。

　　格栅运行的重要参数有两个,一个是过栅流速($V_\text{过}$);另一个是栅前流速($V_\text{前}$),其可按下式估算。

　　(1)过栅流速。

$$V_\text{过} = \frac{Q}{b(n+1)h}$$

式中　$V_\text{过}$——过栅流速,m/s,一般控制在 0.6~1.0 m/s;

　　　　Q——进入格栅渠道流量,m³/s;

　　　　b——格栅间距离,m;

　　　　n——格栅的栅条数量;

　　　　h——栅前渠道的水深,m。

　　(2)栅前流速。

$$V_\text{前} = \frac{Q}{Bh}$$

式中　$V_\text{前}$——栅前流速,m/s,一般控制在 0.4~0.8 m/s;

　　　　Q——进入格栅渠道流量,m³/s;

　　　　B——栅前渠道宽度,m;

　　　　h——栅前渠道的水深,m。

2. 栅渣清除

　　栅渣清除方式与格栅拦截的栅渣量有关,当格栅拦截的栅渣量大于 0.2 m³/d 时,一般采用机械清渣方式;栅渣量小于 0.2 m³/d 时,可采用人工清渣方式,也可采用机械清渣方式。机械清渣不仅为了改善劳动条件,而且有利于提高自动化水平。

　　(1)人工清渣格栅。人工清渣格栅由直钢条制成,与水平面成50°~60°角放置,这样可增加格栅有效面积的 40%~80%,而且便于清洗和防止因堵塞而造成的水头损失。栅条间距视污水中固体颗粒大小而定,污水从间隙中流过,固体颗粒被截留,然后由人工定期清除。如果只安装一套装置,一定要设置带有人工清渣格栅的旁通事故槽,以便于排除故障。

带溢流旁通道的人工清渣格栅如图 4-1 所示。

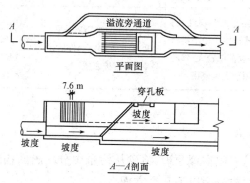

图 4-1　带溢流旁通道的人工清渣格栅

(2)机械清渣格栅。机械清渣格栅适用于大型污水处理厂以及需要经常清除大量截留物的场合。为了改善劳动与卫生条件,一般当栅渣量大于 0.2 m³/d 时,应采用机械清渣格栅。表 4-2 为我国常用的几种机械格栅。

表 4-2　我国常用的几种机械格栅

类　型	适用范围	优　点	缺　点
链条式机械格栅	深度不大的中小型格栅,主要清除长纤维、带状物	①构造简单,制造方便 ②占地面积小	①杂物进入链条和链轮之间时,容易卡住 ②套筒滚子链造价高,耐腐蚀性能差
移动式伸缩臂机械格栅	中等深度的宽大格栅,现有类型耙斗适用于污水除污	①不清污时,设备全部在水面上,维护检修方便 ②可不停水检修 ③钢丝绳在水面上运行,寿命较长	①需三套电动机、减速器,构造较复杂 ②移动时,耙齿与栅条间隙的对应位置困难

类　型	适用范围	优　点	缺　点
圆周回转式机械格栅	深度较浅的中小型格栅	①构造简单,制造方便 ②动作可靠,容易检修	①配置圆弧形格栅,制造较困难 ②占地面积较大
钢丝绳牵引式机械格栅	分固定式和移动式、固定式适用于中小型格栅,深度范围较大;移动式适用于宽大格栅	①适用范围广泛 ②无水下固定部件的设备,检修维护方便	①钢丝绳干湿交替,易腐蚀,宜用不锈钢丝绳 ②有水下固定部件的设备,设备检修时需停水

二、沉砂池

沉砂池是采用物理原理,将砂从污水中分离出的构筑物。沉砂池的运行管理主要分为以下几个方面。

1. 配水与配气

沉砂池一般都设置水调节闸门,曝气沉砂池还要设置空气调节阀门,应经常巡查沉砂池的运行状况,及时调整入流污水量和空气量,使每一格(池)沉砂池的工作状况(液位、水量、气量、排砂次数)相同。

2. 排砂与洗砂

在沉砂池沉积下来的沉砂需要及时清除,排砂操作要点是根据沉砂量的多少及变化规律,合理安排排砂次数,并保证及时排砂。

3. 清除浮渣

沉砂池上的浮渣应定期以机械方式或人工方式清除,否则会产生臭味影响环境卫生,浮渣缠绕造成堵塞设备或管道。应经常巡视浮渣刮渣出渣设施的运行状况、池面浮渣的多少。

4. 旋流沉砂池的运行管理

旋流沉砂池的主要工艺参数是进水渠道内流速、圆池的水力表面负荷和停留时间。

(1)进水渠内流速一般控制在 0.6~0.9 m/s 为宜。

（2）水力表面负荷一般为 200 $m^3/(m^2 \cdot h)$。

（3）停留时间一般为 20~30 s。

进水的流速太大，在渠道内的停留时间太短，会影响砂粒的去除。

5. 曝气沉砂池的运行管理

曝气沉砂池的工艺参数有曝气强度、旋转速度、旋转圈数、停留时间和水平流速。

（1）曝气强度。在实际运行中，曝气强度是一个十分重要的工艺控制参数，有三种表达方式：第一种是单位污水量的曝气量，一般控制在每立方米污水 0.1~0.3 m^3 空气；第二种是单位池容的曝气量，一般控制在每立方米池容每小时 2~5 m^3 空气；第三种是单位池长的曝气量，一般控制在每米池长每小时 16~28 m^3 空气。

（2）污水在沉砂池内的旋流速度。一般来说，砂粒的粒径越小，要沉淀下来一般需要的旋流速度越大。直径 0.2 mm、密度 2.65 的砂粒要沉淀下来，需要维持 0.3 m/s 左右的旋流速度。但是旋流速度太大，会让沉淀下来的砂粒将重新泛起，影响去除率。

（3）旋转圈数。旋转圈数与曝气强度及污水在池内的水平流速均有关，曝气强度越大，旋转圈数越多，沉砂效率越高；水平流速越大，旋转圈数越少，沉砂效率越低。因此，当进入沉砂池的污水量增大时，水平流速增大，为保证此沉砂效率，应增大曝气强度，保证足够的旋转圈数。如将 0.2 mm 以上砂粒的 95% 有效去除，污水在池内应至少旋转三圈。

（4）停留时间。水力停留时间由污水量和池容决定，一般为 1~3 min。

（5）水平流速。水平流速一般控制在 0.06~0.2 m/s。

三、初沉池

1. 工艺控制

污水厂入流污水量、水温及 SS 的负荷总是处于变化之中，因而，初沉池 SS 的去除效率也在变化，就此应采取措施对入流污水的初沉池 SS 的去除率基本保持稳定。工艺措施主要是改变投运池数，而大部分污水厂初沉池都有一部分余量;对污水参数的短期变化,也可以采用控制入池的方法,将污水在上游管网内进行短期贮存,有的污水厂初沉池的后续处理单元允许入流的 SS 有一定的波动,此时可不对初沉池进行调节;在没有其他措施的情况下,向初沉池的配水渠道内投加一定量的化学絮凝剂,但应先在配水渠道内要有搅拌或混合措施。工艺控制的目标是将工艺参数控制在要求的范围内。

2. 初沉池的运行控制

初沉池的运行控制参数主要有三个,即水力表面负荷[$m^3/(m^2 \cdot h)$]、水力停留时间(h)、堰板溢流负荷[$m^3/(m \cdot h)$]。

(1)平流式沉淀池的水力表面负荷用下式计算。

$$q = \frac{Q}{A} = \frac{Q}{BL}$$

式中　Q——初沉池入流污水量,m^3/h;

　　　B,L——分别为沉淀池的宽和长,m。

(2)辐流式沉淀池表面负荷用下式计算。

$$q = \frac{Q}{A} = \frac{4Q}{\pi D^2}$$

式中　Q——初沉池入流污水量,m^3/h;

　　　D——辐流式沉淀池的直径,m;

　　　A——辐流式沉淀池的表面积,m^2。

(3)初沉池的水力表面负荷一般在 $1 \sim 2\ m^3/(m^2 \cdot h)$ 之间,对一般城市污水的初沉池,当后继处理工艺为活性污泥法时,常采用 $1.3 \sim 1.7\ m^3/(m^2 \cdot h)$;当后续处理工艺为生物滤池等膜法时,常采用 $0.8 \sim 1.2\ m^3/(m^2 \cdot h)$。水力表面负荷越小,沉淀池效率越高;水力表面负荷越大,沉淀池效率越低。

(4)污水在初沉池的水力停留时间一般在 $1.5 \sim 2.0\ h$ 之间。平流式初沉池的水力停留时间用下式计算。

$$T = \frac{V}{Q} = \frac{BLH}{Q}$$

式中　Q——流入式污水量,m^3/h;

V——体积，m^3；

B,L,H——分别为平流初沉池的宽、长和有效水深，m。

（5）辐流式沉淀池的停留时间用下式计算。

$$T = \frac{V}{Q} = \frac{\pi D^2 H}{4Q}$$

式中　V——体积，m^3；

D——辐流式沉淀池的直径，m；

H——有效水深，m；

Q——流入污水量，m^3/h。

污水停留时间不能太短，停留时间太短污泥会上浮，容易漂泥；污水停留时间也不能太长，停留时间太长污泥会产生厌氧，漂浮到水面成大块并伴有恶臭味，不利于后续水处理。

（6）初沉池的另一个控制参数是出水堰板的溢流负荷，它是单位堰板长度在单位时间内所溢流的污水量。可按下式计算。

$$q' = \frac{Q}{L}$$

式中　q'——堰板溢流负荷，$m^3/(m^2 \cdot h)$；

Q——总溢流污水量，m^3/h；

L——堰板总长度，m。

第三节　活性污泥处理工艺

一、活性污泥处理的基本原理

1. 活性污泥及其组成

如果向一定量的生活污水中，不断鼓入空气，维持水中有足够的溶解氧，那么经过一段时间后，水中就会出现一种褐色的絮凝体。把絮凝体放在显微镜下观察，可以看到里面充满着各种各样的微生物，这些微生物群体主要由细菌和原生物组成(图 4-2)，这种污泥絮凝体就称为活性污泥。

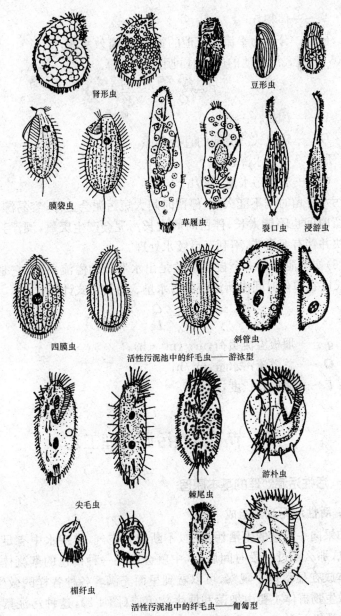

肾形虫　　　　　　　　　　　豆形虫

膜袋虫　　　　　草履虫　　　　裂口虫　浸游虫

四膜虫　　　　　　斜管虫

活性污泥池中的纤毛虫——游泳型

　　　　　　　　　　　　　游朴虫

尖毛虫　　　　棘尾虫

栉纤虫

活性污泥池中的纤毛虫——匍匐型

图 4-2　活性污泥中的微生物（一）

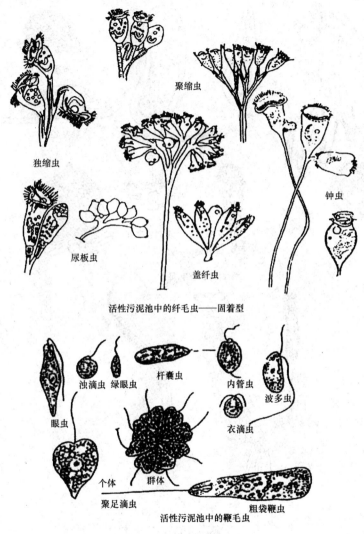

聚缩虫

独缩虫

钟虫

尿板虫

盖纤虫

活性污泥池中的纤毛虫——固着型

浊滴虫 绿眼虫

杆囊虫

内管虫

波多虫

眼虫

衣滴虫

个体 群体

聚足滴虫

粗袋鞭虫

活性污泥池中的鞭毛虫

图 4-2 活性污泥中的微生物(二)

　　根据废水水质的不同,活性污泥的颜色也不同,有褐色、黄色、灰色和铁红色等。它和矾花一样,轻轻搅动,易于呈悬浮状;静止片刻,也易沉淀。活性污泥无臭味,具有微微的土腥味。

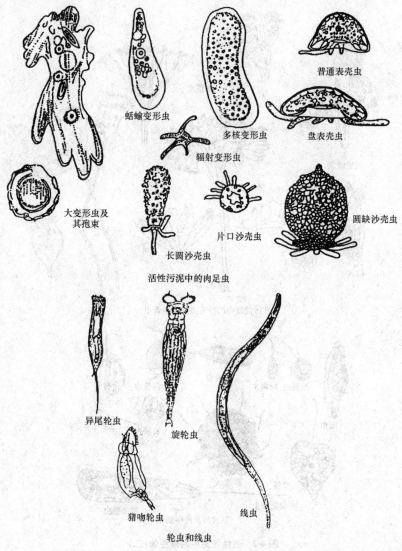

蛞蝓变形虫

多核变形虫

辐射变形虫

普通表壳虫

盘表壳虫

大变形虫及
其孢束

长圆沙壳虫

片口沙壳虫

圆缺沙壳虫

活性污泥中的肉足虫

异尾轮虫

旋轮虫

猪吻轮虫

线虫

轮虫和线虫

图 4-2　活性污泥中的微生物(三)

2. 活性污泥微生物在活性污泥反应中的应用

通过生物学和化学分析,活性污泥由活性微生物,微生物内源呼吸残余物,吸附在活性污泥上惰性的、不可降解的有机物和虽然可以降解但尚未降解的有机物和惰性无机物组成。活性污泥具有很大的比表面积,对水中的有机物具有很强的吸附凝聚和氧化分解能力,同时,在适当的条件下,具有良好的自身凝聚和沉降性能。活性污泥法就是利用活性污泥净化废水中有机污染物的一种方法。

3. 活性污泥法的基本流程

活性污泥法的主要构筑物是曝气池和二次沉淀池。有机废水经初次沉淀池(无悬浮物时可不设)预处理后,进入曝气池,在曝气池中要不断进行曝气,以充分提供曝气池内的微生物降解有机物所需要的溶解氧。曝气池中的混合液不断排出,进入二次沉淀池,经固液分离后,处理后的水不断从二次沉淀池排出。沉降下来的一部分活性污泥要不断回流到曝气池,以保持曝气池内有足够的微生物来氧化分解废水中的有机物。同时,将增殖的多余活硅污泥不断地从二次沉淀池中通过剩余污泥排放系统排出。活性污泥法的基本流程如图 4-3 所示。

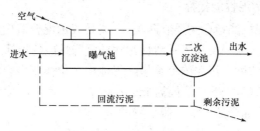

图 4-3　活性污泥法的基本流程

4. 活性污泥法净化污水过程

(1)吸附阶段。由于活性污泥具有巨大的比表面积且表面有多糖类黏性物质,在污水与活性污泥混合接触的很短时间(10～40 min)内,污水中的有机污染物(主要是悬浮态和胶体态的有机污染物)就会被活性污泥所吸附。

通过吸附作用,有机物只是从水中转移到污泥上,其性质并未立即发生变化。活性污泥的吸附能力随着吸附量的增加而减弱。

在吸附阶段,也进行有机物的氧化及细胞合成,但吸附作用是主要的。

(2)氧化及合成阶段。在有充足溶解氧的条件下,活性污泥微生物将吸附的一部分有机物中进行氧化分解,其最终产物是二氧化碳和水等稳定物质,并获得合成新细胞所需要的能量;而另一部分有机物则用于合成新的细胞物质。在新细胞合成与微生物增长过程中,微生物所需能量除通过氧化分解一部分有机物获得外,还有一部分细胞物质也在进行氧化分解,并供应能量。在这一阶段,活性污泥还要继续吸附污水中残存的有机物。

氧化及合成阶段进行得很缓慢,所需时间也比第一阶段长得多。实际上曝气池主要是在进行有机物的氧化分解和微生物细胞的合成。氧化及合成的速度取决于有机物的浓度。

(3)泥水分离阶段。在这一阶段中,活性污泥在二沉池中进行沉淀分离。只有将活性污泥从混合液中去除,才能实现污水的完全净化处理。

5. 活性污泥性能指标

活性污泥性能指标主要有两类,一类是表示混合液中活性污泥微生物量的指标;另一类是表示活性污泥的沉降性能的指标。

(1)污泥浓度。污泥浓度是指曝气池中单位体积混合液中所含悬浮固体的质量($MLSS$),单位为 mg/L 或 g/L。污泥浓度的大小间接反映了曝气池混合液中所含微生物的量。即:

$$MLSS = M_a + M_e + M_i + M_{ii}$$

$MLSS$ 的表示单位为 mg/L 混合液,或 g/L 混合液、g/m^3 混合液,kg/m^3 混合液。

污泥浓度也可用曝气池中单位体积混合液挥发性悬浮固体浓度 $MLVSS$ 来表示。它比 $MLSS$ 更能反映活性污泥的活性。即:

$$MLVSS = M_a + M_e + M_i$$

$MLVSS$ 能够较准确地表示微生物数量,但其中仍包括 M_e 及 M_i 等惰性有机物质。因此,也不能精确地表示活性污泥微生物量,它表示的仍然是活性污泥量的相对值。

$MLSS$ 和 $MLVSS$ 都是表示活性污泥中微生物量的相对指标,

$MLVSS/MLSS$ 在一定条件下较为固定,但对于城市污水,该值在 0.75 左右。

(2)污泥沉降比。这类指标主要有污泥沉降比 SV 和污泥容积指数 SVI。

污泥沉降比 SV,又称 30 min 沉淀率,指混合液在量筒内静置 30 min 后所形成的沉淀污泥与原混合液的体积比,以%表示。

污泥沉降比 SV 能够反映正常运行曝气池的活性污泥量,可用以控制、调节剩余污泥的排放量,还能通过它及时地发现污泥膨胀等异常现象。处理城市污水一般将 SV 控制在 20%~30%之间。

污泥容积指数 SVI,简称污泥指数。指曝气池出口处混合液经 30 min 静沉后,1 g 干污泥所形成的沉淀污泥所占的容积,以 mL 表示。

污泥容积指数 SVI 的计算式为。

$$SVI = \frac{混合液(1\text{ L})30\text{ min 静沉形成的活性污泥容积(mL)}}{混合液(1\text{ L})中悬浮固体干重(g)}$$

$$= \frac{SV(\text{mL/L})}{MLSS(\text{g/L})}$$

SVI 的表示单位为 mL/g,习惯上只用数字,而把单位略去。

SVI 较 SV 更好地反映了污泥的沉降性能,其值过低,说明活性污泥无机成分多,泥粒细小密实;其值过高,则说明污泥沉降性能不好。城市污水处理的 SVI 值一般介于 50~150 之间。

6. 活性污泥增长规律

活性污泥的主体是微生物,其品种很多,它们之间存在着相对平衡关系。各种微生物之间生长规律虽然不同,各自的生长顶点也常相互错开,但是活性污泥存在着一个总的增长规律,如图 4-4 所示。

控制活性污泥增长的决定因素

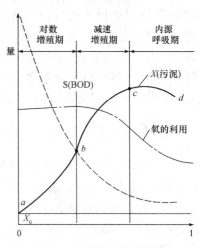

图 4-4 活性污泥增长曲线

是废水中可降解的有机物量和微生物量的比值,即 F(有机物量)与 M(微生物量)的比值(F/M)。

(1)适应期。这是活性污泥培养的最初阶段,微生物在营养较丰富的条件下(F/M 很大),生长繁殖不受营养的限制,微生物不增殖但在质的方面却开始出现变化,如个体增大,酶系统逐渐适应新的环境。在本阶段后期,酶系统对新的环境已基本适应,个体发育达到了一定的程度,细胞开始分裂,微生物开始增殖。

(2)对数增长期。有机底物非常丰富,F/M 值很高,微生物以最大速率摄取有机底物和自身增殖。活性污泥的增长与有机底物浓度无关,只与微生物量有关。在对数增长期,活性污泥微生物的活动能力很强,不易凝聚,沉淀性能欠佳,虽然去除有机物速率很高。但污水中存留的有机物依然很多。

(3)减衰增殖期。随着微生物对有机物的不断降解和新细胞的不断合成,微生物的营养不再过剩(F/M 逐渐减少),而且成为微生物进一步生长的限制因素,微生物增长速率逐渐下降,活性减弱,具有的能量水平较低。因此,污泥可以形成污泥絮体,污泥的沉降性能提高,这时废水中的有机物已基本去除,出水水质较好。

(4)内源呼吸期。内源呼吸期又称衰亡期。随着有机物浓度的继续降低,当营养近乎耗尽,F/M 值达到最低并维持一常数时,污泥即进入内源代谢阶段。在此阶段,废水中的细菌已不能从其周围获得营养物质维持其生命,于是开始代谢自身细胞内的营养物质,微生物量逐步减少。此时,由于能量水平低,活性低,絮凝体形成速率增高,吸附有机物的能力显著提高,而且污泥无机化程度高,沉降性能良好。

二、传统活性污泥法

(一)传统活性污泥法的机理与优缺点

传统活性污泥法是活性污泥法的最早应用形式,又称普通活性污泥法,其他活性污泥都是在其基础上发展而来的,其基本流程如图 4-5 所示。曝气池采用长方形,污水和回流污泥从曝气池首端流入,呈推流式至曝气池末端流出。空气沿池长均匀分布,污水在曝气池内完成被吸附和氢化两个阶段,并得到净化。曝气池混合液在二次沉淀池内沉淀的污泥一部分回流至曝气池,另一部分作为剩余污泥排出。操作时,曝气时间一般取 4～8 h,MLSS 为 2～3 g/L,污泥回流率一般为25%～50%,剩余污泥量为总污泥量的 10% 左右。

　　此法的优点是曝气池选口处有机物浓度高,沿池长逐渐降低,需氧量也是沿池长逐渐降低(图 4-5)。当进水有机物浓度较低,回流污泥量大时,进口端污泥增长可能处于稳定期;当进水有机物浓度较高,则进口端污泥增长可能处于对数增长期,通过较长时间的曝气,曝气池出口处微生物的生长已进入内源呼吸期,这时污水中有机物极少,活性污泥容易在沉淀池中混凝、沉淀。同时,污泥中的微生物处于缺乏营养的饥饿状态,充分恢复了活性,回流入曝气池后,对有机物有很强的吸附和氧化能力。所以,普通活性污泥法对有机物(BOD_5)和悬浮物去除率高,可达到 90%～95%,出水水质好,特别适用于处理水质比较稳定的污水。

　　传统活性污泥法的主要缺点如下。

　　(1)曝气池首端有机污染物负荷高,耗氧速度也高,为了避免由于缺氧形成厌氧状态,进水有机物负荷不宜过高,因此,曝气池容积大,占用的土地较多,基建费用高。

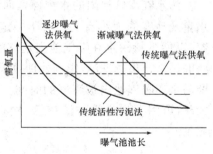

图 4-5　曝气池中需氧量与供氧量的关系

　　(2)曝气池末端有可能出现供氧速率大于需氧速率的现象,动力消耗较大。

　　(3)为避免曝气池首端混合液处于缺氧或厌氧状态,进水有机负荷不能过高,因此,曝气池容积负荷一般较低,若人为提高池后段的容积负荷,将导致进口处超过负荷或缺氧。

　　(4)排出的剩余污泥在曝气中已完成了恢复活性的再生过程,造成动力浪费。因此,限制了此法在某些工业废水中的应用。

　　(5)对进水水质、水量变化的适应性较低,运行效果易受水质、水量变化的影响。

(二)活性污泥系统的工艺参数

活性污泥工艺是一个较复杂的工程化的生物系统,描述这个系统的工艺参数很多,可分为三大类。第一类是曝气池的工艺参数,主要包括污水在曝气池内的水力停留时间、曝气池内的活性污泥浓度、活性污泥的有机负荷;第二类是关于二沉池的工艺参数,主要包括混合液在二沉池内的停留时间、二沉池的水力表面负荷、出水堰的堰板溢流负荷、二沉池内污泥层深度、固体表面负荷;第三类是关于整个工艺系统的参数,包括入流水质水量、回流污泥量和回流比、回流污泥浓度、剩余污泥排放量、泥龄。

以上工艺参数相互之间联系紧密,任一参数的变化都会影响到其他参数。

1. 污水在曝气池内的水力停留时间

污水在曝气池内的水力停留时间一般用 T_a 表示。T_a 与入流污水量及池容的大小有关。对于一定流量的污水,必须保证足够的池容,以便维持污水在曝气池内足够的停留,否则有可能将处理尚不彻底的污水排出曝气池,影响处理效果。T_a 有时也叫污水的曝气时间。即污水在曝气池内被曝气的时间。T_a 有两种计算方法,当回流比较大时,可用下列计算方法核算,检查污水实际接受曝气的时间是否充足。

$$T_a = \frac{V_a}{Q + Q_r}$$

式中 V_a——曝气池容积,m^3;

Q——入流污水量,m^3/h;

Q_r——回流污泥量,m^3/h。

当回流比相对恒定或较小时,可采用下列计算方法核算(计算较简单)。

$$T_a = \frac{V_a}{Q}$$

式中符号意义同前。

前一种计算方法是污水在曝气池内的实际停留时间；后一种计算方法计算的时间实际上比实际停留的时间长，有时称之为名义停留时间。传统活性污泥工艺的曝气池名义水力停留时间一般为 6～9 h，而实际停留时间则取决于回流比。

2. 活性污泥的有机负荷

活性污泥的有机负荷是指单位质量的活性污泥，在单位时间内要保证一定的处理效果所能承受的有机污染物量，单位为 kgBOD$_5$/(kgMLVSS·d)。活性污泥的有机负荷通常是用 BOD_5 代表有机污染物进行计算的，因而也称为 BOD 负荷。通常用 F/M 表示有机负荷，F 代表食物，即有机污染物，M 代表活性微生物量，即 $MLVSS$，传统活性污泥工艺的 F/M 值一般在 0.2～0.4 kgBOD$_5$/(kgMLVSS·d) 之间，即每 1 000 g$MLVSS$ 每天承受 0.2～0.4 kgBOD_5，这属于中负荷范围。运行管理中应选择合适的 F/M 值，在有机物去除速率满足要求的前提下，污泥的沉降性能最佳。有机负荷可用下式计算。

$$F/M = \frac{Q \cdot BOD_i}{MLVSS \cdot V_a}$$

式中　Q——入流污水量，m^3/d；

　　BOD_i——入流污水的 BOD_5，mg/L；

　　　V_a——曝气池的有效容积，m^3；

$MLVSS$——曝气池内活性污泥浓度，mg/L。

3. 混合液在二沉池内的停留时间

混合液在二沉池内的停留时间一般用 T_c 表示。T_c 也有名义停留时间和实际停留时间。其计算公式如下。

$$T_c = \frac{V_c}{Q}$$

$$T_c = \frac{V_c}{Q + Q_r}$$

式中　V_c——二沉池的容积，m^3；

　　Q——入流污水量，m^3/h；

　　Q_r——回流污泥量，m^3/h。

T_c 要足够大,以保证足够的时间进行泥、水分离以及污泥浓缩。传统活性污泥工艺二沉池名义停留时间一般在 2~3 h 之间,实际停留时间往往取决于回流比的大小。

4. 二沉池的水力表面负荷、固体表面负荷和出水堰溢流负荷

二沉池的水力表面负荷是指单位二沉池面积在单位时间内所能沉降分离的混合液流量,单位一般为 $m^3/(m^2 \cdot h)$,它是衡量二沉池固、液体分离能力的一个指标。对于一定的活性污泥来说,二沉池的水力表面负荷越小,固液分离效果越好,二沉池出水就越清澈。另外,控制水力表面负荷值还取决于污泥的沉降性能,沉降性能良好的污泥即使水力表面负荷较大,也能得到较好的泥水分离效果。如果污泥沉降性能恶化,则必须降低水力表面负荷。水力表面负荷可用 q_h 表示,计算公式如下。

$$q_h = \frac{Q}{A_c}$$

式中　Q——入流污水量,m^3/h;

　　　A_c——二沉池的表面积,m^2。

传统活性污泥工艺中,q_h 一般不超过 1.2 $m^3/(m^2 \cdot h)$。

5. 二沉池的固体表面负荷

二沉池的固体表面负荷是指单位二沉池面积在单位时间内所能浓缩的混合液悬浮固体,单位一般为 $kg/(m^2 \cdot h)$。它是衡量二沉池污泥浓缩能力的一个指标。对于一定的活性污泥来说,二沉池的固体表面负荷越小,污泥在二沉池的浓缩效果越好,即二沉池排泥浓度越高。对于浓缩性能良好的活性污泥,即使二沉池的固体表面负荷较大,也能得到较高的排泥浓度;反之,如果活性污泥浓缩性能较差,则必须降低二沉池的固体表面负荷。固体表面负荷可用 q_s 表示,计算公式如下。

$$q_s = \frac{(Q+Q_r) \cdot MLSS}{A}$$

式中　Q——入流污水量,m^3/h;

　　　Q_r——回流污泥量,m^3/h;

$MLSS$——混合液污泥浓度,mg/L;

A——二沉池的表面积,m²。

传统活性污泥工艺的固体表面负荷最大不应超过 150 kg$MLSS$/(m²·d)。

6. 二沉池的出水堰溢流负荷

出水堰溢流负荷是指单位长度的出水堰板单位时间内溢流的污水量,单位为 m³/(m·h)。出水堰溢流负荷不能太大,否则可导致出流不均匀,二沉池内发生短流,影响沉淀效果。另外,溢流负荷太大,还导致溢流流速太大,出水中易挟带污泥絮体。传统活性污泥工艺的二沉池堰板溢流负荷一般控制在 5~10 m³/(m·h)。

7. 二沉池的泥位和污泥层厚度

二沉池的泥位是指泥水界面的水下深度,一般用 L_s 表示。如果泥位太高,即 L_s 太小,便增大了出水溢流漂泥的可能性,运行管理中一般控制恒定的泥位。

污泥层厚度一般用 H_s 表示。H_s 和 L_s 之和等于二沉池的水深,如图 4-6 所示。一般控制 H_s 不超过 L_s 的 1/3。

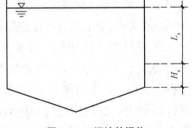

图 4-6 二沉池的泥位

8. 入流水质水量

入流污水量 Q 必须充分利用所设置的计量设施准确计量,它是整个活性污泥系统运行控制的基础。Q 的计量不准确,必然导致运行控制的某些失误。

入流水质也直接影响到运行控制。传统活性污泥工艺的主要目的是降低污水中的 BOD_5,因此,入流污水的 BOD_5 必须准确测定,它是工艺调控的一个基础数据。

9. 回流污泥量与回流比

回流污泥量是从二沉池补充到曝气池的污泥量,常用 Q_r 表示。Q_r 是活性污泥系统的一个重要的控制参数,通过有效调节 Q_r,可以改变工艺运行状态,保证运行的正常。回流比是回流污泥量与入流污水量之比,常用 R 表示。

$$R = \frac{Q_r}{Q}$$

式中　Q_r——回流污泥量,m^3/h;

　　　Q——入流污水量,m^3/h。

保持 R 的相对恒定是一种重要的运行方式。回流比 R 也可以根据实际运行需要加以调整。传统活性污泥工艺的 R 一般在 25%～100%之间。

10. 剩余活性污泥排放量和污泥龄

剩余活性污泥排放量用 Q_w 表示。如从曝气池排放剩余活性污泥,则其浓度为混合液的污泥浓度 $MLVSS$;如果从回流污泥系统内排放剩余活性污泥,则其浓度为 RSS。绝大部分处理厂都从回流污泥系统排泥,只有当二沉池入流固体量严重超负荷时,才考虑从曝气池直接排放。剩余污泥排放是活性污泥系统运行控制中一项最重要的操作,Q_w 的大小,直接决定污泥泥龄的长短。

污泥泥龄是指活性污泥在整个系统内的平均停留时间,一般用 SRT 表示。SRT 直接决定着活性污泥系统中微生物的年龄大小。通过调节 SRT 可以选择合适的微生物年龄,使活性污泥既有较强的分解代谢能力,又有良好的沉降性能。传统活性污泥工艺一般控制 SRT 在 3～5 d。活性污泥龄准确地应按下式计算。

$$SRT = \frac{活性污泥系统内的总活性污泥量}{每天从系统内排出的活性污泥量}$$

$$= \frac{M_a + M_c + M_r}{M_w + M_e}$$

式中　M_a——曝气池内的活性污泥量,m^3/h;

　　　M_c——二沉池内的污泥量,m^3/h;

　　　M_r——回流系统的污泥量,m^3/h;

　　　M_w——每天排放的剩余污泥量,m^3/h;

　　　M_e——二沉池出水每天带走的污泥量,m^3/h。

11. 混合液悬浮固体和回流污泥悬浮固体

混合液悬浮固体是指混合液中悬浮固体的浓度,通常用 $MLSS$ 表示。$MLSS$ 可以近似表示曝气池内活性微生物的浓度,这是运行管理的一个重要控制参数。

回流污泥悬浮固体是指回流污泥中悬浮固体的浓度,通常用 RSS 表示,它近似表示回流污泥中的活性微生物浓度。如上所述,运行管理中应尽量采用 $RVSS$,即回流污泥挥发性悬浮固体。

传统活性污泥法的 $MLSS$ 在 1 500～3 000 mg/L 之间,而 RSS 则取决于回流比 R 的大小,以及活性污泥的沉降性能和二沉池的运行状况。

12. 混合液溶解氧浓度

传统活性污泥工艺主要采用好氧过程,因而混合液中必须保持好氧状态,即混合液内必须维持一定的溶解氧浓度 DO。前已述及,DO 是通过单纯扩散方式进入微生物细胞内的。因而混合液须有足够高的 DO 值,以保持强大的扩散推动力,将微生物好氧分解所需的氧强制"注入"微生物细胞体内。传统活性污泥法一般控制 $DO>2.0$ mg/L。

(三)传统活性工艺的变形

1. 渐减曝气法

传统工艺曝气量沿池长均匀分布,但实际需氧量则沿池长逐渐降低,造成沿池长氧量供需的反差。此法是为改进这个缺点而提出来的。所谓渐减曝气法就是曝气量沿池长逐渐降低,与需氧量的变化相匹配,在保证供氧的前提下,降低能耗,如图 4-7 所示。

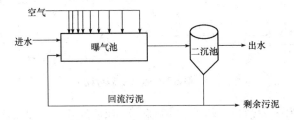

图 4-7 渐减曝气法

2. 阶段曝气活性污泥法

阶段曝气活性污泥法也称分段进水活性污泥法或多段进水活性污泥法，是针对传统活性污泥法存在的弊端进行了一些改革的运行方式。该工艺与传统活性污泥法的主要不同点是污水沿池长分段注入，使有机负荷在池内分布比较均衡，缓解了传统活性污泥法曝气池内供氧速率与需氧速率存在的矛盾。曝气方式一般采用鼓风曝气。阶段曝气活性污泥法基本流程如图 4-8 所示。

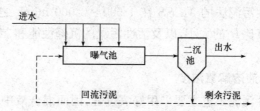

图 4-8　阶段曝气活性污泥法流程示意图

3. 吸附再生曝气法

吸附再生曝气法又称生物吸附法或接触稳定法。此法充分利用了活性污泥在净化水质第一阶段的吸附作用，在较短时间内（30～60 min），通过吸附去除污水中悬浮状和胶体状的有机物，再通过液固分离，使污水得到净化。这是对传统活性污泥法的一种重要改进，其流程示意图如图 4-9 所示。

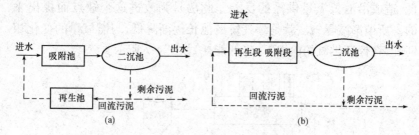

图 4-9　吸附再生曝气法流程示意图

在吸附池内，有机物被污泥吸附后，污泥和污水一起流入沉淀池，将回流污泥引入再生池进行氧化分解，并采取不投食料的空曝方式

（曝气时间为 2～3 h），使微生物处于高度饥饿状态，从而使污泥具有很高的活性。然后将恢复活性后的污泥引入吸附池，吸附污水中的有机物，如图 4-9(a)所示。污水中有机物的被吸附和污泥的再生也可以在一个池内的两个部分进行，如图 4-9(b)所示。此时，池前部为再生段，后部为吸附段，污水由吸附段进入池内。与传统活性污泥法一样，吸附再生曝气法也采用推流式池型。

吸附再生曝气法回流污泥量大，而且大量污泥集中在再生池，当吸附池内活性污泥受到破坏后，可迅速引入再生池污泥予以补救，因此，具有一定冲击负荷适应能力。但由于该方法主要依靠微生物的吸附去除污水中有机污染物，因此，去除率低于传统活性污泥法，而且不宜用于处理溶解性有机污染物含量较多的污水。

4. 完全混合活性污泥法

完全混合活性污泥法是在传统工艺基础上，将曝气池由推流改成完全混合式，以便提高抗冲击负荷能力。

污水进入曝气池后，立即与回流污泥及池内原有混合液充分混合，池内混合液的组成，包括活性污泥数量及有机污染物的含量等均匀一致，而且池内各个部位都是相同的。曝气方式多采用机械曝气，也有采用鼓风曝气的。完全混合活性污泥法的曝气池与二沉池可以合建也可以分建，比较常见的是合建式圆形池。如图 4-10 所示为完全混合活性污泥法的工艺流程图。但完全混合活性污泥法有一个很大的缺点就是易产生污泥膨胀。

5. 延时曝气工艺与高负荷活性污泥法

传统活性污泥工艺属于中等负荷，F/M 值在 $0.2～0.5$ kgBOD/(kgMLVSS·d)之间。延时曝气工艺属于低负荷或超低负荷活性污泥法，F/M 一般在 0.15 kgBOD/(kgMLVSS·d)以下。延时曝气工艺的特点是剩余污泥排放量少，臭味小，一般可不设初沉池，所有悬浮态的有机污染物质均在曝气池内被氧化分解，但电耗相对较高。后面要介绍的氧化沟工艺一般都采用延时曝气。

高负荷活性污泥工艺的 F/M 值一般 0.5 kgBOD/(kgMLVSS·d)之上。高负荷工艺的优点是有机污染物去除速率较快，因此，也称为

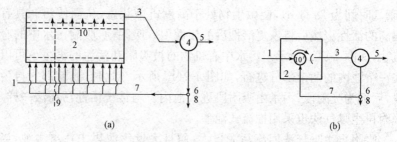

图 4-10　完全混合活性污泥法的工艺流程图

(a)采用鼓风曝气装置;(b)采用表面机械曝气器

1—经预处理后的污水;2—完全混合曝气池;3—由曝气池流出的混合液;4—二次沉淀池;
5—处理后污水;6—污泥泵站;7—回流污泥系统;8—排放出系统的剩余污泥;
9—来自空压机站的空气管道;10—曝气系统及空气扩散装置;10′—表面机械曝气器

高速曝气工艺;缺点是去除效率较低,产泥量较多。当 F/M 大于
1.5 kgBOD/(kg$MLVSS$ · d)时,则为超高负荷工艺,也称为修正曝气
工艺。

三、生物脱氮除磷工艺

1. 除磷的原理

城镇污水处理过程中,磷的主要去除途径如下。

(1)形成无机磷酸盐沉淀物。利用污水中存在的和外部投加的金
属盐(铁盐、铝盐和石灰)形成金属磷酸盐沉淀物,反应过程主要受
pH 值和金属盐 TP 摩尔比的影响。

(2)结合到生物体及有机物中。通过生物氧化与合成作用,使磷
酸盐的存在方式发生变化。

(3)转化为聚磷菌的胞内聚合磷酸盐。通过聚磷菌的优势生长,
明显提高活性污泥的含磷量。

(4)在厌氧反应池中,兼性厌氧细菌通过发酵作用将溶解性有机
物转化成挥发性脂肪酸(VFAS),聚磷菌吸收来自原污水中的或厌氧
反应池中产生的 VFAS,同化成胞内的碳能源存储物(PHB/PHV),所
需的能量来源于聚磷的水解以及细胞内糖的酵解。胞内磷酸盐含量

升高后,一定会扩散到外部环境,液相中的磷酸盐浓度相应升高。厌氧段实际上起到聚磷菌"生物选择器"的作用,使聚磷菌群体在处理系统中得到选择性的优势增殖,同时,抑制了丝状菌的增殖,使曝气池混合液的 SVI 值保持在较低水平。

(5)在好氧反应池中,聚磷菌通过 PHB/PHV 的氧化代谢产生能量,一方面进行磷的吸收和聚磷的合成,以聚磷的形式在细胞内存储磷酸盐,以聚磷酸高能键的形式存储能量,将磷酸盐从液相中去除;另一方面合成新的聚磷菌细胞和存储细胞内糖,产生富磷污泥。

2. 脱氮的原理

含氮化合物在微生物作用下,相继产生下列反应。

(1)氨化反应。有机氮化合物,在氨化菌的作用下,分解、转化为氨态氮,这一过程称为"氨化反应"。

(2)硝化反应。在硝化菌的作用下,氨态氮进一步分解氧化,就此分为两个阶段进行,首先在硝化菌的作用下,使氨(NH_4^+)转化为亚硝酸氮;然后亚硝酸氮在硝酸盐菌的作用下,进一步转化为硝酸氮。其反应式为:

$$NH_4^+ + 1.5O_2 \xrightarrow{\text{亚硝酸盐菌}} NO_2^- + H_2O + 2H^+ + 能量 NH_4^+$$

$$+ 0.5O_2 \xrightarrow{\text{硝酸盐菌}} NO_3^-$$

(3)反硝化反应。反硝化反应是指硝酸氮($NO_3^- - N$)和亚硝酸氮($NO_2^- - N$)在反硝化菌的作用下,被还原为气态氮(N_2)的过程。

反硝化菌是属于异养型兼性厌氧菌的细菌。在厌氧条件下,以硝酸氮($NO_3^- - N$)为电子受体,以有机物(有机碳)为电子供体。在反硝化过程中,硝酸氮通过反硝化菌的代谢活动,可能有两种转化途径:一种途径是同化反硝化(合成),最终形成有机氮化合物,成为菌体的组成部分;另一种途径是异化反硝化(分解),最终产物是气态氮。其反应式为:

$$6NO_3^- + 2CH_3O \rightarrow 6NO_2^- + 2CO_2 + 4H_2O$$

$$6NO_3^- + 3CH_3O \rightarrow 3N_2 + 3CO_2 + + 3H_2O + 6OH^-$$

硝化反应需在有氧的条件下进行,发生在好氧区,反硝化反应在缺氧条件下进行,因此,在 A^2/O、氧化沟中设置内回流,使好氧区的混合液与厌氧区的混合液在缺氧区汇合,可以达到脱氮的目的。

3. 生物脱氮除磷常用方法

脱氮的方法较多,目前普遍采用的是生物脱氮,生物脱氮包括硝化和反硝化两个反应过程。

活性污泥法属于生物脱氮中的一类。一般活性污泥法都是以降解为主要功能的,基本上没有脱氮效果。但是,将活性污泥法曝气池作进一步改进,使之具备好氧和缺氧条件,即可达到脱氮目的。

现将生物脱氮除磷的常用方法列于表 4-3 中,以方便读者参考使用。

表 4-3　生物脱氮除磷的常用方法

常用方法	具体做法	优点	缺点
缺氧—好氧活性污泥法(A_1/O法)	在常规的好氧活性污泥法处理系统前,增加一段缺氧生物处理过程.经过预处理的污水先进入缺氧段,然后进入好氧段。好氧段的一部分硝化液通过内循环管道回流到缺氧段。缺氧段和好氧段可以分建,也可以合建。如图 4-11 所示为分建式缺氧-好氧活性污泥处理系统	工艺流程比较简单,装置少,不必外加碳源,基建费用和运行费用都比较低	出水中含有一定浓度的硝酸盐,如果沉淀池运行不当,在沉淀池内也会发生反硝化反应,使污泥上浮,使出水水质恶化
厌氧—好氧活性污泥法(A_2/O法)	厌氧—好氧工艺具有同时去除有机物和除磷的功能。其具体做法是在常规的好氧活性污泥法处理系统前,增加一段厌氧生物处理过程,经过预处理的污水与回流污泥(含磷污泥)一起进入厌氧段,然后进入好氧段。在厌氧段,聚磷菌释放磷,并吸收低级脂肪酸等易降解的有机物;在好氧段,聚磷菌超量吸收磷,并通过剩余污泥的排放,将磷去除。如图 4-12 所示为 A_2/O 法工艺流程	流程简单,建设费用及运行费用都较低。另外,厌氧段在好氧段之前,不仅可以抑制丝状菌的生长、防止污泥膨胀,而且有利于聚磷菌的选择性增殖	除磷效率较低,处理城市污水时的除磷效率只有 75% 左右

续表

常用方法	具体做法	优点	缺点
厌氧—缺氧—好氧活性污泥法（A²/O法）	如图 4-13 所示,新鲜污水、二沉池回流的活性污泥先进入厌氧区,该区域不设置曝气,混合液的氧浓度接近零(厌氧环境),聚磷菌在厌氧环境下释放磷,同时降解一部分 COD,并将部分含氮有机物进行氨化。 污水经过厌氧区以后进入缺氧区,缺氧区的首要功能是进行脱氮。硝态氮通过混合液由好氧区内回流传输过来,通常内回流量为 2～4 倍原污水流量,部分有机物在反硝化菌的作用下利用硝酸盐作为电子受体而得到降解去除。 混合液从缺氧区进入好氧区,在好氧区除进一步降解有机物外,主要进行氨氮的硝化和磷的吸收,混合液中硝态氮回流至缺氧区。在厌氧环境下释放磷的聚磷菌,到好氧区时不断地增长繁殖,吸收大量的磷作为细胞物质贮存在生物体内,活性污泥大量增长。最终磷通过剩余污泥排放而排除到系统外	工艺流程简洁,污泥在厌氧、缺氧、好氧环境中循环运行,丝状菌不能大量繁殖,污泥沉降性能好	由于存在内循环,A²/O法工艺系统所排放的剩余污泥中实际上只有一小部分经历了完整的释磷、吸磷过程,其余则基本上未经厌氧状态而直接由缺氧区进入好氧区,这对于除磷是不利的。其次,由于缺氧区位于系统中部,反硝化在碳源分配上居于不利地位,因而影响了系统的脱氮效果。由于厌氧区居前,回流污泥中的硝酸盐对厌氧区产生不利影响

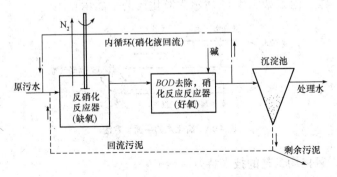

图 4-11　分建式缺氧—好氧活性污泥处理系统

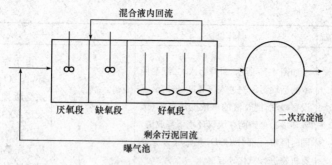

图 4-12 A₂/O 法工艺流程

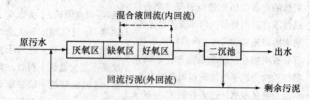

图 4-13 A²/O 法工艺流程

四、氧化沟

氧化沟(Oxidation Dictch,简称 OD)也称为氧化渠,是 1950 年由荷兰卫生工程研究所的帕斯维尔博士研发的一种污水处理工艺,是常规活性污泥的一种改型和发展,其基本特征是曝气池呈封闭的沟渠型,污水和活性污泥的混合液在其中进行不断的循环流动,故又被称为循环曝气池。如图 4-14 所示为氧化沟的平面示意图。

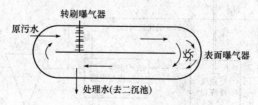

图 4-14 氧化沟的平面示意图

1. 氧化沟工艺的技术特点

氧化沟污水处理技术作为一种新的活性污泥法工艺,具有一些明显技术、经济方面的特点，并具有区别于传统活性污泥法的一系列技术特征。

(1)工艺流程简单、构造物少、基建投资省、运行费用低以及运行管理方便。

(2)曝气设备的多样性和可调节性。

(3)构造形式多样性、运行灵活性。

(4)具有完全混合式和推流式流态的水流特征。

(5)能承受水量、水质冲击负荷，对高浓度工业废水有很大的稀释能力。

(6)处理效果稳定、出水水质好，并可实现脱氮。

2. 氧化沟的工艺过程

进入氧化沟的污水和回流污泥混合液在曝气装置的推动下，在闭合的环形沟道内循环流动，混合曝气，同时，得到稀释和净化。与入流污水及回流污泥总量相同的混合液从氧化沟出口流入二沉池。处理水从二沉池出水口排放，底部污泥回流至氧化沟。与普通曝气池不同的是氧化沟除外部污泥回流外，还有极大的内回流，环流量为设计进水流量的 30～60 倍，循环一周的时间为 15～40 min。因此，氧化沟是一种介于推流式和完全混合式之间的曝气池形式，综合了推流式与完全混合式的优点。

以氧化沟为生物处理单元的污水处理流程如图 4-15 所示。

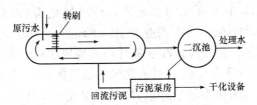

图 4-15　以氧化沟为生物处理单元的污水处理流程

氧化沟的曝气装置有横轴曝气装置和纵轴曝气装置。横轴曝气装置有横轴曝气转刷和曝气转盘；纵轴曝气装置就是表面机械曝气器。

3. 常用氧化沟类型

（1）卡鲁塞尔氧化沟。卡鲁塞尔氧化沟是由荷兰 DHV 公司的 Caooousel 综合了常规污水处理系统和氧化沟的优点研制出来的，又称平等多渠化氧化沟。典型的卡鲁塞尔氧化沟是一多沟串联系统，一般采用垂直轴表面曝气机曝气。每组沟渠安装一个曝气机，均安设在一端。氧化沟需另设二沉池和污泥回流装置。卡鲁塞尔氧化沟处理系统如图 4-16 所示。

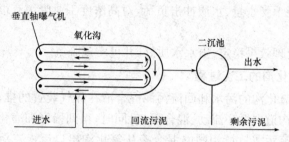

图 4-16　卡鲁塞尔氧化沟处理系统

沟内循环流动的混合液在靠近曝气机的下游为富氧区，而靠近曝气机的上游为低氧区，外环为缺氧区，有利于生物脱氮。表面曝气机多采用倒伞型叶轮，曝气机一方面充氧，另一方面提供推力使沟内的环流速度在 0.3 m/s 以上，以维持必要的混合条件。由于表面叶轮曝气机有较大的提升作用，使氧化沟的水深一般可达 4.5 m。

（2）交替工作式氧化沟。交替运行式氧化沟（Phased Isolation Ditch，简称 PID），是由丹麦工业大学和 Kruger 公司共同开发的废水氮、磷处理工艺。它是通过改变氧化沟的构造和操作方式，在一沟或多沟中按时间顺序在空间上对氧化沟的曝气操作和沉淀操作做出调整换位，氧化沟周期性处于好氧、缺氧或沉淀等工作状态，形成 A/O 和 A^2/O 的工艺环境，由硝化（好氧）和反硝化（缺氧）组成的生物脱氮过程在各个氧化沟中按时间顺序周期性的运行，以取得最佳的或要求的处理效果，从而达到生物脱氮除磷的目的。

交替工作式氧化沟系统的特点是不单独设二次沉淀池，在不同时段氧化沟系统的不同部分交替用作沉淀池使用。该类氧化沟的特点是基建费用低,运行方便。

(3)半交替工作式氧化沟。半交替工作式氧化沟兼具有循环工作式和交替工作式氧化沟的特点。首先,该类氧化沟系统设有单独的二沉池,可以实现曝气和沉淀的完全分离,有利于连续工作;其次,根据需要,氧化沟又可分别处于不同的工作状态,使之具有交替工作式运行灵活的特点,特别利于脱氮。

(4)奥贝尔氧化沟。奥贝尔氧化沟又称同心沟型氧化沟,是一种多渠道的氧化沟系统,一般由若干个圆形或椭圆形同心沟道组成。其工艺流程如图 4-17 所示。

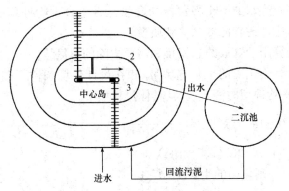

图 4-17　奥贝尔氧化沟工艺流程
1、2、3—同心圆形沟槽

废水从最外面或最里面的沟渠进入氧化沟、在其中不断循环流动的同时,通过淹没式从一条沟渠流入相邻的下一条沟渠,最后从中心的或最外面的沟渠流入二沉池进行固液分离。沉淀污泥部分回流到氧化沟,部分以剩余污泥排入污泥处理设备进行处理。氧化沟的每一个沟渠都是一个完全混合的反应池,整个氧化沟相当于若干个完全混合反应池串联在一起。

奥贝尔氧化沟在时间和空间上呈现出阶段性,各沟渠内溶解氧呈现出厌氧—缺氧—好氧分布,对高效硝化和反硝化十分有利。第一沟内低溶解氧,进水碳源充足,微生物容易利用碳源,会发生反硝化作用将硝酸盐转化成氮类气体,同时,微生物释放磷。而在后边的沟道溶解氧增高,尤其在最后的沟道内溶解氧达到 2 mg/L 左右,有机物氧化得比较彻底,同时在好氧状态下也有利于磷的吸收,磷类物质得以去除。

4. 氧化沟工艺设计的一般原则

除考虑有机物的去除和污泥稳定的要求外,目前,氧化沟的设计通常要考虑脱氮,有时还要考虑脱磷的要求。脱氮时按如下步骤进行。

(1)确定进水水质和出水水质。

(2)调查进水的 pH 和营养物含量是否适合生物处理的要求;要求脱氮时,应考虑碳源的来源和质量。

(3)估算用于合成的总氮量和需要去除的总氮量。

(4)计算硝化菌的生长速率 μ_n 和在设计环境条件下硝化所需要最小污泥平均停留时间 θ_{cm}。其具体过程如下。

$$\mu_n = 0.47 e^{0.098(T-15)} \times \left[\frac{N}{N+10^{0.051T-1.158}}\right] \times \left[\frac{DO}{K_{O_2}+DO}\right] \times$$
$$[1-0.833(7.2-pH)]$$

式中　　μ_n——硝化菌的生长率,d^{-1};

　　　　N——出水的 NH_4^+-N 的浓度,mg/L;

　　　　T——温度,℃;

　　　　DO——氧化沟中的溶解氧浓度,mg/L;

　　　　K_{O_2}——氧的半速常数,一般为 0.45~2.0 mg/L。

则最小污泥平均停留时间为。

$$\theta_{cm} = 1/\mu_n$$

(5)选择安全系数来计算氧化沟设计污泥停留时间。

$$\theta_{cd} = SF \cdot \theta_{cm}$$

式中　　θ_{cd}——设计污泥停留时间,d;

　　　　SF——安全系数与水温、进出水水质、水量等因素有关,通常取 2.0~3.0。

(6)计算去除有机物及硝化所需要的氧化沟体积和水力停留时间。

$$V = \frac{YQ(S_0 - S_e)\theta_{cd}}{X(1 + K_d\theta_{cd})}$$

式中　V——用于硝化及氧化有机物所需的氧化沟有效体积，m^3；

　　　Y——污泥产率系数（以 VSS/去除 BOD_5 计），对城市污水取 0.3～0.5 kg/kg；

　　　Q——处理水流量，m^3/d；

　　　S_0——进水 BOD_5 浓度，mg/L；

　　　S_e——出水 BOD_5 浓度，：mg/L；

　　　θ_{cd}——污泥龄，d，如考虑污泥稳定，θ_{cd} 取 30 d 左右；

　　　K_d——污泥内源呼吸系数，d^{-1}，对城市污水，K_d 取 0.03～0.10 d^{-1}；

　　　X——混合液污泥 $MLVSS$ 浓度，kg/L，考虑脱氮时，X 取 2.5～3.5 kg/L。

（7）估算在硝化过程中所消耗的和在反硝化过程中所产生的碱度（以 $CaCO_3$ 计）。通常系统中应保证有大于 100 mg/L 的剩余碱度（即保持 pH≥7.2），以保证硝化时所需的环境。其计算公式如下。

　　　剩余碱度（或出水碱度）＝进水碱度（以 $CaCO_3$ 计）＋3.57 反硝化 $NO_3^- - N$ 的量＋0.1×去除 BOD_5 的量－7.14×氧化沟氧化总氮的量

式中　3.57——反硝化 $NO_3^- - N$ 所产生的碱度，mg/mg；

　　　0.1——去除 BOD_5 所产生的碱度，mg/mg；

　　　7.14——氧化 $NH_4^+ - N$ 所消耗的碱度，mg/mg。

（8）选择反硝化速率，即：

$$r'_{DN} = r_{DN} \times 1.09^{(T-20)}(1 - DO)$$

式中　r'_{DN}——实际的反硝化速率（以 $NO_3^- - N/VSS$ 计），m/(mg·d)；

　　　r_{DN}——反硝化速率（以 $NO_3^- - N/VSS$ 计），mg/(mg·d)，在温度为 15～27 ℃时城市污水取值范围为 0.03～0.11 mg/(mg·d)；

　　　DO——反硝化条件下的溶解氧浓度，mg/L。

（9）依据硝化速率和 $MLVSS$ 浓度，确定反硝化所需要增加的氧

化沟的体积,即:

$$V' = \frac{\Delta S_{NO_3}}{Xr'_{DN}}$$

式中　V'——反硝化所需要氧化沟的反应体积,m^3;

　　　ΔS_{NO_3}——去除的硝酸盐氮量,kg/d。

式中其他符号意义同前。

因此,氧化沟总体积为:

$$V_{总} = V + V'$$

在同时有脱磷要求时,氧化沟前设专门的厌氧池。

五、SBR 法

1. SBR 法简介

间歇曝气活性污泥(SBR)工艺也称序批式活性污泥工艺,去除污染物的机理与传统活性污泥工艺完全一致,只是运行方式不同。传统工艺采用连续运行方式,污水连续进入处理系统并连续排出,系统内每一单元的功能不变,污水依次流过各单元,从而完成处理过程。SBR 工艺采用间歇运行方式,污水间歇进入处理系统并间歇排出。系统内只设一个处理单元,该单元在不同时间发挥着不同的作用,污水进入该单元后按顺序进行不同的处理。

序批式活性污泥法按进水方式不同分为连续进水和间歇进水;按负荷不同分为高负荷和低负荷;按曝气与否分为限制曝气、非限制曝气、半限制曝气;按池型不同分为完全混合式和循环式。

2. SBR 的特点

(1)工艺流程简单,自动化程度高,运行人员少,运行费用低,运行维护量小,当采用潜水曝气设备时运行噪声最低。

(2)构筑物少且简单。曝气沉淀出水在不同阶段进行,且在同一个构筑物内完成,一般不设初沉池和二沉池。

(3)占地省、占地少,基建费用低。

(4)运行采用间歇运行方式。曝气量低,沉淀效果好,有机物去除率高。

（5）产泥少，污泥稳定性好，不需消化直接脱水。

（6）具有除磷和脱氮功能，生化池前设置生物选择器可有效防止污泥膨胀。

（7）对水质、水量的冲击适应性强；一般采用低负荷运行。

3. SBR 的操作过程

一般来说，SBR 工艺的一个运行周期包括 5 个阶段。阶段 1 为进水期（曝气或不曝气），污水在该阶段内连续进入处理池内，直至达到最高运行液位；阶段 2 为反应期，在该阶段内既不进水也不排水，但开启曝气系统进行曝气，使污染物进行生物降解；阶段 3 为沉淀期，在该阶段内不进水也不排水，也不曝气，反应池处于静沉状态，进行泥水分离；阶段 4 为排水排泥期，在该阶段内将分离出的上清液连续排出，将沉淀分离出的活性污泥中的部分污泥作为剩余污泥排出；阶段 5 为闲置期，在该阶段内微生物通过内源呼吸作用恢复其活性，为下一运行周期创造良好的初始条件，如图 4-18 所示。

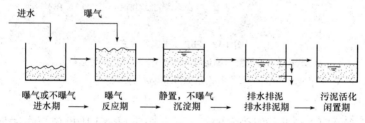

图 4-18　SBR 工艺一个运行周期内的操作过程

传统工艺的连续运行方式体现为空间上的变化，污水自然流至每一处理单元，因而不需太多的运行操作。而 SBR 工艺按照时间程序，需要定时进行开停操作，因而运行操作量较大。但这些操作均为时间程序控制，无控制回路，非常易于实现自控。SBR 工艺的每一运行周期一般在 4～12 h 范围内，运行中可根据情况及处理要求，进行灵活调节。

4. SBR 的运行方式

SBR 工艺运行时的相对关系是有次序的，也是间歇的，可根据所处理污水的性质及水量大小的不同,选择不同的运行方式,已达到进行污水处理的目的。如图 4-19 所示为以 *BOD* 去除为目的和以脱氮除磷为目的 SBR 的不同运行方式。

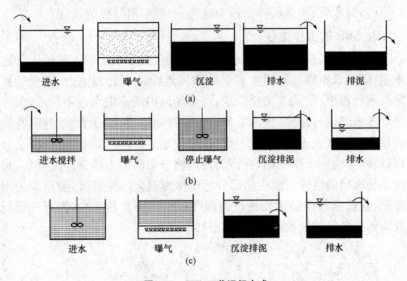

进水　　　曝气　　　沉淀　　　排水　　　排泥

(a)

进水搅拌　　　曝气　　　停止曝气　　　沉淀排泥　　　排水

(b)

进水　　　曝气　　　沉淀排泥　　　排水

(c)

图 4-19　SBR 工艺运行方式

(a)SBR 工艺去除有机物运行方式;(b)SBR 工艺脱氮运行方式;

(c)SBR 工艺生物除磷运行方式

(1)去除 *BOD* 的运行方式。图 4-19(a)是 SBR 反应器以去除碳源有机物为目的的运行方式。

由进水、曝气、沉淀、排水和排泥五个过程组成一个运行周期。该周期的全部过程都在一个池子中完成,一般每昼夜为一个运行周期。对难降解废水要适当延长曝气时间,一般采用非限制曝气方式运行。对有毒废水的处理,需要根据废水的情况选择运行方式。

(2)硝化和反硝化的运行方式。由进水搅拌、曝气、停止曝气、沉淀排泥和排水五个过程组成一个运行周期。污水中的氮以有机氨和 $NH_4^+ - N$ 的形式进入系统,以 N_2 的形式从系统中去除。$NH_4^+ - N$ 转化为 N_2 的过程分为硝化和反硝化过程。硝化过程是在溶解氧充足的条件下进行,反硝化过程是在缺氧的情况下发生。

如图 4-19(b)所示,在进水期为了使微生物与基质充分接触,只进行搅拌混合而不曝气,保证混合液中缺氧状态,反硝化菌以污水中的含碳有机物为碳源进行反硝化。污水进入反应期进行曝气,实现污水中有机物的去除和硝化作用;在反应后期减少或停止曝气仅进行混合,利用内源碳进行反硝化。反应期的长短一般由所要求的处理程度决定。同时,在沉淀期和排水期也可以发生利用内源碳作为电子受体的反硝化作用。

(3)生物除磷的运行方式。图 4-19(c)是 SBR 反应器以除磷为目的的运行方式。

SBR 工艺的操作灵活性使其更易于实现厌氧/好氧生物除磷过程。生物除磷首先需要一个厌氧期(没有溶解氧和氧化态的氮),污水在进水期后进行混合而不曝气,创造厌氧发酵条件,便于磷的释放和易降解有机物的吸收,随后进行曝气,促使污泥摄取过量的磷,然后是曝气和混合都停止的沉淀过程,下一个厌氧期开始前从反应器中排除一定量的剩余污泥达到除磷目的。

六、AB 两段活性污泥法

1. AB 两段活性污泥法简介

AB 两段活性污泥法简称 AB 法(吸附＋传统活性污泥法)。第一级(A 级)为高负荷的吸附级,污泥负荷>2 kgBOD_5/(kgMLSS • d);第二级(B 级)为常负荷吸附级,污泥负荷为 $0.15\sim0.3$ kgBOD_5/(kgMLSS • d)。A、B 两级串联运行,独立回流形成两种各自与其水质和运行条件相对应的完全不同的微生物群落。A 级负荷高,停留时间短(0.5 h),污泥龄短($0.3\sim0.5$ d),限制了高级微生物的生长,因此,在 A 级内仅有活性高的细菌;B 级相反,一方面,A 级的调节和缓冲作用,使 B 级进水相当稳定;另一方面,B 级负荷比较低,因此,许多原生动物可以在 B 级内良好地生长繁殖。

AB 法适于处理城市污水或含有城市污水的混合污水,而对于工业废水或某些工业废水比例较高的城市污水不宜采用 AB 法。另外,未进行有效预处理或水质变化较大的污水也不适宜使用 AB 法处理。

2. AB 两段活性污泥法工艺特点

AB 法的优点如下。

(1)A 级细菌具有极高的繁殖和变异能力,A 级能很好地忍受水质、水量、pH 值的冲击和毒物影响,使 B 级进水非常稳定。

(2)A 级内 0.5 h 的曝气时间,能去除 60%左右的 BOD_5,并且该去除主要是通过絮凝、吸附、沉淀等物理—化学过程实现的,能量消耗低。加上 B 级 2 h,总的曝气时间仅为 2.5 h,因此,设备体积小,可节省基建费用 15%~20%,节省能耗 20%~25%。

(3)AB 法具有明显的脱氮和除磷作用,除磷效果明显。

(4)AB 法具有较强的抗冲击能力,即使 A 段受到冲击,其恢复较快。

(5)出水水质好,运行稳定可靠,A 级 $SVI<60$,B 级 $SVI<100$。

(6)AB 法和传统活性污泥法相比,投资较少,运行费用低。

AB 法的缺点是多一个回流系统,设备较复杂。

3. A 段的效应、作用与运行参数设计

(1)由于该工艺不设初沉池,使 A 段能够充分利用经排水系统优选的微生物种群,培育、驯化、诱导出与原污水适应的微生物种群。

(2)A 段负荷高,为增殖速度快的微生物种群提供了良好的环境条件。

(3)由于 A 段对污染物质的去除,主要是以物理—化学作用为主导的吸附功能,因此,其对负荷、温度、pH 值以及毒性等作用具有一定的适应能力。

(4)A 段污泥产率高,并有一定的吸附能力,A 段对污染物的去除,主要依靠生物污泥的吸附作用,大大减轻了 B 段的负荷。

对城市污水处理的 A 段,主要设计与运行数据的建议值如下。

1)BOD 污泥负荷(N_s)——6 kgBOD/(kgMLSS·d),为传统活性污泥处理系统 10~20 倍;

2)污泥龄(生物团体平均停留时间)(θ_c)——0.3~0.5 d;

3)水力停留时间(t)——30 min;

4)吸附池内溶解氧(DO)浓度——0.2～0.7 mg/L。

4. B 段的效应、作用与运行参数设计

(1)去除有机污染物是 B 段的主要净化功能。

(2)B 段承受的负荷为总负荷的 30%～60%,较传统活性污泥处理系统,曝气池的容积可减少 40%左右。

(3)B 段的污泥龄较长,氮在 A 段也得到了部分的去除,BOD：N 值有所降低,因此,B 段具有产生硝化反应的条件。

(4)B 段接受 A 段的处理水,水质、水量比较稳定,冲击负荷已不再影响 B 段,B 段的净化功能得以充分发挥。

对城市污水处理的 B 段,主设计与运行参数的建议值如下。

1)BOD 污泥负荷(N_s)——0.15～0.3 kgBOD/(kgMLSS·d);

2)污泥龄(生物固体平均停留时间)(θ_c)——15～20 d;

3)水力停留时间(t)——2～3 h;

4)曝气池内混合液溶解氧含量(DO)——1～2 mg/L。

第四节　生物膜处理工艺

生物膜法是利用固着生长在载体上的微生物来降解水中有机污染物的一种生物处理方法。从微生物对有机物降解过程的基本原理上分析,生物膜法与活性污泥法是相同的,两者的主要区别在于,活性污泥法是依靠曝气池中悬浮流动着的活性污泥来分解有机物的,而生物膜法则主要依靠固着于载体表面的微生物膜来净化有机物。

一、生物膜法的基本原理

1. 生物膜的形成

污水通过滤池时,滤料截留了污水中的悬浮物质,并把污水中的胶体物质吸附在自己的表面上,它们中的有机物使微生物很快繁殖起来,这些微生物又进一步吸附了污水中呈悬浮、胶体和溶解状态的物质,填料表面逐渐形成了一层生物膜。生物膜主要由细菌的菌,胶团和大量的真菌丝组成,其中还有许多原生动物和较高等动物。

在生物滤池表面的滤料中,通常存在着一些褐色及其他颜色的菌胶团。也有的滤池表层有大量的真菌丝存在,因此,形成一层灰白色的黏膜。下层滤料生物膜呈黑色。

生物膜不仅具有很大的比表面积,能够大量吸附污水中的有机物,而且具有很强降解有机物的能力。当滤池通风良好,滤料空隙中有足够的氧时,生物膜就能分解氧化所吸附的有机物。在有机物被降解的同时,微生物不断进行自身的繁殖,即生物膜的厚度和数量不断增加。生物膜的厚度达到一定值时,由于氧传递不到较厚的生物膜中,使好氧菌死亡并发生厌氧作用,厌氧微生物开始生长。当厌氧层不断加厚,由于水力冲刷和生物膜自重的作用,再加上滤池中某些动物(如灰蝇等)的活动,生物膜将会从滤料表面脱落下来,随着污水流出池外,这种脱落现象既可以间歇的也可以连续地发生,这取决于滤池的水力负荷率的大小。由此可见,生物膜的形成是不断发展变化、不断新陈代谢的。去除有机物的活性生物膜,主要是表面的一层好氧膜,其厚度一般为 $0.5 \sim 2.0$ mm,视充氧条件而定。

2. 生物膜中的微生物

生物膜中的微生物与活性污泥大致相同,但又有其特点。生物膜中的细菌很多,菌胶团仍是主要的,但与活性污泥不同的是,在生物膜中丝状菌很多,有时还起主要作用,因为它净化有机物的能力很强,而且又由于它的存在而使生物膜形成了立体结构,结构疏松,增大了表面积。生物滤池污水是由上而下流动,逐渐得到净化,由上至下水质不断产生变化,因此,对生物膜上微生物种群产生了很大影响。在上层大多以摄取有机营养的异养微生物为主;在下层则是以摄取无机营养的自养微生物为主(特别是低负荷生物滤池)。

在生物滤池中真菌生长较普遍,在条件合适时,可能成为优势。滤池中出现的真菌种类很多,如酵母、镰刀霉、白地霉、黄麻球孢霉等。

生物膜中的原生动物比活性污泥中的多,种类丰富,上、中、下三层各不相同,越是高等原生动物,越是在底层生长。原生动物的存在对提高出水水质有重要作用,这点与活性污泥法有相同之处。

3. 生物膜净化过程

有机物的降解是在好氧性生物膜内进行的。由图 4-20 可见，在生物膜内、外，生物膜与水层之间进行着多种物质的传递过程。空气中的氧溶解于流动水层中，从那里通过附着水层传递给生物膜，供微生物用于呼吸；污水中的有机污染物则由流动水层传递给附着水层，然后进入生物膜，并通过细菌的代谢活动而被降解。这样就使污水在其流动过程中逐步得到净化。微生物的代谢产物如水等则通过附着水层进入流动水层，并随其排走，而二氧化碳及厌氧层分解产物如硫化氢、氨以及甲烷等气态代谢产物则从水层逸出进入空气中。

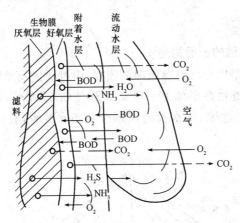

图 4-20 生物膜净化过程示意图

当厌氧性膜不厚时，好氧性膜仍然能够保持净化功能，但当厌氧性膜过厚，代谢物过多，两种膜间失去平衡，好氧性膜上的生态系统遭到破坏，生物膜呈老化状态从而脱落（自然脱落），再开始增长新的生物膜。在生物膜成熟后的初期，微生物代谢旺盛，净化功能最好，在膜内出现厌氧状态时，净化功能下降，而当生物膜脱落时，降解效果最差。

供氧是影响生物滤池净化功能的重要因素之一，这一过程主要取决于滤池的通风状况，滤料的形式对滤池的通风有决定性关系，对此，以列管式塑料滤料为最好，块状滤料则以拳状者为宜。

　　微生物的代谢速度取决于有机物的浓度和溶解氧量。在一般情况下,氧较为充足,代谢速度只取决于有机物的浓度。

　　由上可见,生物膜去除有机物的过程包括:有机物从流动水中通过扩散作用转移到附着水层中去,同时,氧也通过流动水层、附着水层进入生物膜的好氧层中;生物膜中的有机物进行好氧分解;代谢产物如二氧化碳、水等无机物沿相反方向排至流动水层及空气中;内部厌氧层的厌氧菌用死亡的好氧菌及部分有机物进行厌氧代谢;代谢产物,如有机酸等转移到好氧层或流动水层中。在生物滤池中,好氧代谢起主导作用,是有机物去除的主要过程。

二、生物滤池

1. 生物滤池的一般构造

　　生物滤池是以土壤自净原理为依据,由过滤田和灌溉田逐步发展而来的。生物滤池在平面上一般呈方形、矩形或圆形,它的主要组成部分包括滤料、池壁、排水及通风系统和布水装置,其构造如图 4-21 所示。

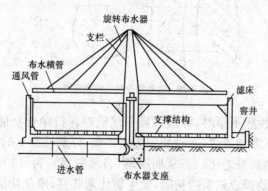

图 4-21　生物滤池的构造图

　　生物滤池要求通风良好,布水均匀,单位体积滤料的表面积和空隙率都比较大,以利于生物膜、污水和空气之间的接触和通风。

　　(1)滤料。滤料作为生物膜的载体,对生物滤池的工作影响较大。

滤料表面积越大,生物膜数量越多。但是,单位体积滤料所具有的表面积越大,滤料粒径必然越小,空隙也越小,从而增大了通风阻力。相反,为了减小通风阻力,孔隙率要增大,滤料比表面积将要减小。

滤料粒径的选择应综合考虑有机负荷和水力负荷等因素,当有机物浓度高时,应采用较大的粒径。滤料应有足够的机械强度,能承受一定的压力,其密度应小,以减少支撑结构的荷载;滤料应既能抵抗污水、空气、微生物的侵蚀,又不应含有影响微生物生命活动的杂质;滤料应能就地取材,价格便宜,加工容易。

(2)池壁。普通生物滤池四周应采用砖石筑壁,称之为池壁,池壁具有维护滤料的作用。池壁可筑成带孔洞和不带孔洞的两种形式,有孔洞的池壁有利于滤料的通风,但在低温季节,易受低温的影响,使净化功能降低。池壁一般应高出滤料表面 0.5～0.9 m。池体的底部为池底,用于支撑滤料和排除处理后的污水。

(3)排水及通风系统。排水及通风系统用以排除处理水、支承滤料与保证通风。设置在池底上的排水设备,不仅用以排出滤水,而且起保证滤池通风的作用。它包括渗水装置、集水沟和总排水渠等。排水系统通常分为两层,即包括滤料下的渗水装置和底板处的集水沟和排水沟。常见的生物滤池渗水装置如图 4-22 所示。为了保证滤池的通风,渗水装置的空隙所占面积不得小于滤池面积的 5%～8%。

(4)布水装置。布水装置设在填料层的上方,用以均匀喷洒污水。布水装置很重要,只有布水均匀,才能充分发挥每一部分滤料的作用和提高滤池的处理能力。早期使用的布水装置是间歇喷淋的,每两次喷淋的间隔时间为 20～30 min,使生物膜充分通风。后来发展为连续喷淋,使生物膜表面形成一层流动的水膜,这种布水装置,布水均匀,能保证生物膜得到连续的冲刷。常用的布水装置有固定式和旋转式两种,目前,广泛采用的连续式布水装置是旋转式布水装置。

2. 生物滤池的两种负荷

生物滤池有两种负荷,即水力负荷和有机负荷。

(1)水力负荷是指在保证处理水达标的前提下,单位体积滤料或单位面积滤池每天可以处理污水的水量。前者称为水力容积负荷,单

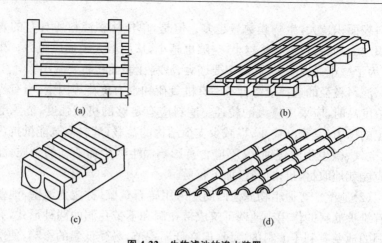

图 4-22　生物滤池的渗水装置
(a)有支承在钢筋混凝土梁或砖基上的穿孔混凝土板;(b)砖砌的渗水装置;
(c)滤砖;(d)半圆形开有孔槽的陶土管

位是 $m^3/(m^3 \cdot d)$;后者称为水力表面负荷,单位是 $m^3/(m^2 \cdot d)$。水力表面负荷又称为滤率。在计算水力负荷时,应注意包括回流量。

(2)有机负荷是指进入单位体积滤料的有机物的量或单位体积滤料每天可以去除的有机物的量,也称为有机容积负荷,其单位是 $kgBOD_5/(m^3 \cdot d)$。后者是指生物滤池的氧化分解能力;而前者则必须说明去除率才能真正反映生物滤池的效率。生物滤池的有机负荷从本质上反映了生物滤池的处理能力。

3. 生物滤池处理法的工艺流程

废水长期以滴状洒布在块状滤料的表面上,在废水流经的表面上就会形成生物膜,生物膜成熟后,栖息在生物膜上的微生物即摄取废水中的有机污染物质作为营养,从而使废水得到净化。

进入生物滤池的废水,必须通过预处理,去除悬浮物、油脂等能够堵塞滤料的污染物质,并使水质均匀稳定。一般在生物滤池前设初次沉淀池,但并不只限于沉淀池,根据废水的水质,也可采用其他预处理措施。

滤料上的生物膜,不断脱落更新,脱落的生物膜随处理水流出,因此,生物滤池后也设沉淀池。采用生物滤池处理废水的工艺流程如图 4-23 所示。

图 4-23　生物滤池处理废水工艺流程

4. 生物滤池的分类

生物滤池可根据设备形式不同分为普通生物滤池和塔式生物滤池;也可根据承受污水负荷的大小不同分为低负荷生物滤池(普通生物滤池)和高负荷生物滤池。

(1)低负荷生物滤池(普通生物滤池)。低负荷生物滤池的滤料一般采用碎石或炉渣等颗粒滤料,滤料层的工作厚度为 1.3～1.8 m,粒径为 25～40 mm;承托层厚度为 0.2 m,粒径为 70～100 mm;滤料的总厚度为 1.5～2.0 m。

低负荷生物滤池由于负荷率低,污水的处理程度较高。一般生活污水经滤池处理后,出水 BOD_5 常小于 20～30 mg/L,并有溶解氧和硝酸盐存在于出水中,二沉池的污泥呈黑色,氧化程度很高,污泥稳定性好。这说明在普通生物滤池中,不仅进行着有机物的吸附、氧化,而且也进行着硝化作用,其缺点是水力负荷率、有机负荷率均很低,占地面积大,水流的冲刷能力小,容易引起滤层堵塞,影响滤池通风。

(2)高负荷生物滤池。高负荷生物滤池的构造基本上与低负荷生物滤池相同,但所采用的滤料粒径和厚度都较大,水力负荷率较高,一般为普通生物滤池的 10 倍,有机负荷率为 800～1 200 g BOD_5/(m³ 滤料·d)。因此,池子体积较小,占地面积省,但是出水的 BOD_5 一般要超过 30 mg/L,BOD_5 去除率一般为 75%～90%。一般出水中极少有或没有硝酸盐。

高负荷生物滤池大多采用旋转式布水系统。滤料的直径一般为 40～100 mm,滤料层较厚,一般为 2～4 m;当采用自然通风时,滤料层厚度一般不应大于 2 m,采用塑料和树脂制成的滤料,可以增大滤料厚度,并可以采用自然通风。

提高有机负荷率后,微生物的代谢速度加快,即生物膜的增长速度加快。由于同时提高了水力负荷率,也使冲刷作用大大加强,因此,不会造成滤池的堵塞,滤池中的生物膜不再像普通生物滤池那样,主要是由于生物膜老化及昆虫活动呈周期性的脱落,而是主要由于污水的冲刷而表现为经常性的脱落。脱落的生物膜中,大多是新生物的细胞,没有得到彻底氧化,因此,稳定性比普通生物滤池的生物膜差,产泥量大。

为了保证在提高有机负荷率的同时又能保证一定的出水水质,并防止滤池的堵塞,高负荷生物滤池的运行常采用回流式的运行方式。利用出水回流至滤池前与进水混合,这样既可提高水力负荷率,又可稀释进水的有机物浓度,可以保证出水水质,并可防止滤池堵塞。当滤池进水 BOD_5 >200 mg/L 时,常需采用回流。

(3)塔式生物滤池。塔式生物滤池属于第三代生物滤池,简称滤塔。在工艺上,滤塔与高负荷生物滤池没有根本的区别,主要不同在于采用轻质高孔隙率的塑料滤料及塔体结构。塔直径一般为 1~3.5 m,塔高为塔直径的 6~8 倍。滤塔主要由塔身、滤料、布水装置、通风装置和排水系统组成。

塔式生物滤池在构造和净化功能方面具有以下特征:

1)塔式生物滤池的水量负荷比较高,是高负荷生物滤池的 2~10 倍;BOD 负荷也较高,是高负荷生物滤池的 2~3 倍。

2)由于高度高,水量负荷高,使滤池内水流紊动强烈,废水与空气及生物膜的接触非常充分。

3)由于 BOD 负荷高,使生物膜生长迅速;由于水量负荷高,使生物膜受到强烈的水力冲刷,从而使生物膜不断脱落、更新。

4)在塔式生物滤池的各层生长着种数不同但又适应流至该层废水性质的生物群,不需专设供氧设备。

三、曝气生物滤池

1. 曝气生物滤池的结构

曝气生物滤池简称 BAF,是 20 世纪 80 年代末 90 年代初在普通生物滤池的基础上,借鉴给水滤池工艺而开发的新型污水处理工艺,是普通生物滤池的一种变形工艺,也可看成生物接触氧化法的一种特殊形式,即在生物反应器内装填高比表面积的颗粒填料,以提供生物膜生长的载体。如图 4-24 所示为曝气生物滤池的构造示意图。池内底部设承托层,其上部则是作为滤料的填料。在承托层设置曝气用的空气管及空气扩散装置,处理水集水管兼作反冲洗水管也设置在承托层内。

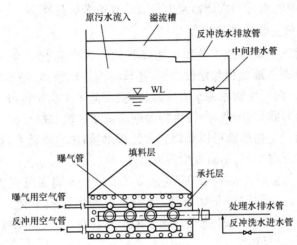

图 4-24　曝气生物滤池构造示意图

2. 曝气生物滤池的工作原理

曝气生物滤池分为下向流式和上向流式。下向流指污水从滤池的上部向下部过滤的处理方式,由于负荷不够高,且大量被截流的 SS 集中在滤池上端几十厘米处,此处水头损失占了整个滤池水头损失的绝大部分,容易堵塞,滤池纳污率不高,运行周期短等缺点而使得其现在很少被采用。

上向流是指污水从滤池底部向上过滤的处理方式,典型的上向流式 BAF,称为 BIOFOR 滤池。其底部为气水混合室,上部为长柄滤头、滤板、曝气管、垫层、滤料。所用滤料密度大于水,自然堆积,滤层厚度一般为 2~4 m。污水从底部进入气水混合室,经长柄滤头配水后通过垫层进入滤料,由滤料外面的生物膜和滤料之间的活性污泥共同去除 BOD_5、COD_{Cr}、氨氮、SS。当运行一定时间后,水头损失增加,需对滤池反冲洗,以释放填料截流的悬浮物和脱落的生物膜。反冲洗时,停止进水,气、水同时进入气水混合室,经长柄滤头进入滤料,反冲洗的混合液上部流入初沉池与原水合并处理。当该池用于硝化和除磷时,向曝气管内通入压缩空气。当该池用于反硝化时,向曝气管输送含有碳源的水,同时,调整水力负荷等其他运行条件。

3. 曝气生物滤池的特点

(1)曝气生物滤池工艺集生物降解和固液分离于一体,不设二沉池,不仅节省占地面积和建设投资,还具有模块化结构,便于后期的改建和扩建。曝气生物滤池水力负荷、容积负荷大大高于传统污水处理工艺,停留时间短,因此,所需生物处理面积和体积都很小。

(2)曝气生物滤池可以获得较大处理水量;出水水质高,抗冲击负荷能力较强,耐低温,不易发生污泥膨胀。

(3)曝气生物滤池一般在 10~15 ℃时 2~3 周即可完成挂膜过程,启动快。在暂时停止运行时,滤料表面的生物膜不会立即死亡。随着停运时间的延长,生物会以孢子的形式存在,一旦通水曝气,可在很短时间内恢复正常。

(4)曝气生物滤池使用穿孔曝气管,维护保养比微孔曝气头方便,使用寿命长。

(5)过滤空间能被很好利用,空气能将污水中的固体物质带入滤床深处,在滤床中形成高负荷、均匀的固体物质,延长反冲洗周期,减少清洗时间和反冲洗水量。

曝气生物虽然有以上特点,但也存在以下问题。

(1)为使之在较短的水力停留时间长,对进水的悬浮物 SS 要求高。

(2)进水提升高度较大。

(3)反冲洗水力负荷较大,曝气生物滤池在反冲洗操作中,短时间内水力负荷较大,反冲击水直接回流到初沉池并对该池造成较大的冲击负荷。

（4）曝气生物滤池的产泥量相对于活性污泥法稍大，污泥稳定性不好，造成污泥处理的难度。如果采用消化池处理污泥，处理污泥量比传统活性污泥法要大。

4. 曝气生物滤池系统的运行管理

由于曝气生物滤池系统是采用生物处理与过滤技术，加强预处理单元的管理显得格外重要，为了延长曝气生物滤池的运行周期，需投加药剂才能达到要求，药剂的使用降低了进水的碱度，进而影响反硝化，因此，在药剂上，应避免选择对工艺运行产生不良影响品种。

曝气生物滤池系统与其他污水处理系统的最大区别是曝气生物滤池要定期进行反冲洗。反冲洗不仅影响到处理效果，而且还关系到系统运行的成败。反冲洗周期的确定是反冲洗的最重要工艺参数；反冲洗周期与进水的 SS、容积负荷和水力负荷密切相关。反冲洗周期随容积负荷的增加而减少，当容积负荷趋于最大时，反冲洗周期趋于最小，滤池需要频繁的反冲洗；而水力负荷对反冲洗周期的影响则相反；当进水的 SS 较高时，滤池容易发生堵塞，反冲洗周期就要缩短；所以，在实际运行过程中要注意相关要素的变化，及时对运行参数做出必要的调整。

四、生物转盘

1. 生物转盘的构造

生物转盘又称浸没式生物滤池，也是一种常见的生物膜法处理设备，是从传统生物滤池演变而来的。生物膜的形成、生长及其降解有机污染物的机理，与生物滤池基本相同。其主要区别是它以一系列转动的盘片代替固定的滤料。生物转盘主要组成部分是旋转圆盘、转动横轴、动力及减速装置和氧化槽等几部分，其结构如图 4-25 所示。

当圆盘浸没于污水中时，污水中的有机物被盘片上的生物膜吸附，当圆盘离开污水时，盘片表面形成一层薄薄的水膜。水膜从空气中吸氧，同时，在生物酶的催化下，被吸附的有机物氧化降解。这样圆盘每转动一圈，即进行一次吸附—吸氧—氧化分解。圆盘不断地转

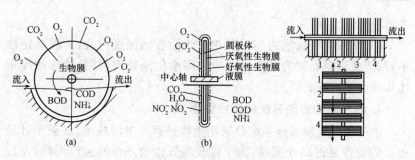

图 4-25　生物转盘结构

(a)侧面；(b)断面

动,使污水中有机物不断分解净化；同时,圆盘的搅动,把大气中的氧带入氧化槽,使污水中的 DO 不断增加,有利于机质的氧化分解过程。

2. 生物转盘的布置形式

生物转盘的布置形式有单轴单级、单轴多级和多轴多级三种,如图 4-26 所示。级数的多少是根据废水净化要求达到的程度来确定的。转盘的多级布置可以避免水流短路、改进停留时间的分配。随着

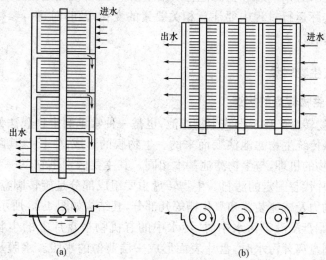

图 4-26　生物转盘的布置形式

(a)单轴四级生物转盘；(b)多轴多级生物转盘

级数的增加,处理效果可相应提高;随着级数的递增,处理效果的增加率减慢。因此,转盘的分级不宜过多。一般来说,转盘的级数不超过四级。

3. 生物转盘的运行管理与控制

生物转盘作为污水生物处理技术,一直被认为是一种效果好、效率高、便于维护、运行费用低的工艺。但生物转盘的流态属于完全混合推流型,去除有机物的效果好。但是由于国内塑料价格较贵,所以,基建投资相对较高,占地面积较大。往往在废水量小的工程中多采用生物转盘法来处理。

生物转盘的运行管理与控制应符合下列要求:

(1)按设计要求控制转盘的转速,并通过日常监测,要严格控制污水的 pH 值、温度、营养成分等指标,尽量不要发生剧烈变化。

(2)反应槽内 pH 值必须保持在 6.5~8.5 范围内;进水 pH 值一般要求调整在 6~9 范围内,经长期驯化后范围可略扩大,超过这一范围处理效率将明显下降。硝化转盘对 pH 值和碱度的要求比较严格,硝化时 pH 值应尽可能控制在 8.4 左右,进水碱度至少应为进水 NH_3-N 浓度的 7.1 倍,以使反应完全进行而不影响微生物的活性。

(3)反应槽中混合液的溶解氧值,在不同级上有所变化,用来去除 BOD 的转盘,第一级 DO 为 0.5~1.0 mg/L,后几级可增高至 1.0~3.0 mg/L,常为 2.0~3.0 mg/L,最后一级达 4.0~8.0 mg/L。此外,混合液 DO 值随水质浓度和水力负荷变化而发生相应变化。

(4)注意对生物转盘的观察。沉砂池或初沉池中固体物质去除不佳,会使悬浮固体在反应槽内积累并堵塞进水通道,产生腐败,发出臭气,影响系统的运行,应用泵将它们抽出,并检验固体物的类型,针对产生的原因加以解决。

(5)二沉池中污泥不回流,应定期排除二沉池中的污泥,通常每隔 4 h 排一次,使之不发生腐化。

(6)为了保证生物转盘正常运行,应对所有设备定期进行检查维修。在生物转盘运行过程中,经常遇到检修或停电等发生,需停止运行一天以上时,为防止因转盘上半部和下半部的生物膜干湿程度不同而破坏转盘的重量平衡时,要把反应槽中的污水全部放空或用人工营养液循环,保持膜的活性。

五、生物接触氧化法

1. 生物接触氧化法的工艺流程

生物接触氧化法是在生物接触氧化池内设置填料,填料淹没在废水的水流中,填料上长满生物膜,废水与生物膜接触过程中,水中的有机物被微生物吸附,氧化分解和转化为新的生物膜,从填料上脱落的生物膜,随水流到二沉池后被去除,废水得到净化的过程,又称为浸没曝气式生物滤池,如图 4-27 所示为生物接触氧化法的工艺流程示意图。

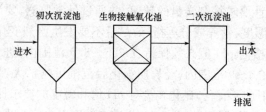

图 4-27　生物接触氧化法工艺流程示意图

在接触氧化池中,微生物所需要的氧气来自水中,而废水则自鼓入的空气不断补充失去的溶解氧。空气是通过设在池底的穿孔布气管进入水流,当气泡上升时向废水供应氧气,有时并借以回流池水(图 4-28)。

2. 生物接触氧化池

生物接触氧化池目前虽已应用于生产,但是还没有形成比较定型的构造型式。接触氧化池的主要组成部分有池体、填料和布水布气装置,如图 4-29 所示为接触氧化池构造示意图。

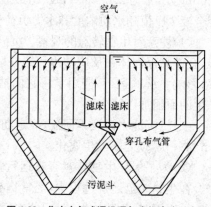

图 4-28　集中布气式浸没曝气生物滤池示意图

其按不同的曝气方式,常分为两种形式,即鼓风曝气生物接触氧化池和表面曝气生物接触氧化池,分别如图 4-30 和图 4-31 所示。

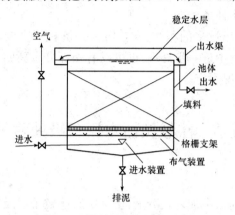

图 4-29　接触氧化池构造示意图

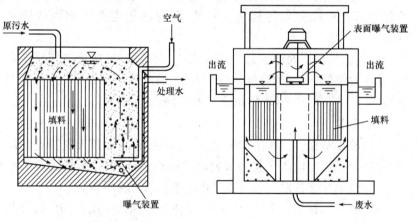

图 4-30　鼓风曝气生物接触氧化池　　　　图 4-31　表面曝气生物接触氧化池

3. 生物接触氧化法的运行控制及管理

(1)定时进行生物膜的镜检,观察接触氧化池内,尤其是生物膜中特征微生物的种类和数量,防止生物膜过厚、结球,一旦发现异常情况应及时调整运行参数。

(2)尽量减少进水中的悬浮杂物,以防尺寸较大的杂物堵塞填料过水通道。避免进水负荷长期超过设计值造成生物膜异常生长,进而堵塞填料的过水通道。

(3)及时排出过多的积泥,在二沉池中沉积下来的污泥可定时排入污泥处理系统中进一步处理,也可以有一部分重新回流进入接触氧化池,视具体情况而定。

第五节 小城镇污水厂三级处理工艺

一、混凝

混凝就是向水中加入絮凝剂,使水中胶体粒子以及微小悬浮物聚集成大的絮体,从而被迅速分离沉降的过程。

混凝可以用来降低水的浊度和色度,去除多种高分子有机物、某些重金属物质和放射性物质。此外,混凝法还能改善污泥的脱水性能。

混凝法与污水处理的其他方法相比,设备简单,维护操作易于掌握,处理效果好,间歇或连续运行均可以,但由于其需要不断向污水中投药,经常性运行费用较高,沉渣量大,且脱水较困难。

1. 胶体

(1)胶体结构。胶体结构很复杂,是由胶核、吸附层及扩散层三部分组成。胶核、电位离子层和吸附层共同组成运动单元,称为胶体颗粒,简称胶粒。把扩散层包括在内合起来总称为胶团。

(2)胶体颗粒的稳定性与脱稳。胶体颗粒在水中能长期保持分散状态而不下沉的特性称为胶体颗粒的稳定性。一般认为胶粒所带电量越大,胶粒的稳定性越好。而胶粒带电是由于胶核表面所吸附的电位离子比吸附层里的反离子多,当胶粒与液体做相对运动时,吸附层和扩散层之间便产生电位差所致。该电位差称为界面动电位,又称为 ξ 电位。ξ 电位越高,胶粒带电量越大,胶粒间产生的静电斥力也越大;同时,扩散层中反离子越多,水化作用也越大,水化膜也越厚,胶粒也就越稳定而不易沉降。

因此,要使胶体颗粒沉降,就需破坏胶体的稳定性。促使胶体颗粒相互接触,成为较大的颗粒,关键在于减少胶粒的带电量,这可以通过压缩扩散层厚度,降低 ξ 电位来达到,这个过程叫作胶体颗粒的脱稳作用。

2. 混凝剂与助凝剂

(1)混凝剂。混凝剂具有破坏胶体的稳定性和促进胶体絮凝的功能。其品种很多,按其化学成分可分为无机混凝剂和有机混凝剂两大类,具体见表4-4。

表4-4　混凝剂分类表

分　类			混　凝　剂
无机混凝剂	低分子	无机盐类	硫酸铝、硫酸亚铁、硫酸铁、铝酸钠、氯化亚铁、氯化铁、氯化锌、四氯化钛
		碱类	碳酸钢、氢氧化钠、石灰
		金属电解产物	氢氧化铝、氢氧化铁
	高分子	阴离子型	聚合氯化铝、聚合硫酸铝、聚合硫酸铁
		阳离子型	活性硅酸
有机混凝剂	表面活性剂	阴离子型	月桂酸钠、硬脂酸钠、油酸钠、十二烷基苯磺酸钠、松香酸钠
		阳离子型	十二烷胺醋酸、十八烷胺醋酸、松香胺醋酸、烷基三甲基氯化铵
	低聚合度高分子	阴离子型	藻朊酸钠、羧甲基纤维素钠盐
		阳离子型	水溶性苯胺树脂盐酸盐、聚乙烯亚胺
		非离子型	淀粉、水溶性脲醛树脂
		两性型	动物胶、蛋白质
	高聚合度高分子	阴离子型	聚丙烯酸钠、水解聚丙烯酰胺、磺化聚丙烯酰胺
		阳离子型	聚乙烯吡啶盐、乙烯吡啶共聚物
		非离子型	聚乙烯酰胺、聚氯乙烯

（2）助凝剂。助凝型是指与混凝剂一起使用，以促进水的混凝进程的辅助剂。当单用某种混凝剂不能取得良好效果时，还需投加助凝剂。助凝剂可用于调节或改善混凝条件，也可用于改善絮凝体的结构。有机类混凝剂也可与其他无机类混凝剂混合用，混凝的效果更佳，经济上也更节约。

3. 混凝机理

污水中投入某些混凝剂后，胶体因 ξ 电位降低或消除而脱稳。脱稳的颗粒便相互聚集为较大颗粒而下沉，此过程称为凝聚，此类混凝剂称为凝聚剂。但有些混凝剂可使未经脱稳的胶体也形成大的絮状物而下沉，这种现象称为絮凝，此类混凝剂称为絮凝剂。不同的混凝剂能使胶体以不同的方式脱稳、凝聚或絮凝。按机理不同，混凝可分为压缩双电层、吸附电中和、吸附架桥、沉淀物网捕四种。

4. 混凝过程

（1）混凝剂溶液的配制。混凝剂溶液的配制过程包括溶解与调制两步。溶解一般在溶解池（溶药池）中进行，其作用是把块状或粒状的药剂溶解成浓溶液。调制则在溶液池中进行，其作用是把浓溶液配成一定浓度的溶液。配制时需要搅拌，通常采用水力搅拌、机械搅拌或压缩空气搅拌等。药剂量小时采用水力搅拌，如图 4-32 所示，也可以在溶药桶、溶药池内直接进行人工配制。药剂量大时采用机械搅拌，如图 4-33 所示，或采用压缩空气搅拌。

（2）絮凝剂的投加。通常将固体絮凝剂溶解后配成一定浓度的溶液投入水中，絮凝剂投加设备包括计量设备、药液提升设备、投药箱、必要的水封箱以及注入设备等。中小规模的混凝处理系统的絮凝剂投加一般使用计量泵投加方式，人工调整和自动调整都能很容易地实现。计量泵本身带有调节器并刻有显示流量的标度，利用调节器调节柱塞行程就可以调节药液投量，泵直接自溶液池内抽取药液送至投药点，插入原水管内的加药管切口与逆水流方向成 60°。

实际生产中自动投药系统很多，其中，比较准确的是根据加药混合后形成的矾花特性和沉淀或澄清后出水浊度等情况来调整絮凝剂的投加量。为了更准确地反映实际运行情况，有时还要结合沉淀或澄

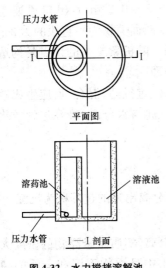

图 4-32　水力搅拌溶解池

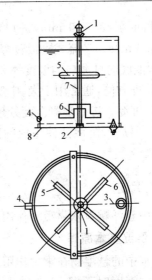

图 4-33　机械搅拌溶解池

1、2—轴承；3—异径管箍；4—出液管；

5—桨叶；6—锯齿角钢桨叶；7—立轴；8—底板

清后出水浊度的高低来对絮凝剂的投加量进行调整和控制。

（3）混合。混合是指絮凝剂向水中迅速扩散、并与全部水混合均匀，以确保混凝剂的水解与聚合，使胶体颗粒脱稳，并互相聚集成细小的矾花。混合阶段需要剧烈短促的搅拌，混合时间要短，在 $10\sim30$ s 内完成，一般不得超过 2 min。混合的形式有两种：一种是在水泵的吸水管或压力管进行混合；另一种是在混合设备内进行混合。

（4）反应。水与药剂混合后即进入反应池进行反应。反应池类型有水力搅拌式和机械搅拌式两大类。常用的有隔板反应池、机械搅拌反应池和折板反应池三种，也有将不同形式反应池串联在一起成为组合式反应池。其中，比较常用的是隔板反应池，本书就主要介绍一下隔板反应池。

隔板反应池又有平流式隔板、竖流式隔板和回转式隔板三种形式，其原理是在水流通道内设置隔板，使水流在其中上下或迂回流动，而且流速逐渐减小，有利于水中颗粒形成粗大的絮体。隔板反应池的反应时间为 20～30 min，进口流速为 0.5～0.6 m/s，出口流速为 0.2～0.3 m/s。平流式隔板转弯处的过水断面面积为平直段的 1.2～1.5 倍，池底向排泥口的坡度为 2%～3%。隔板絮凝池的优点是构造简单，管理方便，通常用于大、中型污水处理厂。

（5）沉淀。进行混凝沉淀处理的污水经过投药、混合、反应生成絮凝体后，要进行沉淀池使生成的絮凝体沉淀与水分离，最终达到净化的目的。

二、沉淀

水中悬浮颗粒依靠重力作用，从水中分离出来的过程称为沉淀。

1. 沉淀基本原理

污水中的悬浮物在重力作用下与水分离，实质是悬浮物的密度大于污水的密度时下沉，小于时上浮。污水中悬浮物下沉和上浮的速度，是污水处理设计中对沉降分离设备（如沉淀池）和上浮分离设备（如上浮池、隔铀池）要求的主要依据，是有决定性作用的参数。对于自由沉淀，其流态为层流，雷诺数 $R_e \leqslant 1$，颗粒的沉淀速度可定性地用斯托克斯公式表示。

$$u = \frac{g}{18\mu}(\rho_g - \rho_y)d^2$$

式中　u——颗粒的沉淀速度（沉速），cm/s；

g——重力加速度，cm/s^2；

ρ_g——颗粒密度，g/cm^3；

ρ_y——污水密度，g/cm^3；

d——颗粒直径，cm；

μ——污水的动力黏滞系数，g/(cm·s)。

2. 沉淀池

深度处理中常用的沉淀池有平流沉淀池、斜管（板）沉淀池、澄清池等。沉淀池在整个常规深度处理流程中可以去除 80%～90% 的悬浮固体，且水耗和电耗较低。

（1）平流沉淀池。平流沉淀池示意图如图 4-34 所示，上部为沉淀区,下部为积泥区,池前部为进水区,池后部为出水区。经混凝的原水流入沉淀池后,沿进水区整个截面均匀分配进入沉淀区,然后缓慢地流向出水区。水中的颗粒沉于池底,沉淀的污泥连续或定期排出池外。

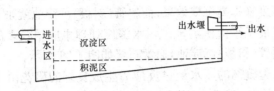

图 4-34 平流沉淀池示意图

平流沉淀池的流入装置是横向潜孔,潜孔均匀地分布在整个宽度上,在潜孔前设挡板,其作用是消能,使污水均匀分布。挡板高出水面 0.15~0.2 m,伸入水下的深度不小于 0.2 m。也有潜孔横放的流入装置,如图 4-35 所示为潜孔横放的流入装置。

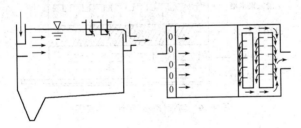

图 4-35 潜孔横放的流入装置

在污水深度处理中,平流沉淀池沉淀时间一般为 1~2 h,表面负荷为 1~2 m³/(m²・h),正常水平流速为 10~25 mm/s。平流沉淀池的管理与维护要着重做好以下几点:

1)掌握原水水质的变化:一般要求 2~4 h 测量一次原水浊度、pH 值、水温、碱度,在水质波动时,1~2 h 就要进行一次测量。

2)及时调整加药量:水量和水质变化时,要特别注意调整加药量,尤其要防止断药事故,同时,有对应水质变化的防范措施。

3)及时排泥:因为排泥不及时,池内积泥厚度升高,会缩小沉淀池过水断面、相应缩短沉淀时间,降低沉淀效果,最终导致出水水质变坏。排泥过于频繁又会增加自耗水量。每1～2年彻底清理一次沉淀池积泥区。

(2)斜管(斜板)沉淀池。根据沉淀理论,可以通过增加沉淀面积,降低沉降高度来提高沉淀效果,而斜管(斜板)沉淀池就是根据这个原理进一步发展了平流沉淀池。污水深度处理中应用较多的是上向流即逆向流斜管(斜板)沉淀池,通常布置如图 4-36 所示。

已加入絮凝剂的原水经过反应后生成良好的矾花由整流配水板均匀流入配水区,然后自下而上通过斜管(斜板),原水中杂质与水在斜管内迅速分离。清水从上部经集水区,通过集水槽送出池外,沉淀在斜管(斜板)壁上的杂质沿壁滑入积泥区由穿孔排泥管或其他排泥设施定期排出池外。在污水深度处理中,斜管(斜板)沉淀池的表面负荷为 $2.5 \text{ m}^3/(\text{m}^2 \cdot \text{h})$ 左右较为合适。

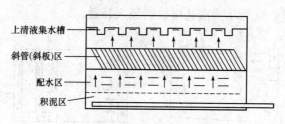

图 4-36　斜管(斜板)沉淀池示意图

(3)澄清池。澄清池是一种将混合、反应与絮体沉淀分离三个过程综合于一体的水处理构筑物,具有处理效果好、生产效率高、药剂用量节约和占地面积小等优点,而且已经有标准设计图和定型设备;其不足是设备结构比较复杂,对管理要求较高。

澄清池的构造形式很多,从基本原理上可分为两大类:一类是悬浮泥渣型,有悬浮澄清池和脉冲澄清池;另一类是泥渣循环型,有机械加速澄清池和水力循环加速澄清池。目前常用的是机械加速澄清池。

机械加速澄清池简称加速澄清池,是一种常见的泥渣循环型澄清池。在澄清池中,泥渣循环流动,悬浮层中泥渣浓度较高,颗粒之间相互接触的机会很大。其主要构造包括第一反应室、第二反应室、导流室和泥渣浓缩室,如图4-37所示。此外,还有进水系统、加药系统、排泥系统、机械搅拌提升系统等。

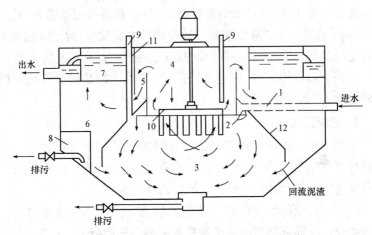

图4-37　机械加速澄清池示意图

1—进水管;2—配水三角槽;3—混合区;4—反应区;5—导流区;6—分离区;7—集水槽;
8—泥渣浓缩区;9—投药管;10—机械搅拌器;11—导流板;12—伞形罩

三、过滤

过滤是利用过滤材料分离污水中杂质的一种技术。在污水深度处理技术中,普遍采用过滤技术。根据材料不同,过滤可分为多孔材料过滤和颗粒材料过滤两类。

在污水处理中,颗粒材料过滤主要用于去除悬浮和胶体杂质,特别是用重力沉淀法不能有效去除的微小颗粒(固体和油类)以及细菌。颗粒材料过滤对污水中的 *BOD* 和 *COD* 等也有一定的去除效果。

用于给水处理工程的各种类型滤池几乎都可以用于污水的深度处理,其中最常用的是快滤池。

1. 过滤机理

过滤过程是一个包含多种作用的复杂过程,它包括输送和附着两个阶段,只有将水中的悬浮颗粒输送到滤料表面,并使之与滤料表面接触才能产生附着作用,附着以后不再移动才能算是真正被滤料截留。悬浮颗粒是在惯性、沉淀、扩散、直接截留等作用下被输送到滤料表面的。一般来说,悬浮颗粒粒径越大,直接截留作用越明显;粒径大于 10 μm 的颗粒主要靠沉淀和惯性作用被滤料截留,对密度比水大的颗粒更是如此;而粒径更小颗粒的截留是通过扩散作用来实现的。

在一个过滤周期内,按整个滤层计,单位体积滤料中所截留的杂质质量称为"滤层含污能力"。

2. 过滤形式

在原水中不投加絮凝剂就进行过滤的方式称为直接过滤。在生物处理系统运转良好、二沉池出水水质也较好的情况下,可以对二沉池出水进行直接过滤后实现污水的回收和再利用。

原水经过混凝后立即进入滤池的过滤方式称为微絮凝过滤。采用微絮凝过滤通常使用高分子絮凝剂或高分子助凝剂。

所谓反粒度过滤就是过滤时,沿着过滤水流的方向,颗粒滤料的粒径由粗到细、滤料颗粒之间的孔隙由大到小。反粒度过滤效果较好、运行周期长,而且可以使用待过滤水作为滤料层的反冲洗水,提高过滤工艺的产水率。

3. 滤池类别

滤池的种类虽然很多,但其基本构造是相似的,在污水深度处理中使用的各种滤池都是在普通快滤池的基础上加以改进而来的,如图 4-38 所示为普通快滤池的构造。

将污水通过一层带孔眼的过滤装置或介质,大于孔眼尺寸的悬浮颗粒物质被截留在介质的表面,从而使污水得到净化。经过一定时间的使用以后,过水的阻力增加,就必须采取一定的措施,如通常采用反冲洗将截留物从过滤介质上除去。

快滤池是一种滤速大的池型,快滤池有单层滤料、双层滤料和多层滤料。快滤池大都设在混凝、沉淀之后,具有截留、沉淀、架桥、絮凝等综合作用。快滤池的运行分过滤和反冲洗两个过程。

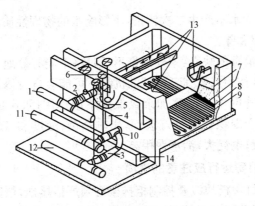

图 4-38 普通快滤池的构造

1—进水总管；2—进水支管；3—清水支管；4—排污管；5—反冲洗水排出槽；
6—排水阀；7—滤料层；8—垫料层；9—配水支管；10—反冲洗水支管；
11—反冲洗水总管；12—清水总管；13—排水槽；14—反冲洗水排出渠

四、消毒

消毒的目的主要是利用物理方法或化学方法杀灭水中的细菌、病毒和病虫卵等致病微生物，以防止其对人类及畜禽的健康产生危害和对环境造成污染。其物理方法主要有利用加热、冷冻、辐射等；三级处理污水常用的化学方法有紫外消毒、次氯酸钠消毒、二氧化氯消毒、臭氧消毒等。

(一)紫外消毒

紫外消毒技术是利用特殊设计制造的高强度、高效率和长寿命的 C 波段 254 mm 紫外线发生装置产生的强紫外线照射水流，使水中的各种病原体细胞组织中的 DNA 结构受到破坏而失去活性，从而达到消毒杀菌的目的。污水处理中使用较多的紫外发生器是紫外汞灯。紫外灯可分为低压汞灯（汞蒸气压力为 $1.33 \sim 133$ MPa）、中压汞灯（汞蒸气压力为 $0.1 \sim 1$ MPa）和高压汞灯（汞蒸气压力达到 20 MPa）。

1. 紫外消毒的特点

(1)紫外消毒的优点：杀生力强，接触时间短，设备简单，操作管理方便,处理后的水不产生二次污染,不影响水的物理性质和化学成分,不增加水的嗅和味。

(2)紫外消毒的缺点:紫外剂量不足时将不能有效地杀灭病原体,病原体在光合作用或者"暗修复"的机制下可能会自行修复,且无持久杀菌能力,在管网中运输需加余氯保持杀菌作用;水中的生物、矿物质、悬浮物等会聚积在紫外灯表面,影响杀菌;浊度和 TSS 对紫外消毒的影响较大;电耗大,消毒费用高。

2. 紫外消毒运行应注意的事项

(1)设备灯源模块以及控制柜排架必须严格接地,严防触电事故;通电前一定要盖好盖板,严禁带电打开;严禁改变设备灯管配置,以免影响消毒效果;严禁未接灯管前通电,以免损坏电控系统。

(2)所有操作维护都必须先戴上防紫外光眼镜才能进行;玻璃套管清洗液有腐蚀性,操作时应注意安全,做好防护准备,不能溅到皮肤与眼睛等处。

(3)严禁水位超过排架的气缸底部位置,同时,应注意避免电气柜体进水。

(4)严格控制消毒水渠的水量、水位在设计范围之内。在水量严重超过设计容量时,应做好消毒水渠的排泄或旁通,严禁水位高过排架上的气缸底部,否则会对系统的运行造成严重损害。

(5)严禁在消毒水渠无水或水量达不到设计水位时通电并点亮紫外灯。消毒水渠的顶盖必须用密闭的工程塑料板,以确保系统的安全运行。

(6)拔下紫外消毒模块的重载接插件时,必须注意保持其清洁、防尘与防潮,对于排架上的重载接插件插头,必须用塑料袋包住并扎紧,对于镇流器电箱上的重载接插件插座,必须用其随带的保护盖板盖好,不可裸露,否则会损坏设备。

(7)水渠在排架之前的部位应放置栏网或格栅,防止大件杂物进入紫外消毒模块设备,缠住和粘住排架上的气缸,导致气缸运行不顺。

(8)应注意设备上的人机界面显示的各个数据是否正常,并做好记录工作。

(二)次氯酸钠消毒

次氯酸钠投入水中能够生成次氯酸,因而具有消毒杀菌的能力。次氯酸钠可用次氯酸钠发生器,以海水或食盐水的电解液电解产生。从次氯酸钠发生器产生的次氯酸钠可直接投入水中,进行接触消毒。

纯品的次氯酸钠为白色或灰绿色结晶,互溶于水,一般由电解冷的稀食盐溶液或由漂白粉与纯碱作用后滤去碳酸钙而制得。次氯酸钠属于高效的含氯消毒剂。含氯消毒剂的杀菌作用包括次氯酸的作用、新生氧作用和氯化作用。次氯酸钠在水中能分解为次氯酸,次氯酸的氧化作用是含氯消毒剂的最主要杀菌机理。含氯消毒剂在水中形成次氯酸,作用于菌体蛋白质。次氯酸不仅可与细胞壁发生作用,且因分子小,不带电荷,故侵入细胞内与蛋白质发生氧化作用或破坏其磷酸脱氢酶,使糖代谢失调而致细胞死亡。投加次氯酸钠后需要一定的混合反应时间,所以,在投加之后,需进入接触反应池内反应。

1. 次氯酸钠消毒的特点

(1)次氯酸钠消毒的优点:用海水或浓盐水作为原料,产生次氯酸钠,可以在污水处理厂现场产生并直接投配,使用方便,投量容易控制。

(2)次氯酸钠消毒的缺点:需要有次氯酸钠发生器与投配设备。

2. 影响次氯酸钠消毒的主要因素

(1)pH 值对次氯酸钠杀菌作用影响最大,pH 值愈高,次氯酸钠的杀菌作用愈弱,pH 值降低,其杀菌作用增强。

(2)在 pH 值、温度、有机物等不变的情况下,有效氯浓度增加,杀菌作用增强。

(3)在一定范围内,温度的升高能增强杀菌作用,此现象在浓度较低时比较明显。

(4)有机物能消耗有效氯,降低其杀菌效能。

(5)水中的 Ca^{2+}、Mg^{2+} 等离子对次氯酸盐溶液的杀菌作用没有任何影响。

(6)在含有氨和氨基化合物的水中,游离氯的杀菌作用大大降低。

(7)在氯溶液中加入少量的碘或溴可明显增强其杀菌作用。

(8)硫代硫酸盐和亚铁盐类可降低氯消毒剂的杀菌作用。

(三)二氧化氯消毒

二氧化氯消毒能力比氯强。其一般使用氯与盐酸或稀硫酸与亚氯酸钠或氯酸钠反应的办法产生,类似的装置很多,其主要过程是使用两个计量泵分别向压力反应室内送入一定浓度和一定比例的酸液和碱液,然后将生成的二氧化氯定量投加到消毒池,并根据出水中的余氯量对投加量进行调整。二氧化氯对细菌的细胞壁有较强的吸附和穿透能力,从而有效的破坏细菌内含巯基的酶。即二氧化氯可快速控制微生物蛋白质的合成,对细菌、病毒等有很强的灭活能力。

1. 二氧化氯消毒的特点

(1)二氧化氯不与含氮有机物等某些耗氯物质发生取代反应,消毒时可不产生氯酚臭味和三卤甲烷等氯代烃类物质,因此,尤其适合于含酚或有机物较多的污水。

(2)水中的温度越高,二氧化氯杀菌效力越大,这非常适用于工业循环再生水以及水温偏高领域的杀菌消毒。

(3)二氧化氯在水中是纯粹的溶解状态,不与水发生化学反应,故它的消毒作用受水的 pH 值影响小,这是与氯消毒的区别之一。在较高的 pH 值下,二氧化氯消毒能力比氯强。比如 pH 值为 8.5 时,要造成 99% 以上的埃希氏大肠菌的杀灭率,二氧化氯只需要 0.25 mg/L 的有效氯投加量和 15 s 的接触时间,而氯的投加至少需要 0.75 mg/L。

(4)二氧化氯在较广泛的 pH 值范围内具有很强的氧化能力,氧化能力为自由氯的二倍。能比氯更快地氧化锰、铁等还原态物质。同时,能去除水中的氯酚和藻类等引起的臭味。二氧化氯还具有强烈的漂白作用,可去除污水的色度。

(5)二氧化氯不与水中的氨氮等化合物作用而被消耗,因此,在相同的有效氯投加量下,可以保持较高的余氯浓度,取得较好的消毒杀菌效果。

(6)二氧化氯是一种易于爆炸的气体,当空气中二氧化氯含量大于 10% 或在水溶液中含量大于 30% 时都易于发生爆炸,而且当二氧化氯受热或受光时也容易分解。这些特点造成无法将二氧化氯压缩成液体在容器中贮存和运输。

2. 使用二氧化氯应注意的事项

(1)二氧化氯的化学性质活泼、易分解,生产后不便贮存,必须在使用点就地制取。

(2)在水处理中,二氧化氯的投加量一般为 $0.1\sim1.5\ mg/L$,具体投加量视原水性质和投加用途而定。当仅作为消毒剂时,投加量范围在 $0.1\sim1.3\ mg/L$;当兼用作除臭剂时,投加范围是 $0.6\sim1.3\ mg/L$;当兼用作氧化剂去除铁、锰和有机物时,投加范围是 $1\sim1.5\ mg/L$。

(3)二氧化氯是一种强氧化剂,在设备的建设和运转过程中,本身需要有特殊的防护。

(4)在工作区和成品储藏室内,要有通风装置和监测及报警装置,门外配备防护用品。

(5)稳定的二氧化氯溶液本身没有毒性,活化后才能释放出二氧化氯,因此,活化时要控制好反应强度,以免产生的二氧化氯在空气中的积聚浓度过高而引起爆炸。

(6)二氧化氯溶液要采用深色塑料桶密闭包装,储存于阴凉通风处,避免阳光直射和与空气接触,运输时要注意避开高温和强光环境,并尽量平稳。

(四)臭氧消毒

臭氧具有极强的氧化能力,仅次于氟。臭氧消毒可以将现场制备的臭氧直接通入废水中。

水处理中应用的臭氧发生器多是无声放电法,其生产臭氧的原理是在两平行高压电极之间通入高压交流电后,氧分子受高能电子激发获得能量,并相互发生碰撞聚合形成臭氧分子。

在污水处理领域,利用臭氧及臭氧分解产生氧化能力更强的 OH 自由基,不仅可以对水中微生物起到杀灭作用,而且可以对一些生物难以降解的有机污水进行彻底的矿化处理。作为二级生物处理的预处理,若采用这样的系统对含二甲苯污水进行处理时,可以将二甲苯彻底氧化成无毒的水及二氧化碳。

1. 臭氧消毒的特点

(1)臭氧消毒的优点:消毒效率高并能有效地降解污水中残留有机物、色、味等,污水 pH 值与温度对消毒效果影响很小,不产生难处理的或生物积累性残余物。

(2)臭氧消毒的缺点:投资大、成本高,设备管理较复杂。

2. 臭氧消毒应注意的事项

(1)臭氧是一种有毒气体,对人眼和呼吸器官具有强烈的刺激作用,正常大气中的臭氧的体积比浓度是 $(1\sim4)\times10^{-8}$ m^3/m^3。当空气中臭氧体积比浓度达到 $(1\sim10)\times10^{-6}$ m^3/m^3 时,就会使人出现头痛、恶心等症状。《工业企业设计卫生标准》规定车间空气中臭氧的最高允许浓度为 0.3 mg/m^3。

(2)臭氧发生器的开启和关闭应滞后于臭氧系统的其他设备,在自动控制模式下,系统程序会自动控制系统内各设备的开启和关闭;在手动控制模式下,操作人员必须严格按照系统的启动和停机顺序启动和停止对系统的运行。如果在现场发现系统有异常情况或设备发生突发性故障,可以启动紧急停机程序即启动紧急停机按钮。

(3)臭氧发生间内应设置臭氧浓度探测报警装置。如发生臭氧泄漏事故,应立即打开门窗,启动排风扇。

(4)臭氧极不稳定,在常温常压下容易自行分解成为氧气并放出热量。在空气中,臭氧的分解速度与其温度和浓度有关,温度越高,分解越快,浓度越高,分解越快。臭氧在水中的分解速度比在空气中的分解速度要快得多,水中的氢氧根离子对其分解有强烈的催化作用,所以 pH 值越高,臭氧分解越快。因此,不能贮存和运输,必须在使用现场制备。

(5)臭氧具有强烈的腐蚀性,因此,凡与其接触的容器、管道、扩散器均要采用不锈钢、陶瓷、聚氯乙烯塑料等耐腐蚀材料或作防腐处理。

(6)臭氧在水中的溶解度只有 10 mg/L,因此,通入污水中的臭氧往往不能被全部利用。为了提高臭氧的利用率,接触反应池最好建成水深为 5~6 m 的水池或建成封闭的多格串联式接触池,并设置管式或板式微孔扩散器散布臭氧。接触时间通常只要数分钟,投加量一般在 1~5 mg/L 之间。

(7)冬季或臭氧发生器长时间不工作,应把发生器、后冷却器、预冷机内的水排放干净。

第五章 污水处理厂的设备运行与管理

污水处理厂使用的机械设备种类较多,并且污水处理厂选样的工艺不同,其主要机械设备也有很大区别,但不论使用什么类型的机械设备,污水处理厂要想取得良好的处理效果,必须使各类设备经常处于良好的工作状况和保持应有的技术性能,正确操作、保养、维修设备是污水处理厂正常运转的先决条件。

随着我国污水处理事业的发展,污水处理的程度越来越深。污水处理厂的机械自动化程度不断提高,污水厂使用的设备越来越多,越来越复杂。污水厂不仅使用许多污水厂所特有的设备,而且还使用许多通用设备。

第一节 污水处理厂的通用设备

污水处理厂的通用设备主要包括各类污水泵、污泥泵、计量系、螺旋泵、空气压缩机、罗茨鼓风机、离心鼓风机、电动葫芦、桥式起重机、各种手动及电动闸阀、蝶阀、闸门启闭机和止回阀等。本书主要介绍闸门、阀门、泵类和鼓风机。

一、闸门与阀门

在污水处理厂中,使用的闸门与阀门种类繁多。闸门有铸铁闸门、平面钢闸门、速闭闸门等;阀门有闸阀、止回阀、蝶阀、球阀、截止阀等。其中大部分选用定型产品。

(一)闸门

在污水处理厂中,闸门一般设置在全厂进水口、沉砂池、沉淀池、泵站进水口及全厂出水管渠口处,其作用是控制水厂的进出水量或者完全截断水流,闸门的工作压力一般都小于 0.1 MPa,并安装在迎水面一侧,有时也安装在背水面一侧,此时,应采用反向止水闸门。

1. 铸铁闸门

在污水处理厂中使用的闸门大多为铸铁单面密封平面闸门,按形状可分为圆形闸门和方形闸门。限于铸造工艺和闸体本身重量,圆形闸门的通水直径多在 1 500 mm 以下,最大可达 2 000 mm。方形闸门的尺寸也多在 2 000 mm×2 000 mm 以下,一般最小尺寸的圆形闸门为 DN200,方形闸门为 200 mm×200 mm。按构造形式可分为镶铜密封闸门、不镶铜密封闸门、带法兰和不带法兰几种。

如图 5-1 所示,铸铁闸门由七部分组成,其中最主要和复杂的部件为启闭机 1、闸体 7,其中丝杆 2 与连接杆 6 也是关键部件。

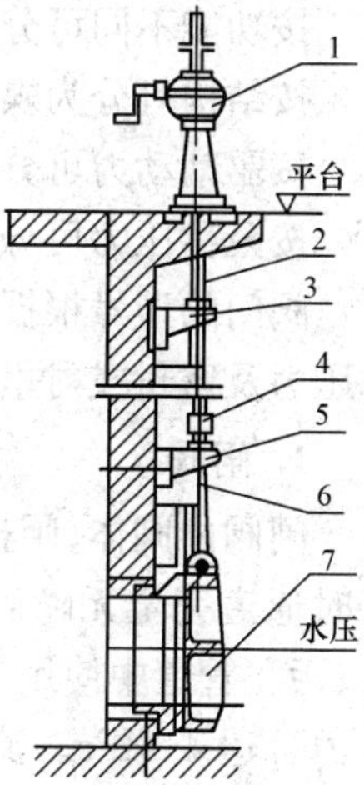

铸铁闸门的闸框安装在混凝土构筑物上,给闸板的上下运动起导向和密封作用。为了加强闭水效果,在闸板和闸框之间都设有楔形压紧机构,这样,闸门关闭时,在闸门本身的重力及启闭机的压力下,楔形块产生一个使两个密封面互相压紧的反作用分力,从而达到良好的闭水效果。

2. 平面钢闸门

平面钢闸门在污水处理厂使用量较少,但因其构造简单,占用空间小,便于维修,在细格栅、沉砂池以及明渠道内使用还是经济合理的,其中直升式焊接钢闸门是平面钢闸门的主要形式。

3. 可调出水堰

可调出水堰也称堰门,在某种意义上,它也算是闸门的一种。可调出水堰虽然结构简单,但其形式也是多样,驱动方式有手动和电动两种;堰板开启的运行形式也有区别,有的堰板平行移动,也有的堰板围绕固定轴作回转运行实现开启目的。

图 5-1　铸铁闸门

1—启闭机;2—丝杆;
3、5—轴导架;4—轴联器;
6—连接杆;7—闸体

可调出水堰一般安装在沉淀池、曝气池、厌氧池、配水渠道、配水井等处,用于调节水位或用于流量测量。

(二)阀门

阀门是在封闭的管道之间安装的,用以控制介质的流量或者完全截断介质的流动。在污水处理行业,阀门的使用很常见。在污水处理厂中,介质主要为污水、污泥和空气。其分类如下。

按介质的种类可分为污水阀门、污泥阀门、清水阀门、加药阀门、高低压气体阀门等。

按功能不同可分为截止阀、止回阀、安全阀等。

按结构可分为蝶阀、旋塞阀、闸阀、角阀和球阀等。

按驱动动力可分为手动、电动、液动及气动。

按公称压力可分为高压、中压和低压三类。

阀门的型号根据阀门的种类、阀体结构、阀体材料、驱动方式、公称压力及密封或衬里材料等,分别用汉语拼音字母及数字表示。

1. 闸阀

闸阀由阀体、闸板、密封件和启闭装置组成。其优点是当阀门全开时通道完全无障碍,不会发生缠绕,特别适用于含有大量杂质的污水、污泥管道中使用。它的流通直径一般为 50～1 000 mm,最大工作压力可达 4 MPa。流通介质可以是清水、污水、污泥、浮渣或空气;其缺点是密封面太长,易于外泄漏,运动阻力大,体积较大等。

闸板启闭方式为往复运动,为了防止泄漏,闸板的两个平面都必须与阀体形成良好的密封,因此,为了防止阀体与闸板接触的插缝里淤积的杂质影响密封,闸板下部的弧形面大都做成楔形或者疏齿形。闸阀的启闭装置与闸门相似,也有明杆与暗杆、手动与电动或液压之分。

2. 蝶阀

蝶阀是污水处理厂中使用得最为广泛的一种阀门,它的流通介质有污水、清水、活性污泥及低压气体等。蝶阀由阀体、内衬、蝶板及启闭机构几部分组成。阀体一般由铸铁制成(特殊的也用不锈钢及工程塑料等制作),与管道的连接方式大部分为法兰盘。内衬多使用橡胶材料或者尼龙材料制成,可实现阀体与蝶板间的密封,避免介质与铸铁阀门的接触以及法兰盘密封。蝶板的材质由介质来决定,有的是防腐涂层或镀层的钢铁材料,有的是不锈钢或者铝合金。蝶板运动方式为转动,最大的转动角度为 90°。启闭机构分手动和电动两种。小型蝶阀可直接用手柄转动,大一些的要借助于涡轮减速增力,直径大于500 mm的除了使用涡轮减速外,还要增加齿轮减速和螺旋减速才能使碟板转动。电动蝶阀的启闭机构由驱动电机、减速机构、开度指示器及电器保护系统组成。启闭机构与阀体之间用盘根或者橡胶油封等密封,以防介质泄露。

蝶阀的优点是与其直径相比体积较小、成本低、密封性好,其缺点是阀门开启后,蝶板仍横在流通管道的中心,会对介质的流动产生阻碍,介质中的杂质会在蝶板上造成缠绕。因此,在含浮渣较多的管道中应避免使用蝶阀。另外,在蝶阀闭合时,如果在蝶板附近存有较多沉砂淤积,泥砂会阻碍蝶板的再次开启,如图 5-2 所示。

3. 球阀

为了克服蝶阀的上述缺点,人们研制了球阀。球阀的特点是阀芯为一球形,中间有一与其直径相同的通孔,阀门的启闭方式与蝶阀一样为阀芯的转动。当通孔的轴向位置与介质流动的方向平行时,阀门为全开;当通孔的位置与介质流动的方向垂直时,阀门全闭合。因此,在介质流通的管道中无任何障碍,即使在关闭时有泥砂淤积也不会阻碍重新开启。球阀的密封性好,动作灵活,适应介质广泛,一些球阀可以承受 20 MPa 的压力。在污水处理厂,球阀常用在含有杂质较多的

图 5-2　蝶阀

中小型管道,如污泥、浮渣管道中。另外,利用其密封性好、耐高压的特点,在污泥消化处理系统的沼气管道上也通常使用球阀。由于球阀的启闭方式是转动,启闭装置的形式与蝶阀相似。其缺点是与前述两种阀门相比,成本较高。

4. 止回阀

在污水处理厂的水泥泵房和鼓风机房,往往要若干台潜污泵或者鼓风机并联工作,才能满足工艺需求。泵房或机房内的设备可以根据实际需要决定运行的台数,既可同时运行,也可单独运行。为了达到这些工况的要求,防止介质的倒流,一般在每一台潜污泵或鼓风机的出口都安装一个止回阀。

止回阀又称逆止阀或单向阀,由阀体和装有弹簧的活瓣门组成。其工作原理为当介质正向流动时,活瓣门在介质的冲击下全部打开,管道畅通无阻;当介质倒流的情况下,活瓣门在介质的反向压力下关闭,以阻止介质的倒流,从而可以保证整个管网的正常运行,并对水泵及风机起到了保护作用。

在污水处理厂中,由于工艺运行的需要,还常使用缓闭止回阀,用以消除停泵时出现的水锤现象。缓闭止回阀主要由阀体、阀板及阻尼器三部分组成。停泵时阀板分两个阶段的关闭,第一阶段在停泵后借阀板自身重力关闭大部分,尚留一小部分开启度,使形成正压水锤的回冲水流过,经水泵、吸水管回流,以减少水锤的正向压力;同时,由于阀板的开启度已经变小,防止了管道水的大量回流和水泵倒转过快。第二阶段将剩余部分缓慢关闭,以免发生过快关闭的水锤冲击。

5. 锥形泥阀

锥形泥阀多用于沉淀池或曝气池池底的排空,在静压式的吸泥机上锥形泥阀则用于控制活性污泥的流量。有的是阀板上受水压,阀板开启时操作力大;有的是阀板下受水压,闭合时操作力大。锥形泥阀的启闭方式为上下平动,阀板与螺杆相连接,一般采用明杆螺旋、电动或手动启闭。

锥形泥阀的阀板与阀体密封处,有的镶嵌了青铜,有的为橡胶。在一些对密封要求不高或者只需调节流量、不需完全关闭的部位,广泛使用无镶嵌的锥阀,如吸泥机上的锥阀就很少使用密封镶嵌。

二、水泵

在污水处理厂中,各种水泵担负着输送污水、污泥及浮渣等任务,是污水处理系统中必不可少的通用设备。水泵按其工作原理分为叶片式水泵、容积式水泵和螺旋泵。

（1）叶片式水泵是利用工作叶轮的旋转运动产生的离心力将液体吸入和压出。叶片泵又分为离心泵、轴流泵和混流泵。

（2）容积式水泵是依靠工作室容积的变化压送液体，有往复泵和转子泵两种。往复泵工作室容积的变化是利用泵的活塞或柱塞往复运动，转子泵工作室容积的变化是利用转子的旋转运动。容积式水泵主要有螺杆泵、隔膜泵及转子式泵等。

（3）螺旋泵是利用螺旋推进的原理来输送液体的，主要输送介质是活性污泥与污水。

污水处理厂中常用的水泵有离心泵、轴流泵、混流泵、螺旋泵、螺杆泵和计量泵等。

（一）离心泵

离心泵是利用叶轮旋转而使水产生的离心力来工作的。离心泵既可以与电动机直接连接，又可以用皮带带动，转速高，输送快，因此，使用广泛，最常用的是单级单吸离心式水泵。

1. 构造组成

如图 5-3 所示为单级单吸离心式水泵的外形图。

BA 型单级单吸离心式水泵主要由泵座、泵壳、轴承盒、泵轴、叶轮、进水口、排水口及联轴节等部分组成。

（1）泵壳是一个具有涡形槽的壳体，多用铸铁铸造而成。

（2）叶轮是水泵的重要部件，它由叶片与轮壳两部分组成。

（3）AB 型水泵的泵轴安装在轴承盒内两个支承轴承中，将动力直接传递给叶轮。在泵轴与轴壳之间安

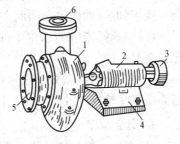

图 5-3　单级单吸离心式水泵外形图
1—泵壳；2—轴承盒；3—联轴节；
4—泵座；5—进水口；6—排水口

装有盘根箱，盘根箱的作用是密封泵轴穿过泵壳处的缝隙，防止水从

泵内流出和空气被吸入泵腔内,同时,还可以部分地起到支承水泵转子和引水冷却、润滑泵轴的作用。

2. 工作原理

当叶轮在充满水的泵壳内高速旋转时,由于在离心力的作用下,泵壳中央的水被叶轮的叶片高速甩向四周的涡形槽,使水的流速降低同时压力提高,沿出水管排出。同时,在泵壳的中央形成真空,水在外界大气压的作用下,由进水管流入泵壳中央。由于叶轮不停地高速旋转,使这一过程周而复始,使水连续地由进水管口进入,从排水管口排出。实际上,离心式水泵是将机械能转换为水流动能的装置,同时,又是随之将水流的动能转换成压力能的装置。

3. 使用

(1)离心水泵在安装时,底面应水平放置,泵体和电动机应装在一个钢或铸铁制成的机架上。电动机应有良好的接地装置。

(2)启动前,应仔细检查各部零件的配合是否正常,轴承润滑情况是否良好,联轴器是否牢固等,然后加注引水进行启动。

(3)加水时,关闭出水阀,打开放气阀,待引水罐装满后再关闭放气阀。启动后水泵达全速运转时,再逐渐开启出水阀,水即流出。

(4)水泵在使用中轴承温度不能过高,一般控制在 60 ℃以下,否则会烧损轴承,油封也会因此失去作用。

(5)轴承托架中的油位应保持在油尺刻度之间,以便轴承能得到充分润滑。

(6)停机时,必须先关出水阀再关电动机,否则因管内高压水的倒流而损坏叶轮等部件。

4. 安全操作

(1)离心水泵放置地点应坚实,安装应牢固、平稳,并应有防雨设施。多极水泵的高压软管接头应牢固可靠,放置宜平直,转弯处应固定牢靠。数台水泵并列安装时,其扬程宜相同,每台之间应有 0.8～1.0 m 的距离;串联安装时,应有相同的流量。

(2)冬季运转时,应做好管路、泵房的防冻、保温工作。

(3)启动前检查项目应符合下列要求。

1)电动机与水泵的连接应同心,联轴节的螺栓紧固,联轴节的转动部分有防护装置,泵的周围无障碍物。

2)管路支架牢固,密封可靠,泵体、泵轴、填料和压盖严密,吸水管底阀无堵塞或漏水。

3)排气阀畅通,进、出水管接头严密不漏,泵轴与泵体之间不漏水。

(4)启动时应加足引水,并将出水阀关闭;当水泵达到额定转速时,旋开真空表和压力表的阀门,待指针位置正常后,方可逐步打开出水阀。

(5)运转中发现下列情况,应立即停机检修。

1)漏水、漏气、填料部分发热。

2)底阀滤网堵塞,运转声音异常。

3)电动机温升过高,电流突然增大。

4)机械零件松动或其他故障。

(6)升降吸水管时,应在有护栏的平台上操作。

(7)运转时,严禁人员从机上跨越。

(8)水泵停止作业时,应先关闭压力表,再关闭出水阀,然后切断电源。冬季使用时,应将各部放水阀打开,放净水泵和水管中的积水。

5. 保养与维护

(1)普通离心水泵在工作 100 h 后,应进行一级保养。拆卸单向阀和过滤网,检查底阀的密封性,并消除卡滞现象,如有必要时可更换密封垫;拆卸水泵轴的填料压盖,检查密封盘根是否老化变质,必要时可更换新盘根。

(2)在保养中要清洗轴承,加注新的润滑油(脂)。并检查联轴器,矫正电动机和水泵轴的同轴度。

(3)普通离心水泵工作 600 h 后,应进行二级保养。在二级保养中拆检泵体,清洗泵轴、轴承、叶轮、泵壳、密封装置等,并疏通泵内孔道。

二级保养中还应拆检电动机,清理定子和转子,并更换轴承内的润滑脂,然后测试电动机的绝缘电阻。

(4)新泵在运转初期,轴承托架内的润滑油在工作 100 h 后,须更换,此后可在二级保养中更换。

6. 常见故障及排除

普通离心水泵在工作中的常见故障及排除方法见表 5-1。

表 5-1　普通离心水泵常见故障及排除方法

故障现象	产生原因	排除方法
启动负荷大	(1)启动时没有关闭出水阀； (2)盘根压得太紧或水封管不通水	(1)关闭出水阀后重新启动； (2)适当放松压盖或检查疏通水封管
泵体过热	(1)盘根太紧使润滑水进不去,不能冷却； (2)泵轴表面损伤或弯曲； (3)轴承干磨或损坏	(1)适当放松盘根； (2)修复或矫正泵轴； (3)加润滑油或更换泵轴
水泵不出水或流量不够	(1)吸水量小； (2)叶轮内部淤塞； (3)输入水管阻力太大； (4)水泵转向不对； (5)口环磨损使口环与叶轮间隙过大	(1)检修或更换大一些的吸水管； (2)清洗叶轮和泵腔； (3)检修或减短输水管； (4)检查调整电源相位； (5)更换口环

(二)轴流泵和混流泵

轴流泵和混流泵与离心泵一样,都属于叶片泵。在污水处理厂,轴流泵与混流泵多用于大流量、低扬程的场合,如低扬程的污水泵站、活性污泥的回流等。

1. 轴流泵

轴流泵的工作是以机翼的升力理论为基础的,其叶片与机翼具有相似形状的截面；叶片在水中旋转时,使液体围绕泵轴作螺旋状上升,在导叶的作用下将水流转为轴向流动,故称为轴流泵。轴流泵按泵轴的工作位置可分为立轴、横轴和斜轴三种。如图 5-4 所示为立式半调(节)式轴流轴。

轴流泵一般为立式安装,少数为倾斜安装和卧式安装,一些小型

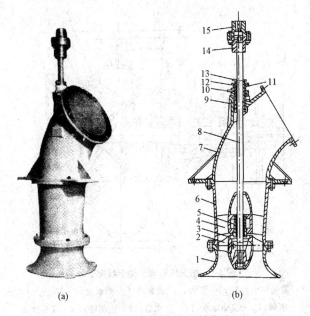

图 5-4 立式半调(节)式轴流泵

(a)外形图;(b)结构图

1—吸入管;2—叶片;3—轮毂体;4—导叶;5—下导轴承;

6—导叶管;7—出水弯管;8—泵轴;9—上导轴承;10—引水管;

11—填料;12—填料盒;13—压盖;14—泵联轴器;15—电动机联轴器

移动式轴流泵为随机安装。

2. 混流泵

混流泵是介于离心泵与轴流泵之间的一种泵,是靠叶轮旋转而使水产生的离心力和叶片对水的推力双重作用而工作的。混流泵按其结构可分为蜗壳式和导叶式两种,一般中小型多为蜗壳式,大型泵为蜗壳式和导叶式;按其安装形式可分为立式、卧式和潜水式。从外形上看,蜗壳式混流泵与单吸式离心泵相似,如图 5-5 所示。

混流泵的特点是流量比离心泵的大,较轴流泵的小;扬程较离心泵的低,较轴流泵的高。在混流泵的性能曲线上,高效范围宽广,气蚀性能能适应水位的变化,因此,这种泵近年来在国内外发展较快。

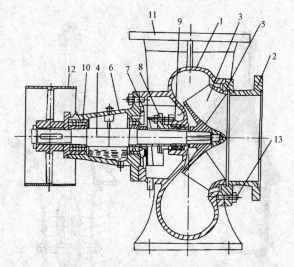

图5-5　蜗壳式混流泵构造装配图

1—泵壳；2—泵盖；3—叶轮；4—泵轴；5—减漏环；6—轴承盒；7—轴套；8—填料压盖；
9—填料；10—滚动轴承；11—出水口；12—皮带轮；13—双头螺丝

(三)潜水排污泵

潜水泵主要是由电机、水泵和扬水管三部分组成。电机与水泵连在一起，完全浸没在水中工作。污水处理厂用得较多的潜水排污泵。潜水排污泵按其叶轮的形式分为离心式、轴流式和混流式。吸入口位于泵的底部，排出口为水平设置，选用立式潜水电动机与泵体直联，通过负荷保护装置和浸水保护装置保证了运转的安全。

离心式潜污泵与一般离心泵相比，全泵潜入水下工作，结构紧凑、体积小。由于这种泵安装时不需要牢固的基座，所以，不需要庞大的泵房及辅助设备，不需要吸水管和吸水阀门，更不需要加水泵、真空泵等设施，在很大程度上节约了构筑物及辅助设备的费用。

(四)螺旋泵

1. 工作原理

螺旋泵是放在倾斜的水槽中，使螺旋旋转的扬水机构，因为转速低、可靠性高而被广泛采用。污水处理厂一般使用螺旋泵作为回流污泥泵和剩余污泥泵,中小型污水厂的提水泵站内有时也采用螺旋泵。

如图 5-6 所示,螺旋泵的螺旋倾斜放置泵槽中,螺旋的下部浸入水下,由于螺旋轴对水面的倾角小于螺旋叶片的倾角,当螺旋低速旋转时,水就从叶片的 P 点进入叶片,水在重力的作用下,随叶片下降到 Q 点;由于转动时的惯性力,叶片将 Q 点的水又提升到尺点,而后在重力作用下,水又下降至高一级叶片的底部。如此不断循环,水沿螺旋轴一级一级地往上提,最后升到螺旋槽的最高点而出流。由此可以看出,螺旋泵的提水原理不同于叶片泵,也不同于容积泵,是一种特殊形式的提升设备。

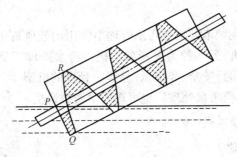

图 5-6 螺旋泵的构造图

2. 使用与维护

(1)螺旋泵的操作非常简单,操作时应尽量使螺旋泵的吸水位在设计规定的标准点或标准点以上工作,此时螺旋泵的扬水量为设计流量,如果低于标准点,即使只低几厘米,螺旋泵的扬水量也会下降很多。

(2)当螺旋泵长期停用时,螺旋泵螺旋部分向下的挠曲会永久化,因而,影响到螺旋与泵槽之间的间隙及螺旋部分的动平衡,所以,每隔一段时间就应将螺旋转动一定角度以抵消向一个方向挠曲所造成的不良影响。

(3)螺旋泵的螺旋部分大都在室外工作,在北方冬季启动螺旋泵前,必须检查吸水池内是否结冰、螺旋部分是否与泵槽冻结在一起,启动前要清除积冰,以免损坏驱动装置或螺旋泵叶片。

（4）确保螺旋泵叶片与泵槽的间隙准确均匀是保证螺旋泵高效运行的关键，应经常测量运行中的螺旋泵与泵槽的间隙是否在 5～8 mm 之间，并调整到均匀准确的程度。

（5）螺旋泵在运行过程中声响较大，操作者应分辨出哪些是正常运转的声响，哪些是异常的声响。

（6）要定期为上、下轴承加注润滑油，为下部轴承加油时要观察是否漏油，如果发现有泄漏，要放空吸水池紧固盘根或更换失效的密封垫。在未发现问题的情况下，也要定期排空吸水池空车运转，以检查水下轴承是否正常。

三、鼓风机

国内目前在城市及工业污水处理中常用的鼓风机主要有两种：一种为离心鼓风机；另一种为罗茨鼓风机。污水处理厂要选用高效、节能、使用方便、运行安全、噪声低、易维护管理的机型，可选用离心式单级鼓风机，小规模污水处理厂也可选用罗茨鼓风机。

（一）离心鼓风机

1. 工作原理

离心鼓风机按照风机的作用原理分类属于透平式鼓风机，是靠高速旋转叶轮的作用，提高气体的压力和速度，随后在固定元件中使一部分速度能进一步转化为气体的压力能。离心鼓风机比较适合于大供气量和变流量的场合。

离心鼓风机分为单级高速污水处理鼓风机和多级低速鼓风机。在单级高速离心鼓风机（图 5-7）中，原动机通过轴驱动叶轮高速旋转，气流由进口轴向进入高速旋转的叶轮后

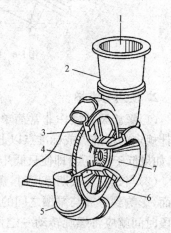

图 5-7　单级高速离心鼓风机
1—排气口；2—过渡接头；3—扩压器；
4—叶轮；5—蜗壳；6—过渡接头；
7—进气口

变成径向流动被加速,然后进入扩压器,改变流动方向而减速,这种减速作用将高速旋转的气流中具有的动能转化为势能,使风机出口保持稳定压力。压力增高主要发生在叶轮中,其次发生在扩压过程。在多级鼓风机中,用回流器使气流进入下一个叶轮,产生更高的压力。

2. 运行维护

(1)要定期检查润滑油的质量,在安装后第一次运行 200 h 后进行换油,被更换的油如果未变质,经过滤机过滤后仍可重新使用,以后每隔 30 d 检查一次,并做一次油样分析,发现变质应立即换油,油号必须符合规定,严禁使用其他牌号的油。

(2)应经常检查油箱中的油位、轴承出口处的油温、空气过滤器的阻力变化,定期进行清洗和维护,使其保持正常工作。

(3)经常注意并定期测听机组运行的声音和轴承的振动。发现异声或振动加剧,应立即采取措施,必要时应停车检查,找出原因,排除故障。

(4)应按照电机说明书的要求,及时对电机进行检查和维护,严禁机组在喘振区运行。

(二)罗茨鼓风机

1. 工作原理

罗茨鼓风机是低压容积式鼓风机,排气压力是根据需要或系统阻力确定的。罗茨鼓风机比较适合好氧消化池曝气、滤池反冲洗,以及渠道和均质池等处的搅拌,因为这些构筑物由于液位的变化,会使鼓风机排气压力不稳定。

与离心鼓风机相比较,进气温度的波动对罗茨鼓风机性能的影响可以忽略不计。当进气温度从 -18 ℃变化到 38 ℃时,进气量的变化很小,消耗功率差别不大。当相对压力低于或等于 48 kPa 时,罗茨鼓风机效率高于相同规格的离心鼓风机的效率。当流量小于 14 m³/min 时,罗茨鼓风机所需功率是离心鼓风机的一半,首次费用也是离心鼓风机的一半。

2. 运行维护

(1)做好例行保养工作,定期(每月)检查风机各连接螺栓的紧固程度。

（2）新机或大修以后的风机运转 8 h 后，应将油箱内的润滑油全部换去，重新加入规定牌号的润滑油。

（3）齿轮箱润滑油牌号应符合产品说明要求，连续工作满 500 h 应全部换新油。

（4）每周应打开轴片放油螺塞一次，以清除废油。滚动轴承每周须加注润滑油一次，轴封装置每 4 h 加注润滑油一次。

（5）每台风机每天至少开 1 h 以免电动机受潮使绝缘能力降低。停用后的鼓风机应每隔 24 h 盘动转轴，翻转 180° 改变风叶停留位置。

（6）为延长风机使用寿命及合理安排检修期，应适当安排鼓风机的运转周期，做到交叉间歇使用，因此，连续运转的机组最多 10 d 应换机一次。正常情况下，鼓风机每运转 500 h 检查一次，每 2 000 h 进行小修，每 3 000 h 进行中修，每 15 000 h 进行大修。蝶阀或闸阀每两周保养一次，若干部位须加油。

（7）润滑油或润滑脂应专人验收、专人保管、专人指导使用，定期检查，不可混入杂质或进水乳化，所加机油一定要过滤，润滑脂用手刮一遍，以防混入杂质，加注润滑油前应先检查油枪、油杯是否畅通。

第二节　污水处理厂的专用设备

污水处理厂的专用设备主要包括表面曝气机、潜水推进器、格栅除污机、刮砂机、刮吸泥机、污泥浓缩刮吸泥机、消化池污泥搅拌设备、沼气锅炉、热交换器、药液搅拌机和污泥脱水机等。

一、格栅除污机

污水中各种各样的垃圾及漂浮物，去除水中这些漂浮的垃圾，是污水处理的第一道工序。为保护其他机械设备，为后续工序的顺利进行，在污水处理流程中必须设置格栅及格栅除污设备。格栅除污机是污水处理专用的物化处理机械设备，主要是去除污水中悬浮物或漂浮物，一般置于污水处理厂的进水渠道上。

目前,国内生产的格栅除污机形式多样,种类繁多,它们之间互相的组合就更多了,在不同的场合、不同的水量与水质,可有不同的组合,各污水处理厂可以根据自己厂里的土建设施情况、进水的水质水量等情况来选择不同形式的格栅除污机。格栅除污机按安装的形式可以分为固定式格栅除污机和移动式格栅除污机;按格栅的有效间距可以分为粗格栅除污机和细格栅除污机;按格栅的安装角度可以分为倾斜式格栅除污机、垂直式格栅除污机和弧形格栅除污机;按运动部件可以分为高链式格栅除污机、回转式格栅除污机、耙齿式格栅除污机、针齿条式格栅除污机、钢绳式格栅除污机等。但无论是哪一种形式的格栅除污机均要具备两大功能:一是将污水中的漂浮垃圾按规定要求成功地拦截;二是将拦截到的垃圾提升出水面,实现固液分离,然后输送到易于人工或机械清运的位置。

(一)不同形式格栅除污机介绍

1. 移动式格栅除污机

移动式格栅除污机又称行走式格栅除污机,一般用于粗格栅除渣,少数用于较粗的中格栅。因为这些格栅拦渣量少,只需定时或者根据实际情况除边即可满足要求,数面格栅只需安置一台除渣机,当任何一面格栅需要除渣时,操作人员可将其开到这面格栅前的适当位置,然后操作除渣机将垃圾捞出卸到地面或者皮带输送机上。行走式除渣机的行走轮可以是绞轮,也可以是行走在钢轨上的钢轮。在大型污水处理厂,因粗格栅都是成平行排列设置的,为了行走式除渣机定位准确,一般采用轨道式。这种移动式除渣机有悬吊式、伸缩臂式和全液压等形式。

2. 回转式格栅除污机

回转式格栅除污机一般是由驱动装置、撇渣机构、除污耙齿、链条、格栅条及机架等几部分组成。在格栅的两侧有两条环形链条,在链条上每隔一段间距安装一齿耙,链条在驱动装置的带动下转动,齿耙按次序将拦截的垃圾刮到最上端的卸料处,再将垃圾刮到输送机上。

3. 钢绳式格栅除污机

钢绳式格栅除污机的工作原理为除污机抓斗(齿耙)呈半圆形,沿侧壁轨道上、下运行。三条钢丝绳中的两条用于提升和下降,一条用于抓斗的吃入与抬起。抓斗可在旋转轴承的驱动下,以任意的角度运转,自动运行中消污动作连续且重复。在限位开关、传感器和驱动装置的操纵下,开合卷筒和升降卷筒可协调运转,使抓斗上下运行,并可在任何高度上吃入与脱开,完成一次次的工作循环。

钢绳式格栅除污机是国内最常见的格栅除污机,也是国内最早生产的类型,在大型污水处理厂主要用中格栅与细格栅。这种格栅除污机有倾斜安装的,也有垂直安装的。

4. 阶梯式机械格栅除污机

阶梯式机械格栅除污机主要是由电机减速机、动栅片、静栅片及独特的偏心旋转机等部件组成。偏心旋转机在电机减速机的驱动下,使动栅片相对于静栅片作自动交替运动,从而将被拦截的固体悬浮物由动栅片逐级从水中移到卸料口。

阶梯式格栅除污机彻底改变了传统格栅除污机的清污方式,可解决传统格栅存在的污物卡阻、缠绕的难题,是一种新型高效的前级污水处理筛分设备。

5. 背耙式格栅除污机

钢丝绳式格栅除污机在垃圾较多时有耙不易吃入或者提升时垃圾易脱落的缺点,而背耙式格栅除污机由于耙齿较长,且由逆水流方向插入格栅,就能克服一些除污机齿耙插不进的缺点。这种背耙式格栅除污机齿耙的驱动方式有链条驱动的,也有液压驱动的。当垃圾被捞出水面到达渣斗(或者输送带)的上方时,齿耙转动角度将垃圾卸下,再进入一个新的工作循环。这种格栅除污机多用于小型污水处理厂的中格栅和细格栅。

6. 弧形格栅除污机

弧形格栅除污机是由格栅、齿耙臂、机架、驱动装置、除污装置等组成,这种格栅除污机的齿耙臂转动轴是固定的,齿耙绕定轴转动,条形格栅也依齿耙运动的轨迹成弧形,齿耙的每一个旋转周期清除一次渣,每旋转到格栅的顶端便触动一个小耙,小耙将栅渣刮到皮带输送机上。这种弧形格栅除污机结构简单紧凑，由于它对栅渣的提升高度有要求，所以，不适于用在较深的格栅井中使用，适用于中小型污水处理厂或泵站中使用。

(二)格栅除污机的控制方式

一般来说，格栅除污机没有必要昼夜不停地运转，长时间运转会加速设备的磨损和浪费电能。有些除污机每次仅耙捞几片树叶或者一两只塑料袋也是一种浪费，因此，积累一定数量的栅渣后间歇开机较为经济。控制格栅除污机间歇运行的方式有以下几种。

1. 人工控制

有定时控制与视渣情况控制两种。定时控制是制定一个开停机时间表，操作人员按规定的时间去开机与停机；也可以由操作人员每天定时观察拦截栅渣的情况，控制开停机。

2. 自动定时控制

自动定时机构按预先定好的时间开机与停机。人工与自动定时控制，都需有人时刻观察拦截栅渣的情况，如发现有大量垃圾突然涌入，应及时手动开机。

3. 水位差控制

水位差控制是一种较为先进、合理的控制方式。污水通过格栅时都会有一定的水头损失，拦截的栅渣增多时，水头损失增大，即栅前与栅后的水位差增大。利用传感器测量水位差，当水位差达到一定的数值时，说明积累的栅渣已经较多，除污机应立即开动除渣。这种方式自动化程度高，节省人力，也容易出现异常情况，但关键要保证传感器及控制系统的正常工作。

二、除砂与砂水分离设备

(一)除砂设备

除砂设备用于沉砂池，以去除水中的无机砂粒，这是污水处理的一道重要工序。它可以减少污泥中所含砂粒对污泥泵、管道破碎机、污泥阀门及脱水机的磨损，最大限度地减少砂粒特别是较粗砂粒在渠道、管道及消化池中的沉积,对延长污泥泵、污泥阀门及脱水机的使用寿命起着重要作用。目前,除砂设备主要有抓斗除砂机、链斗除砂机、桁车泵吸式除砂机和旋流沉砂池除砂机。前三种除砂机用于平流式沉砂机和曝气沉砂池,而最后一种除砂机仅能用于旋流沉砂池除砂搅拌。

除砂设备的种类很多,按集砂方式分为两种:刮砂型和吸砂型。刮砂型是将沉积在沉砂池底部的砂粒刮到池心,再清洗提升,脱水后输送到池外盛砂容器内,待外运处置;吸砂型则是利用砂泵将池子底层的砂水混合物抽至池外,经脱水后的砂粒输送至盛砂容器内,待外运处置。为了进一步提高除砂效果,有的沉砂池还增设了一些旋流器、旋流叶轮等专用设备。

1. 抓斗除砂机

抓斗除砂机除砂的工作方式是当沉砂池底积累了一部分砂子后,操作人员将大车开到某一位置,用抓斗深入到池底砂沟中抓取池底的沉砂,提出水面,并将抓斗升到储砂池或者砂斗上方卸掉砂子。

抓斗除砂机可分为门形抓斗式除砂机与单臂回转式抓斗除砂机两种。一般门形抓斗式除砂机采用较多,它实际上就是一个门式起重机,横跨于曝气沉砂池之上,并将起重吊钩换成了抓斗。该机的主要部分是行走桁架、刚性支架、挠性支架、鞍梁、抓斗启闭装置、小车行走装置、抓斗等,其中抓斗的启闭、大车及小车的行走等由操作室内的操作盘控制。

2. 链斗除砂机

链斗除砂机又称多斗除砂机,在污水处理厂采用比较普遍。它实际上是一台带有多个 V 型砂斗的双链输送机,其结构如图 5-8 所示。

除砂机的两根主链每隔一定间距安装一个 V 型斗,两根主链连成一个环形。通过传动链 1 驱动轴带动链轮转动,使 V 型斗在曝气沉砂池底砂沟中沿导轨移动,将沉砂刮入斗中,斗在通过链轮 4 以后改变运动方向,逐渐将沉砂送出水面。V 型斗脱离水面后,斗内的水分逐渐从 V 型砂斗下的无数小孔滤出,流回池内。V 型斗到达最上部的从动链轮处,再次发生翻转,将砂卸入下部的砂槽中。

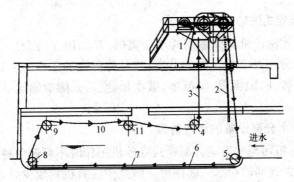

图 5-8 链斗除砂机结构

1—传动链;2—链机;3、7—主链;4、11—中间轴及链轮;
5、8—水中轴;6—导轨;9—中间轴及链轴;10—V 型砂斗

与此同时,设在上部的数个喷嘴向 V 型砂斗内喷出压力水,将斗内黏附的砂子冲入砂槽,砂槽内的砂靠水冲入集砂斗中。砂在集砂斗中继续依靠重力滤除所含的水分。砂积累至一定数量后,集砂斗可翻转,将砂卸到运输车辆上。

(二)砂水分离设备

除砂机从池底抽出的混合物,其量多达 95%～97%以上,还混有相当数量的有机污泥。这样的混合物运输、处理都相当困难,必须将无机砂粒与水及有机污泥分开,这就是污水处理的砂水分离及洗砂工序,常用的砂水分离设备有水力旋流器、振动筛式砂水分离器及螺旋式洗砂机。

1. 水力旋流器

水力旋流器又称旋流式砂水分离器,结构很简单,上部是一个有顶盖的圆筒,下部是一个倒锥体。入流管在圆筒上部从切线方向进入圆筒,溢流管从顶盖中心引出,锥体的下尖部连有排砂管。为了减轻砂粒的磨损与腐蚀,水力旋流器的内部有一层耐腐耐油的橡胶衬里。

从水力旋流器排砂口流出的砂浆尽管已被大大浓缩,但含有 80%以上的水及少量有机污泥,仍无法装车运输,还需要经过螺旋洗砂机进一步处理。

2. 螺旋式洗砂机

螺旋式洗砂机又称螺旋式水分离器,其作用有两个:一是进一步完成砂水分离及有机污泥的分离;二是将分离的干砂装上运输车,这一部分由砂斗、溢流管、溢流堰、散水板、空心式螺旋输送器及其驱动装置构成。

3. 砂水分离设备的运行管理

(1)有机污泥的影响。泵吸式除砂机工作时不可避免将沉在池底的有机污泥连同砂与水一起抽出。砂浆中含有机物较少时,水力旋流器可将大部分有机物与砂分离,并使之随水一起从溢流管排出。而螺旋洗砂机也可将部分有机物进一步分离,使之随水从溢流管排出,从而使出砂中的有机物含量低于 35%,这是正常的工作状态。

当除砂机抽取的砂浆中有机物含量较大时,部分无机砂粒会被黏稠的有机物裹携,而从水力旋流器上部的溢流口排走,使出砂率降低。如果操作时发现螺旋洗砂机长时间不出砂,但系统中各设备运行都正常,就可能属于以上所述的情况。

遇到因有机污泥太多造成的不正常情况,应在曝气沉砂池采取工艺措施,如增加曝气量,提高流速等,以减少有机污泥的沉积。

(2)埋泵与堵塞。泵吸式除砂机吸砂口或集砂井内的砂泵都有可能出现被沉砂埋死的情况,应尽量采取措施避免这种情况发生,如砂井内积砂过多,可打开下部的排污口,将砂排掉一部分,或者用另一只潜水砂泵排出过多的积砂,都可以使砂泵恢复运行。

砂浆中如果有大块的杂物或棉丝、塑料包装物等,也可能出现对水力旋流器或砂泵的堵塞、缠绕。对偶然出现的此类情况,可对症采取疏通措施;如经常发生这类情况,则应对设备或者工艺进行改造。

三、刮泥机

刮泥机是将沉淀池中的污泥刮到一个集中部位的设备(如池中的集泥斗),多用于污水处理厂的初沉池和二沉池,用在重力式污泥浓缩池时,称之为浓缩机。刮泥机的品种很多,用于矩形平流式沉淀池的设备主要为链条刮板式和桁车式刮泥机,用于圆形辐流式沉淀池的设备为回转式刮泥机。

(一)链条刮板式刮泥机

链条刮板式刮泥机是在两根主链上,每隔一定间距装有刮板,两条节数相等的链条连成封闭的环状,由驱动装置带动主动链轮转动,链条在导向链轮及导轨的支撑下缓慢转动,并带动刮泥板移动,刮板在池底将沉淀的污泥刮入池端的污泥斗,在水面回程的刮板则将浮渣导入渣槽。

链条刮板式刮泥机是一种带刮板的双链输送机,一般安装在中小型污水处理厂的初次沉淀池,近年来大中型污水厂也逐渐使用这种机型。国内使用这种链条刮板式刮泥机较晚,多用于中小型污水厂。如图 5-9 所示为链条刮板式刮泥机的结构示意图。

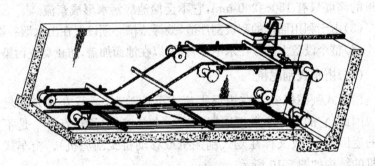

图 5-9 链条刮板式刮泥机结构示意图

链条刮板式刮泥机的主要结构包括以下几部分。

(1)刮泥板及刮板导轨。多用塑料及不锈钢型材制造。刮板导轨用于保持刮板链条的正确刮泥、刮渣位置。池底的导轨用聚氯乙烯板固定于池底,上面的导轨用聚氯乙烯板固定于钢制的支架上。

(2)主动轴及主动链轮。主动轴具有将驱动链轮传来的动力传到主动链轮的作用,是一根横贯沉淀池的长轴,用普通钢材制造,两端的轴承座固定于池壁上。

(3)导向链轮及装紧装置。导向链轮的轴承座固定在混凝土构筑物上,导向链轮一般没有贯通全池的长轴。由于导向轮都在较深的水下运转,经常加油是非常困难的,因此,一般都是采用水润滑的滑动轴承。

(4)链条。主链条可采用锻铸铁、不锈钢和高强度塑料链条。由于高强度塑料链条有良好的耐腐蚀性,润滑性,自重较小,其连续运转寿命超过 8 年,间歇运转寿命达到 15 年,目前使用较多。

(5)驱动装置。刮泥板的移动速度一般是不变的,故其驱动装置为一个三相异步电机和一部减速比较大的摆线行星针轮或减速器。

链条刮板式刮泥机的特点如下。

(1)刮板移动的速度可调至很低,以防扰动沉下的污泥,常用速度为 0.6~0.9 m/min。

(2)由于刮板的数量多,工作连续,每个刮板的实际负荷较小,故刮板的高度只有 150~200 mm,它不会使池底污水形成紊流。

(3)由于利用回程的刮板刮浮渣,故浮渣槽必须设置在出水堰一端。

(4)整个设备大部分在水中运转,可以在池面加盖,防止臭气污染。

(二)桁车式刮泥机

桁车式刮泥机安装在矩形平流式沉淀池上,运行方式为往复运动。因此,它的每一个运行周期内有一个是工作行程,有一个是不工作的返回行程(故又称往复式刮泥机或移动桥式刮泥机)。桁车式刮泥机的结构如图 5-10 所示。

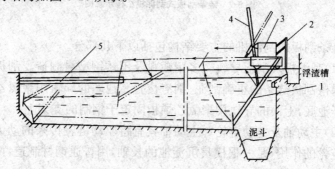

图 5-10　桁车式刮泥机工作示意图
(带箭头的点画线为刮泥板运行路线)
1—刮泥板;2—浮渣刮板;3—桥车;4—刮泥板提升油缸;5—出水堰

(三)回转式刮吸泥机

污水处理厂的沉淀池多为辐流式的,其形状多为圆形。在辐流池上使用的刮泥机的运转形式为回转运动。这种刮泥机结构简单,管理环节少,故障率极低,国内应用的很多。回转式刮泥机可分为全跨式与半跨式。半跨式的特点是结构简单、成本低,适用于直径为 30 m 以下的中小型沉淀池。

1. 全跨式

全跨式又称双边式,有些回转式刮泥机具有横跨直径的工作桥,旋转式桁架为对称的双臂式桁架,刮泥板也是对称布置的,如图 5-11 所示。对于一些直径为 30 m 以上的沉淀池,刮泥机运转一周需要 30~100 min,采用全跨式每转一周可刮两次泥,从而减少污泥在池底的停留时间,有些刮泥机在中心附近与主刮泥板的 90°方向上再增加几个副刮泥板,在污泥较厚的部位每回转一周刮四次泥。

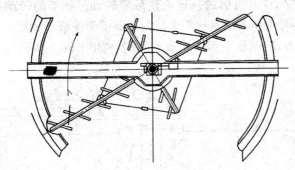

图 5-11 全跨式刮泥机俯视图
(斜板式刮泥机在中心部位每转一周刮四次泥)

2. 半跨式

半跨式又称单边式,有些回转式刮泥机是在半径上布置刮泥板,桥架的一端与中心立柱上的旋转支座相接,另一端安装驱动机构和滚轮,桥架作回转运动,每转一圈刮一次泥,如图 5-12 所示。半跨式回转式刮泥机适用于直径为 30 m 以下的中小型沉淀池。

回转式刮吸泥机的驱动方式有两种:即中心驱动式和周边驱动式。

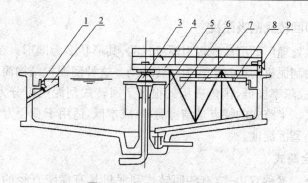

图 5-12　半跨式回转式刮泥机

1—出水堰；2—浮渣漏斗；3—中心支座；4—桥架；5—稳流筒；
6—刮泥系统；7—浮渣刮板；8—浮渣耙板；9—驱动装置

(1)中心驱动式。中心驱动式刮泥机的桥架是固定的,桥架所起的作用是固定中心架位置与安置操作人员和维修人员行走。驱动装置安装在中心,电机通过减速机使悬架转动。悬架的转动速度非常慢,中心驱动电机的减速比很大。为了保证刮泥板与池底的距离及悬架的支承力,刮泥板下都安装有支承轮。如图 5-13 所示为中心驱动式刮泥机。

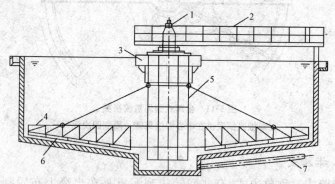

图 5-13　中心驱动式刮泥机结构

1—传动装置；2—工作桥；3—稳流筒；4—刮泥；5—中心架；6—刮板；7—排泥管

对中心驱动的刮泥机,由于其中心驱动装置的减速比非常大,因此扭矩也非常大。一旦出现阻力超过允许值,将会使主轴受很大的转矩,此时,如果剪断销部位锈死,会使主轴变形。因此,剪断销处的黄油嘴是非常重要的,应至少每月加润滑脂一次,以保证其有良好的过载保护功能。

(2)周边驱动式。周边驱动式与中心驱动式不同的是,周边驱动式的桥架绕中心轴转动,驱动装置与桁车式刮泥机一样安装在桥架的两端,刮板与桥架通过支架固定在一起,随桥架绕中心转动,完成刮泥任务。由于周边传动使刮泥机受力状况改善,因此,它的回转直径最大可达 60 m。周边驱动式需要在池边的环形轨道上行驶。如果行走轮是钢轮,则需要设置环形钢轨;如果行走轮是胶轮,只需要一圈平整的水泥环形池边即可。

周边驱动式刮泥机对集电环的保护是十分重要的,集电环全部安装在桥架的转动中心,由集电环箱来保护。箱内要保持干燥,保持电刷的良好接触,如电刷磨损,或者弹簧失灵应及时更换。

四、曝气设备

曝气设备是污水生化处理工程中必不可少的充氧设备,其性能的好坏,直接表现为能否提供较充足的溶解氧,是提高生化处理效果及经济效益的关键。曝气设备种类很多,但基本上可划分为鼓风曝气设备和表面曝气设备两类。污水处理厂工艺不同,所选用的曝气设备种类也不同。

(一)鼓风曝气设备

1. 中粗气泡曝气器

中粗气泡曝气器主要有散流式曝气器(图 5-14)和盒形曝气器两种形式。

气泡曝气器是由鼓风机送来的空气经中心进气管、锯齿形布气头进入水体时,由于受到锯齿的切割作用,形成中、小气泡。气泡沿散流罩锥面上升,断面成倍扩大,减缓了气泡上升的速度,增加了气水接触混合的时间。当气泡从散气罩锯齿及小孔溢出上升时,又一次受到切割作用而成为微小气泡,进一步增加了扩散面积。气泡继续均匀地沿

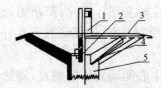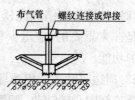

图 5-14　散流式曝气器

1—中心进气管；2—固定锁紧件；3—锯齿形散气罩；4—导流板；5—锯齿形布气头

着水体上升，在这一过程中，气泡反复受阻，反复受到切割而形成微小气泡，既增加了表面积又延长了气水接触混合的时间，从而增强了氧的扩散转移，使氧不断溶于水体，满足微生物的需要。同时，在气泡上升过程中，带动周围水体向上流动，形成流经水体的内循环，从而使水体得到很好的混合，这种曝气器每只最佳供气量 $25\sim35$ m³/h，服务面积 $2\sim3$ m²/只，氧的利用率＞8.5%。一般情况下，这种曝气器与水下推进器配合使用，可起到良好的节能效果。

2. 微孔曝气器

微孔曝气器也称多孔性空气扩散装置，采用多孔性材料如陶粒、粗瓷等掺以适量的酚醛树脂一类的黏合剂，在高温下烧结成为扩散板、扩散管及扩散罩等形式。

根据扩散孔尺寸能否改变分为固定孔径微孔曝气器和可变孔径微孔曝气器两大类。常用固定孔径微孔曝气器有平板式、钟罩式和管式等三种；常用可变孔径微孔曝气器多采用膜片式。为克服上述刚性微孔曝气器容易堵塞的缺点，现在已广泛应用膜片式微孔曝气器。

微孔曝气器是利用空气扩散装置在曝气池内产生微小气泡后，微小气泡与水的接触面积大，所产生的气泡的直径在 2 mm 以下，氧利用率较高，一般可达10%以上，动力效率大于 2 kg O_2/(kW·h)。但其缺点是气压损失较大、容易堵塞，进入的压缩空气必须预先经过过滤处理。

3. 射流式曝气机

射流式曝气机广泛用于调节池预曝气及曝气，接触氧化池充氧等场合,该装置主要由射流式曝气器、循环潜污泵、机座、吸气管及其他附件等组成,其结构如图 5-15 所示。

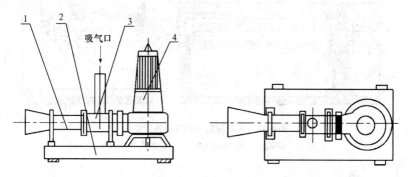

吸气口

图 5-15　射流式曝气机
1—扩散管;2—机座;3—射流器;4—清污泵

　　射流式曝气机喷嘴及混合结构独特,气流粉碎彻底,有效提高了氧的利用率达到 5%～20%,是鼓风曝气器的 1.5～2 倍;能将空气与水体完全混合并推流、搅拌,适用于标准活性污泥法,也适用于泥龄较长的高 MLSS 的活性污泥法和完全混合活性污泥法。

(二)表面曝气设备

1. 转刷曝气机

　　转刷曝气机是氧化沟工艺中普遍采用的一种表面曝气设备,具有充氧、混合、推进等功能,向沟内的活性污泥混合液中进行强制充氧,以满足好氧微生物的需要,并推动混合液在沟内保持连续循环流动,以使污水与活性污泥保持充分混合接触,并始终处于悬浮状态。

　　水平轴转刷曝气机主要由电机、减速装置、转刷主体及连接支承等部件组成,如图 5-16 所示。这种转刷曝气机适用于中小型氧化沟污水厂。

　　由于转刷曝气机一般都为连续运转,因此,要保持其变速箱及轴承的良好润滑,两端轴承要一季度加注润滑脂一次,变速箱至少要每半年打开观察一次,检查齿轮的齿面有无点蚀等痕迹。还应及时紧固

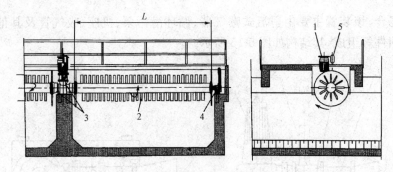

图 5-16　水平轴转刷曝气机外形结构
1—电机；2—转刷；3—软轴联轴器；4—边轴承；5—湿度过滤器

及更换可能出现松动、位移的刷片。

2. 转盘曝气机

转盘曝气机是在消化吸收国外先进技术的基础上，结合我国特点开发的高效低耗氧化沟曝气装置。其主要用于由多个同心沟渠组成的 Orbal 型氧化沟。并具有充氧效率高、动力消耗省、推动能力强、结构简单、安装维护方便等特点。

AD 型剪切式转盘曝气机是使用较多的一种。这种转盘曝气机主要由电机、减速装置、柔性联轴节、主轴、转盘及轴承和轴承座等部件组成。转盘直径 ϕ1 000～1 400 mm，转速 40～60 r/min，转盘浸没深度 300～550 mm，充氧能力 0.5～2.0 kg O_2/(片·h)(0.1 MPa、20 ℃无氧清水)，动力效率 1.5～4.0 kg O_2/(kW·h)(以轴功率计)，氧化沟设计有效水深 2.5～5.0 m，转盘安装密度 3～5 片/m，转盘单轴最大长度为 6 m。

3. 立式叶轮表面曝气机

立式叶轮表面曝气机规格品种繁多，但目前国内是以泵型(E 型)及倒伞型叶轮为主。

立式叶轮表面曝气机运行时充氧方式有以下三种。

(1)水在转动的叶轮叶片作用下，不断从叶轮周边呈水幕状甩向水面，形成水跃，并使水面产生波动，从而裹进大量空气，使氧迅速溶入水中。

(2)中轮的喷吸作用使污水上下循环不断进行液面更新,接触空气。

(3)叶轮的一些部位(如水锥顶、叶片后侧等)因水流作用形成的负压,使大量空气被吸入转轮与水混合,运行人员应注意在调节叶轮的浸水深度时,可能有某一深度叶轮会因吸入空气太多而产生"脱水"现象,造成水跃消失、功率及充氧量下降。如果这种现象较为严重,而调节浸水深度又达不到满意的效果,应适当减小叶轮进气孔的面积。

五、潜水推流器

潜水推流器广泛应用于各种水池(主要在厌氧池中)之中,通过旋转叶轮,产生强烈的推进和搅拌作用,有效地增加池内水体的流速和混合,防止沉积。但越来越多的厂家将其设置在曝气池内,以解决推流和充氧的矛盾,更好地进行工艺参数调整。

潜水推流器还可以称之为潜水搅拌机。按叶轮速度不同,可以分为高速搅拌机和低速推流器。高速搅拌机叶轮直径小,转速高;低速推流器叶轮直径大,转速低。低速推流器由水下电动机、减速机、叶轮、支架、卷扬装置和控制系统组成。高速搅拌机另外设有导流罩。

推流器入水工作时应保证叶片最高点至水面距离大于 0.8 m,无水工作时间不宜超过 3 min。运行中防止下列原因引起震动:叶轮损坏或堵塞,表面空气吸入形成涡流,不均匀的水流或扬程太高。

运行稳定时电流应小于额定电流,下列原因会引起过高电流,应予以克服:旋转方向错误,黏度或密度过高,叶轮堵塞或导流罩变形,叶片角度不对。

六、污泥脱水机

由于污泥经浓缩或消化之后,仍呈液体流动状态,体积还很大,无法进行运输和处置,为了进一步降低含水率,使污泥含水率尽可能的低,必须对污泥进行脱水,以减少污泥体积和便于运输。

1. 带式压滤脱水机

带式压滤脱水机是由上下两条张紧的滤带夹带着污泥层,从一连串按规律排列的辊压筒中呈 S 形弯曲经过,靠滤带本身的张力形成对污泥层的压榨力和剪切力,把污泥层中的毛细水挤压出来,获得含固量较高的泥饼,从而实现污泥脱水。

带式压滤脱水机一般都由滤带、辊压筒、滤带张紧系统、滤带调偏系统、滤带冲洗系统和滤带驱动系统组成,如图 5-17 所示。带式压滤脱水机有很多形式,但一般都分成四个工作区:重力脱水区、楔形脱水区、低压脱水区和高压脱水区。

带式压滤脱水机的日常维护与管理应符合下列要求。

(1)带式压滤脱水机开启前和停运后都要冲洗滤带,以免污泥在机器上硬缩,影响滤带使用效果。做清洗时,切忌水流直射电器部分,避免触电事故。

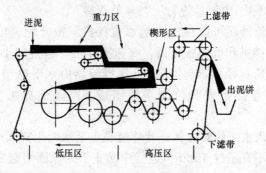

图 5-17　带式压滤脱水机

(2)每班至少一次将压缩机内的冷凝水放尽,并经常打开气路底阀,放掉气路管内的冷凝水。

(3)对空气压缩机的油杯、变速箱上的油杯经常检查,发现油面过低应补充润滑油。对辊压筒、滚子等慢速转动轴应定期加油脂,防止因进水锈蚀、干磨等发生。

(4)为了运行安全,切记接好零线或地线,确保在设备漏电时能起到保护的作用。对接地电阻应至少每年检测一次。

配电箱应经常检查绝缘情况，每月应清扫、测试一次。箱内的各种保护调整每年试验一次。

（5）脱水机房内的恶臭气体，除影响身体健康外，因冲洗水喷出的雾滴与其混合，腐蚀设备，应及时开启通风设备，将湿、臭气排出室外高空。有条件的还应对臭气进行处理。在保证设备的冲洗要求和卫生健康需要的条件下，尽可能少将水洒在地面和设备周围，减少腐蚀。

（6）冬季运行时，脱水机房内温度应保持不低于 10 ℃。在脱水机房外的水管、供热管道都要保温，避免因天气寒冷而冻裂管道。管道阀门尽量安装在室内，便于在冬季操作（放冷凝水等）。

2. 离心脱水机

（1）卧螺式离心机的工作原理。卧螺式离心机主要由高转速的转鼓、螺旋和差速器等部件组成。分离的悬浮液进入离心机转鼓后，由于离心力的作用，使密度大的固相颗粒沉降到转鼓内壁地，利用螺旋和转鼓的相对转速差把固相颗粒推向转鼓小端出口处排出，分离后的清液从离心机另一端排出。当进泥方向与污泥固体的输送方向一致，即进泥口和出泥口分别在转鼓的两端时，称为顺流式离心脱水机（图 5-18）；当进泥方向与污泥固体的输送方向相反，即进泥口和出泥口在转鼓的同一端时，称为逆流式离心脱水机（图 5-19）。

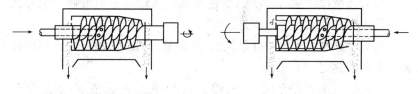

图 5-18　顺流式离心脱水机　　　　图 5-19　逆流式离心脱水机

卧螺式离心机主要特点是结构紧凑，占地面积小，操作费用低，而且能自动、连续、长期封闭运转，维修方便。

（2）离心脱水机的运行控制。要保证离心脱水机正常工作，必须根据污泥的泥质和泥量的变化，随时调整离心脱水机的工作状态，控制离心脱水机的分离因数、转速差、液体层厚度、调质的效果和进泥量等。

衡量离心脱水效果好坏,有两个重要指标:一个是泥饼含固量;另一个是固体回收率。需要同时评价两个指标都达到规定的标准,才能说明离心机脱水的效果好。固体回收率是泥饼中的固体量占脱水污泥中总固体量的百分比。

$$固体回收率(\eta) = \frac{泥饼含固率 \times (进泥含固率 - 滤液含固率)}{进泥含固率 \times (泥饼含固率 - 滤液含固率)}$$

$$= \frac{泥饼量 \times 泥饼含固率}{进泥量 \times 进泥含固率}$$

(3)离心脱水机的日常运行和管理注意事项如下。

1)离心机在进污泥时,一般不允许大于 0.5 cm 的浮渣进入,也不允许 65 目以上的砂粒进入,因此,应加强前级预处理系统对浮渣和砂粒的去除。

2)离心脱水机的脱水效果受温度影响很大,北方地区冬季泥饼含固率一般可比夏季低 2%～3%,因此,在冬季寒冷季节一定要注意保持药液温度,使室内温度大于 10 ℃。

3)在脱水机运行过程中,要按时检查和观测的项目有油箱的油位、轴承的润滑状况、电流、电压表的读数、设备的震动情况、噪声情况,发现问题及时停机解决。

4)对药液计量泵、进泥泵、变速箱或变频箱应定期维修。保养按照操作说明书或成熟的经验进行保养。

5)对于离心脱水机的计量仪表(如泥量、药量等)每年应到标准计量权威部门鉴定。

6)离心脱水机停车时,应先停止进泥,然后注入清水,最好是热水,以便溶解粘在机器内的泥水混合液,约 10 min 再停车,保证再次启动开机时,机器内壁干净,不生锈。

7)应定期检查离心脱水机的磨损情况,及时更换磨损件。

8)离心脱水机应每班进行化验的项目有进泥含固率、泥饼含固率、滤液的 SS、氨氮和总磷。每班应计算的项目有总进泥固体量、固体回收率、干泥投药量、处理 1 000 kg 干污泥的电耗。

第三节　污水处理厂设备的运行管理与维护

以最低的费用,保持设备完好状态,实现完好率在 95% 以上,这是污水处理厂正常运行的一项重要任务。要做到这一点,首先,要清楚地了解每台设备的构造和性能,对设备进行正确的合乎标准的安装与调试;其次,编写出详细的设备安全操作规程、维护保养规程以及润滑图表,并且要将这些内容让相关人员熟悉掌握;最后,要制定符合实际要求的设备管理模式,进行必要的设备维护评比考核,落实设备管理责任制,做到职责分明,充分调动职工积极性。

一、设备的日常管理

1. 设备的正确使用

正确使用设备是设备管理的基本要求,它包括技术合理和经济合理两个方面的内容。

技术合理就是按照机械性能、使用说明书、操作规程以及正确使用机械的各项技术要求使用机械。

经济合理就是在机械性能允许范围内,能充分发挥机械的效能,以较低的消耗,获得较高的经济效益。

根据技术合理和经济合理的要求,机械的正确使用主要应达到以下三个标志。

(1)高效率。机械使用必须使其生产能力得以充分发挥。在综合机械化组合中,至少应使其主要机械的生产能力得以充分发挥。机械如果长期处于低效运行状态,那就是不合理使用的主要表现。

(2)经济性。在机械使用已经达到高效率时,还必须考虑经济性的要求。使用管理的经济性,要求在可能的条件下,使单位实物工程量的机械使用费成本最低。

(3)机械非正常损耗防护。机械正确使用追求的高效率和经济性必须建立在不发生非正常损耗的基础上,否则就不是正确使用,而是拼机械,吃老本。机械的非正常损耗是指由于使用不当而导致机械早期磨损、事故损坏以及各种使机械技术性能受到损害或缩短机械使用寿命等现象。

　　以上三个标志是衡量机械是否做到正确使用的主要标志。要达到上述要求的因素是多方面的,有施工组织设计图和人为的因素,也有各种技术措施方面的因素等,图 5-20 是机械正确使用的主要因素分析。机械使用管理就是对表列各项因素加以研究,并付诸实现。

经济合理	经济	(1) 在可能的条件下(指立足于企业现有的机械及通过租赁能获得经济实用的机械而言),经过技术经济比较,应采用最经济的施工方案,使单位实物工程量的机械使用费成本为最低; (2) 在既定的施工方案内,应使机械选择及配套组合为充分发挥机械效率提供先天的条件
	高效	(1) 精神因素:加强政治思想教育,开展社会主义劳动竞赛,树立主人翁责任感,发扬爱机思想,做到精心操作,细致维护,遵守各项规程; (2) 组织因素:制定合理劳动组织形式,贯彻人机固定原则,实行经济核算,组织检查评比; (3) 技术因素:实行全员培训,大力提高机械人员合理使用机械的能力与水平,提高安全操作技术水平,严格执行技术考核及操作规程等制度
技术合理	机械非正确损耗防护	(1) 合理运行工况之一 { 避免低载、低负荷使用(大马拉小车) / 避免降低性能范围使用(精机粗用等) } (2) 合理运行工况之二 { 避免超载、超负荷使用(小马拉大车) / 避免超性能范围使用 } (3) 正确使用油料,注意润滑油及液压油的正确使用,要符合用油规定及原厂的规定要求 (4) 应按照规定的维修制度要求,得到及时的保养与检修,杜绝失保失修,带病运转等现象,延长机械使用寿命; (5) 禁止违章作业,避免机械事故; (6) 其他技术服务措施、走合保养、换季保养、材料配件质量等等应符合规定要求

图 5-20　机械正确使用的主要因素分析

2. 机械设备的"三定"制度

"三定"制度是指在机械设备使用中定人、定机、定岗位责任的制度。"三定"制度把机械设备使用、维护、保养等各环节的要求都落实到具体人身上，是行之有效的一项基本管理制度。

"三定"制度的主要内容包括坚持人机固定的原则、实行机长负责制和贯彻岗位责任制。

人机固定就是把每台机械设备和它的操作者相对固定下来，无特殊情况不得随意变动。当机械设备在企业内部调拨时，原则上人随机走。

机长负责制，对于操作人员按规定应配两人以上的机械设备，应任命一人为机长并全面负责机械设备的使用、维护、保养和安全。若一人使用一台或多台机械设备，该人就是这些机械设备的机长。对于无法固定使用人员的小型机械，应明确机械所在班组长为机长。即企业中每一台机械设备，都应明确对其负责的人员。

岗位责任制包括机长责任制和机组人员责任制，并对机长和机组人员的职责做出详细和明确的规定，做到责任到人。机长是机组的领导者和组织者，全体机组人员都应听从其指挥，服从其领导。

(1)"三定"制的形式。根据机械类型的不同，定人定机有下列三种形式。

1)单人操作的机械，实行专机专责制，其操作人员承担机长职责。

2)多班作业或多人操作的机械，均应组成机组，实行机组负责制，其机组长即为机长。

3)班组共同使用的机械以及一些不宜固定操作人员的设备，应指定专人或小组负责保管和保养，限定具有操作资格的人员进行操作，实行班组长领导下的分工负责制。

(2)"三定"制度的作用如下。

1)有利于保持机械设备良好的技术状况，有利于落实奖罚制度。

2)有利于熟练掌握操作技术和全面了解机械设备的性能、特点，便于预防和及时排除机械故障，避免发生事故。充分发挥机械设备的能效。

3)便于做好企业定编定员工作,有利于加强劳动管理。

4)有利于原始资料的积累,便于提高各种原始资料的准确性、完整性和连续性,便于对资料的统计、分析和研究。

5)便于推广单机经济核算工作和设备竞赛活动的开展。

(3)"三定"制度的管理如下。

1)机械操作人员的配备,应由机械使用单位选定,报机械主管部门备案;重点机械的机长,还要经企业分管机械的领导批准。

2)机长或机组长确定后,应由机械建制单位任命,并应保持相对稳定,不要轻易更换。

3)企业内部调动机械时,大型机械原则上做到人随机调,重点机械则必须人随机调。

(4)操作人员的职责如下。

1)努力钻研技术,熟悉本机的构造原理、技术性能、安全操作规程及保养规程等,达到本等级应知应会的要求。

2)正确操作和使用机械,发挥机械效能,完成各项定额指标,保证安全生产、降低各项消耗。对违反操作规程可能引起危险的指挥,有权拒绝并立即报告。

3)精心保管和保养机械,做好例保和一保作业,使机械经常处于整齐清洁、润滑良好、调整适当、紧固件无松动等良好技术状态。保证机械附属装置、备品附件、随机工具等完好无损。

4)及时正确填写各项原始记录和统计报表。

5)计算执行岗位责任制及各项管理制度。

(5)机长职责。机长是不脱产的操作人员,除履行操作人员职责外,还应做到以下几项。

1)组织并督促检查全组人员对机械的正确使用、保养和保管,保证完成施工生产任务。

2)检查并汇总各项原始记录及报表,及时准确上报。组织机组人员进行单机核算。

3)组织并检查交接班制度执行情况。

4)组织本机组人员的技术业务学习,并对他们的技术考核提出意见。

5)组织好本机组内部及兄弟机组之间的团结协作和竞赛。

3. 设备的巡视制度和交接班制度

污水处理厂的设备分布分散,且多处于露天位置,因此,建立并严格地执行巡视和交接班制度十分重要。

大中型污水处理厂里一般都有中央控制室,它可以对这些设备实现远距离监控。这些监控必须在 24 h 内不间断地进行,一旦设备发生故障,可及时远控停机并马上到现场处理。远程监控的缺点是对带"病"运转的设备,难以监控。如设备的异常振动和噪声,远程监控无法起作用,所以,污水处理厂现场巡视工作必不可少。

巡视的内容包括观察设备有无异常声音,设备是否空转,有无过热现象,有无倾斜现象,有无设备损坏及其他妨碍产生的情况。

巡视的方法如下。

(1)各生产单位值班人员每隔 1 h 把自己管辖的所有设备、设施巡查一遍,并进行记录。若发现异常情况应及时向本单位领导汇报(夜班通知中控制室)。

(2)出巡前和巡查完毕都应通知中心控制室,由中控室记录出巡时间。

(3)各单位负责人应每天检查记录并签字。

为了保障巡视的连续性和巡视记录的准确性,需制定交接班制度。交班和接班人员必须将当班巡视情况说明清楚,双方签字确认后才可完成交接班工作。接班人员对交班人员的不实巡视记录有权利提出异议,同时,上报部门负责人或值班领导。

4. 加强设备的日常维护和保养

设备运行中由于受震动、温度和湿度的影响,总会产生这样或那样的问题,或许当时并不影响运行,但随着问题的扩大,则会引发大的设备故障,甚至会酿成事故。所以,在设备投入运行后,必须加强维护和保养工作。

(1)设备管理部门要制定维护保养规程,明确操作程序,真正做到有章可循,并加大宣传力度,强化设备维护保养意识。

（2）厂内要实行定期的设备维护保养评比工作，奖励先进、督促后进。

（3）维护与保养工作人员，要按照规程严格执行，同时做好相关记录，并将发现的异常情况向管理部门反映。设备管理部门要定期检查和核实，对工作未完成或未做的项目，要督促责任人及时完成。

（4）设备管理人员，要根据设备实际运行情况，不断完善维护保养规程，充分做到每台设备均有针对性强的维护保养规程。

5. 建立完善的设备档案

设备档案一般分三个部分。

第一部分是设备的说明书、图纸资料、出厂合格证明、安装记录、安装及试运行阶段的修改洽商记录、验收记录等。

第二部分档案是对设备每日运行状况的记录，由运行操作人员填写。

第三部分是设备维修档案，包括大、中修理的时间，维修中发现的问题、处理方法等等。这将由维修人员及设备管理人员填写。

根据以上三部分档案，设备管理人员可对设备运行状况和事故进行综合分析，据此对下一步维护保养提出要求。以此为依据制定出设备维修（包括大、中修）计划或设备更新计划。如果与生产厂家或安装单位发生技术争执或法律纠纷，完整的技术档案与运行记录将使设备使用方处于有利的地位。

6. 设备的完好标准和修理周期

污水处理厂设备的完好程度是衡量污水处理厂管理水平的重要方面。设备完好程度可用设备完好率来衡量，它是指一个污水处理厂拥有生产设备中的完好台数，占全部生产设备台数的百分比，即：

$$设备完好率＝完好设备台数/设备总台数$$

设备使用了一段时间以后，必须进行小修、中修或大修。有些设备，制造厂明确规定了它的小修、大修期限；有的设备没有明确规定，那就必须根据设备的复杂性、易损零部件的耐用度以及本厂的保养条件确定修理周期。修理周期是指设备两次修理之间的工作时间，见表 5-2。

表 5-2　污水处理厂若干设备修理周期表(仅供参考)

序号	设备名称	保修间隔期(h)	
		大修	定期保养
1	离心式污水泵(<600 r/min)	40 000	500
2	离心式污水泵(<800 r/min)	30 000	500
3	离心式污水泵(<1 000 r/min)	20 000	500
4	离心式污水泵(>1 000 r/min)	10 000	500
5	污泥泵(>1 000 r/min)	8 000	500
6	污泥泵(<1 000 r/min)	10 000	500
7	气提泵(空气提升泵)	40 000	8 000
8	螺旋泵	20 000	500
9	离心风机	15 000	500
10	刮砂机	10 000	500
11	罗茨鼓风机	15 000	500
12	格栅除污机	10 000	250
13	单向阀	40 000	500
14	手动截止阀	40 000	500
15	搅拌器、推进器	40 000	4 000
16	刮吸泥机	40 000	2 000
17	紫外消毒设备	10 000	500
18	离心脱水机	40 000	500
19	带式脱水机	40 000	500
20	电动截止阀(蝶阀)	15 000	500
21	阀门启闭机	25 000	500

二、设备的维护与保养管理

1. 机械的定期保养与检查

对工程机械的保养工作,除日常进行的例行保养外,主要是执行定期保养制度。机械设备中的零构件,除少数属于偶然情况发生损坏外,绝大部分是由于正常磨损而逐渐丧失作用。因此,实行定期保养制度,有计划地安排各级保养,能够使机械设备保持良好的技术状态,充分发挥机械设备的工作效率,延长大、中修理间隔期。保养是指零件没有达到有限磨损前进行的一种预防性技术保障作业,具有强制性。

(1)机械定期保养的特点。

1)机械定期保养的优点:通过定期保养,使机械零件经常保持良好的润滑、紧固和清洁,从而使机械配合件正常磨损阶段的磨损率下降,延长使用寿命,由于各项保养作业力求安排在机械出现故障之前,不仅能保证机械的正常技术状况和安全生产,而且使机械保养工作能有计划进行。

2)机械定期保养的缺点:由于机械类型、结构复杂,使用条件多变,即使同型机械,也存在新旧程度的差异,使用统一的保养周期和作业项目,存在较大的盲目性;在机械设计、制造的可靠性和检测诊断技术还比较落后的情况下,机械出现的故障中属于突发性的比例还较大,为了预防故障发生,有时不得不扩大保养作业范围,甚至增加修理的内容,造成过度维修,浪费人力、物力。

(2)保养工作的主要内容是清洁、紧固、调整、润滑、防腐等,简称为"十字作业"。具体到每一种机械,各级保养均有不同的应用范围和要求,但"十字作业"应始终贯穿到各级保养的全部过程中。

1)清洁。清洁就是要求机械各部位保持无油泥、污垢、尘土,特别是发动机的空气、燃油、机油等滤清器要按规定时间检查清洗,防止杂质进入气缸、油道,减少运动零件的磨损。

2)紧固。紧固就是要对机体各部的连接件及时进行检查紧固。

3)调整。调整就是对机械众多零件的相对关系和工作参数(如间隙、行程、角度、压力、流量、松紧、速度等)及时进行检查调整,以保证机械的正常运行。

4)润滑。润滑就是按照规定要求,选用并定期加注或更换润滑油,以保持机械运动零件间的良好润滑,减少零件磨损,保证机械正常运转。

5)防腐。防腐就是要做到防潮、防锈、防酸,防止腐蚀机械零部件和电气设备。

(3)定期检查。定期检查制是由定期保养制改革发展而成,都是为了保持机械技术状况,延长使用寿命这个共同目标。定期检查制取消了二、三级保养,而在保留每班和一级保养的基础上,增加了日常点检、定期点检和专项检查。

1)日常点检。日常点检是由操作人员每班对机械进行维护作业中的一项主要工作,其目的是及时发现机械运行中的不正常情况并予以排除。

日常点检的检查方法是利用人的感官和简单的检查工具以及机械上的仪表和信号标志等。

日常点检的具体做法是由操作人员按照机械管理部门编制的重点机械点检卡逐点逐项进行检查,按照点检卡要求以各种符号进行记载。检查中发现不能立即排除的问题,按工作流程反馈给有关部门,安排计划修理,以消除隐患。

日常点检主要检查由专人操作的机械,应由操作人员检查是否有异响、漏油、振动、温度、油量、清洁程度、紧固、调整等事项,必须每班检查。

2)定期点检。定期点检是在机械运行一定时间后需要进行的逐点检查,以专业维修人员为主,操作人员参加,定期对机械进行检查。检查的目的是发现和记录机械出现异常、损坏及磨损等情况,以便确定修理的部位、类别和时间等,根据安排计划修理。

定期点检是一种有计划的预防性检查,并应配合定期保养作业。其检查的手段除人的感官外,还要用一些检查工具和仪器,按定期点检卡所列项目和要求进行,并在定检卡上做出记录。

3)专项检查(精密检查)。专项检查是定期点检的补充和完善,通过定期检查尚不能掌握情况,有必要作进一步检查重点机械的关键部位,由机械技术人员主持,维修和操作人员参加,根据检查情况,填写专项检查记录,并有针对性地安排维修,防止事故的发生。

定期检查可结合各级保养作业来进行。当机械设备使用到原定的大修期时,要进行彻底检查和技术鉴定,由技术人员与操作使用人员进行协商,制定延长大修期,并报主管部门审核。当运转到延长期满时,需重新检查、鉴定,再确定送修或继续使用。如机械调整后仍不能达到原定的修理周期,但在使用或检查中发现性能下降、性能不稳定和经常调整维修仍不能消除故障时,必须进行修理。

2. 设备的三级保养

重点设备和常用设备均实行"三级保养"维护制度,具体来说有以下几点。

(1)日常保养。设备的日常保养即每天由操作人员负责,要求操作人员每天必须做到对设备进行清洁、润滑、紧固易松动的部件,检查零件、部件是否完整,严格执行操作规程,操作者应在下班前做好日保工作,并将设备状况记录在交接记录台账中,该项工作为交接班时的必查项目。

(2)一级保养。设备的一级保养,部门必须根据设备运转所达到的规定时间,制定保养计划并按生产计划科所批准的作业计划和定额,在专职维修人员的指导、配合下,由操作人员进行。

保养内容:对所使用设备普遍进行紧固、润滑,局部解体和检查,清洗规定部位,疏通油路,更换油线、油毡,调整设备各部位的配合间隙,其目的是消除隐患,延长设备使用寿命。

一级保养完工后,操作人员填写一级保养记录,由部门设备员组织验收,其费用、消耗工时、材料报设备主管部门汇总存档。

(3)二级保养。设备的二级保养应由设备主管部门根据设备的运转所达到的规定时间与实际状态,在年初或季初统一编制计划给定工作时间,由部门人员组织实施。

二级保养由专职维修工承担,操作人员协助,其内容为除执行一级保养全部项目外,还需对设备进行部分解体检查和修理,更换或修复磨损零件,局部恢复精度,润滑系统清洗、换油、电气系统检查维修等。其目的是使设备达到完好标准,提高、巩固完好率,延长大修周期。

二级保养完工后,主修人应详细填写有关记录,部门设备员组织验收,经验收合格后,设备方可移交运行使用,其验收单等有关资料由部门设备员每月底按计划情况报设备主管部门汇总存档。

3. 机械的特殊保养

机械除定期保养外,在特殊情况下还有以下几种保养。

(1)试运转保养是新机或大修后的机械,在投入使用初期进行的一种磨合性保养,其内容是加强检查,了解机械的磨合情况。由于这段时间又叫走合期,所以,这一次保养又叫走合保养。

(2)换季保养是建筑机械每年入夏或入冬前进行的一种适应性换油保养,一般在五月初或十月上旬进行。

(3)停用保养是工程结束后,机械暂时停用,但又不进行封存的一种整理、维护性保养。其作业内容以清洁、整容、配套、防腐为重点,具体内容根据机型、机况、当地气候与实际需要制定。

(4)封存保养是为减轻自然气候对机械的侵蚀,保持机况完好所采取的防护措施。在封存期间需由专人保管和定期保养。启用前应作一次启用检查和保养。

封存保养的内容应根据机型、机况和实际情况而定。封存机械一般应放于机库,短期临时封存应用盖布遮护。

三、设备的备件管理

1. 备件管理要求

备件管理是设备技术管理的主要内容之一,也是设备维修的物质基础,及时组织、供应好备件,可以缩短停工时间和计划修理时间,从而提高设备的开动率,供应质地优良的备品配件,还可以保证修理质量和修理周期,保证设备正常运转,因此,配件管理必须做到"三管"、"四定"。

(1)三管:计划管理、定额管理、仓库管理。

(2)四定:定消耗定额、定库存周转期、定备件资金、定生产分工。

2. 备件的原则

(1)可能损坏且制造周期长、工序多、加工复杂,需铸、锻件没坏的零件。

(2)经常受冲击、易损坏的零件。

(3)由于结构不良,因拆装而经常损坏的零件。

(4)同机型号数量多的设备的一些主要运动零件。

3. 备件的分类

(1)按用途分。

1)易耗备件。设备维修中易损坏、经常更换的。

2)生产维修备件。在大、中、小修时,定期或不定期更换的零件。

3)大修理备件。使用时间长,不易损坏,只在大修更换的零件。

4)事故备件。使用时间长,一般情况不更换,只在发生事故时更换。

(2)按归口管理分。

1)一类备件:主机的大修理和事故备件,包括部分辅机。

2)二类备件:通用性的备件。

3)三类备件:除一、二类备件外的生产维修和大修包括部分备件。

4. 备件的定额

(1)消耗定额。以备件在一定时间(一般为一年)的消耗量作为计划的依据。

$$年消耗量=单机备件装用量×相同设备台数/更换周期$$

(2)储备定额。以备件的使用周期和制造周期作为制定的依据。

1)储备定额提取一般按设备总值的 $2\%\sim3\%$。

2)最低储备额=平均消耗量×订货周期(月)。

3)最高储备定额=最低储备定颜×$1.5\%\sim2\%$。

(3)资金定额。

$$储备资金定额(元)=储备数量(件)×计划单价(元/件)$$

5. 备件的入库

(1)所有购件都应经检验合格才可入库,外购件要有明细清单。

(2)凡属计划、申请或经有关部门批准采购的备品配件才准入库,并详细审核其规格种类、数量。

(3)新入库的备品配件,及时做好入账建卡工作,并详细注明货源及进库日期,同时,做好必要的清洗保管工作。

6. 备件的发放

(1)备件的领用一律以旧换新,并履行签字手续。

(2)用于机械、电器维修的备件,一律由主修人根据其设备的实际损坏程度,本着节约用料的原则,予以更换领批。

(3)同品种备件的发放应按先入库先发放的原则。一切备品的调进、调出及外援,一律由生产技术科签批。

7. 备件的管理

(1)经验收入库的备品备件,应按型号、种类分类放置,做到堆放整齐、合理,领用方便,同时,不得使其碰伤、变形。

(2)库内物品应精心保管,并采取防湿、防锈措施对易锈蚀的备件管理人员要定期检查和换涂防腐油。

(3)备件、配件均应入账建卡,名称、图号、规格、来源、价格、账号及入库时间均应标示目录,做到账卡相符、账物相符。

8. 配件的统计报表

(1)配件的收发和结存等有关统计工作,由仓库记账人员按规定及时报有关部门。

(2)发货领料单每月汇总,新入库的备件账单及时报生产技术科,同时,将每月收、发备件汇总明细,报生产技术科。

(3)每月月底前由仓库管理人员将本月入库物资和耗用物资清单,一式两份报生产技术科。

(4)低于储备额或急需的备品配件,由仓库管理人员随时报生产技术科,按分工组织货源。

(5)仓库每年终总盘点一次,核对账卡、账物,做到账、卡、物相符,同时建新账,旧账存档,盘点库存明细及盈亏明细,一式三份,分别报总公司生产科、财务科,自身留一份备查,同时,通过盘点总结仓库管理工作,制定新的管理方法。

四、设备的润滑管理

设备的润滑管理工作也是设备维修工作中的一个重要组成部分,

正确地搞好润滑工作与合理使用润滑油脂,是保证设备正常运转,防止事故发生,减少机器磨损,延长使用寿命,提高设备的生产效率和工作精度的一项有效措施。因此,必须建立和健全设备润滑管理机构和制度,切实做好工作。

1. 管理职责

(1)对于中型企业,润滑工作应采取分级管理方式。各生产车间应建立润滑站,按生产班组或机组建立润滑点,润滑技术员负责润滑业务管理工作(或者设备主管技术员负责)。

(2)设备科应该设专职或兼职技术人员负责各生产车间设备润滑检查监督和业务指导工作。

(3)润滑技术员的工作职责如下。

1)制定设备润滑工作的各项制度,并负责润滑技术和业务指导,深入现场检查、监督。

2)编制各类设备润滑卡片、图表和有关技术资料。

3)贯彻实施润滑的定点、定质、定量、定期和定人"五定"工作。

4)制定油耗定额,按时向有关部门提出年、季、月需要的润滑油料计划,并按期统计实际消耗数量。

5)编制设备油箱和润滑站的年、季、月清洗换油和检修计划。

6)组织废油回收及再生工作。

7)监督润滑油的使用和审查油质量的化验结果。

8)监督润滑用具的合理使用,总结和推广设备润滑的先进经验。

(4)润滑工人的工作职责如下。

1)按照"五定"(定点、定质、定量、定期和定人)要求和有关规定认真做好设备润滑工作。

2)勤检查、勤巡视,发现润滑设备有异常情况或有滴漏现象应及时处理或向有关人员报告。

3)保持润滑设备、器具和润滑油嘴以及润滑油脂干净清洁,不混乱润滑油脂牌号。

4)按规定期限或实际情况及时清洗油箱和更换润滑油脂,需维修工人执行的也应及时向有关人员提出实施。

5)润滑卡的规定,按时加换润滑油脂并做好记录,每张卡用完后,交还润滑技术员或设备主管技术员。

6)根据润滑卡片的实际消耗记录,每月统计一次,交还润滑技术员或设备主管技术员,作为计划依据。

2. 设备润滑的"五定"工作内容

(1)定点:根据设备的润滑部位和润滑点的位置及数量,进行加油、换油,并要求熟悉它的结构和润滑方法。

(2)定质:使用的油品种质量必须经过检验并符合国家标准规定,润滑油按照润滑卡或图表规定油品使用,清洗换油时要保证清洗质量,润滑器具保持清洁,设备上各种润滑装置要完整。防止尘土、铁屑、粉末、水分等落入。

(3)定量:在保证良好润滑的基础上,本着节约用油的原则规定油箱换油和各润滑点每班用油的定额。

(4)定期:按照润滑卡片或图表规定的时间进行加油、添油和换油周期进行清洗换油。

(5)定人:按照专群结合的原则。规定什么润滑部位和润滑点由操作人员负责加油,什么部位由润滑工人负责加油、换油。

3. 润滑卡片及润滑图表的编制

(1)润滑卡片及润滑图表是组织设备润滑的基本文件,由设备科负责编制。

(2)润滑卡片是设备润滑的档案资料,它包括设备的换油部位、润滑油脂的名称及牌号、消耗定额、换油周期等,由润滑技术员编制后,润滑工人根据润滑卡片的规定,按时加油、换油并做好记录,每张卡片用完后,交回润滑技术员存入档案,换取新卡片。

(3)润滑图表是设备润滑部位的指示图,由润滑技术员根据设备类别、型号分别绘制润滑图,图表应标明润滑点及部位、油品、加注周期及操作工人与润滑工人负责的部位。

(4)润滑图表可根据每种型号的设备说明书的规定进行绘制,晒成蓝图后,贴在设备明显处,或用铝板制成铭牌装订在设备明显处。

4. 润滑油脂的选用原则

选择润滑油脂要根据设备的工作性能进行科学的选择。选择正确合理的润滑剂是保障设备良好润滑的关键。

(1)工作温度是影响选择润滑油脂的十大因素之一,工作温度高低会影响润滑油的粘度变化和氧化变化。工作温度越高,选用的润滑油粘度应越大,选用的润滑油脂针入度应越小,并应增加润滑油量或循环油量,以保证润滑油脂在温度较高时有一定的油膜厚度;工作温度越低,选用的润滑油粘度应越小,选用的润滑油脂针入度应越大,以保证在温度较低刚有良好的流动性。当摩擦副的工作温度变化较大时,应选用粘度特性较好即粘度指数较高的润滑油脂,保证设备润滑良好。

(2)运动速度是影响润滑油脂选择的另一重要因素。运动速度越快,选用的润滑油的粘度应越小,润滑脂的针入度应越大,并应增加润滑油量或循环油量,以减少摩擦副的运动阻力,降低功率消耗和降低温度;反之,运动速度越慢,选用的润滑油的粘度应越大,润滑油脂的针入度应越小,有利于建立适当的油膜厚度和避免润滑油脂流失,当然如果粘度太大和针入度太小,反而会增加摩擦造成的功率消耗,这点也应注意。

(3)工作荷载是影响润滑油脂选择的另一个重要因素。摩擦副油膜的建立与工作载荷的大小直接相关,也与润滑油的流动性和抗磨性直接相关。当摩擦副承受的工作载荷较大时,应选用粘度较高的润滑油脂或针入度较小的润滑油脂,以保证有足够的油膜厚度;反之,当摩擦副承受的工作载荷较小时,应选用粘度较低的润滑油脂或针入度较大的润滑油脂,以减少运动部件的摩擦阻力。

(4)环境条件是影响润滑油脂选用的另一个重要因素。环境条件指空气温度、湿度、粉尘及腐蚀性介质等润滑点周围的状况。当相对湿度较大时,常导致水汽的凝聚,对润滑油脂产生侵蚀、腐蚀,导致润滑油脂乳化变质。设备在潮湿的工作环境中或在与水接触机会较多的工作条件下,应选择水分离能力强和油性及防锈性较好的润滑油脂。在条件苛刻时,应选用加有防锈剂的润滑脂,不宜选用钠基脂。

处在化学介质影响严重的润滑点,应选用合成润滑脂。

(5)另外,润滑油脂的选用还要考虑一些特殊情况。当设备密封性要求不高、防护要求很高,又不可能采用经常加油的方式解决,以及低速重载不易迅速形成和保持良好油膜的设备,应选用润滑油脂润滑。选脂时,应注意脂与密封件材质(特别是橡胶)的相容性。对静密封应选针入度高一些的润滑油脂;对动密封应选针入度低一些的润滑油脂。若与润滑脂接触的介质有水干和醇类时,则应选用酰胺脂或脲基脂,当介质是油类时应选用耐油密封脂。

润滑剂选用正确,润滑剂加入量的多少对润滑效果的影响也很大。加油过多,不仅浪费油,还增加了运动阻力,多消耗功率,造成不必要的温升加速润滑油的氧化变质,破坏润滑作用,缩短润滑油的使用寿命。加油过少,则润滑不足,产生干摩擦或半干摩擦,大大加速磨损,甚至损坏零部件。所以,润滑油脂要适量加入。

5. 润滑油品的使用

(1)设备必须按规定要求用油,不得任意滥用和混用,不合格油品不准使用。

(2)因操作条件改变或规定油品缺乏,需变更油品时,应报机动部门及主管领导审批,各用油单位不得随意更改。

(3)润滑油品代用必须符合同等质量或以优代劣的原则,规定油品得到供应后应停止代用。

(4)如需要更换不同型号的润滑油品或油品经检验不合格需要更换时,应先将原油品清除干净,然后加入新油品。

(5)新安装设备第一次(跑合期)投入运转的一般设备,应在15～30d内更换一次新油;正常运转时,换油周期应根据工作条件、润滑油检验报告而定。

(6)具有独立润滑油系统的大型机组检修后,润滑油循环一定时间,经检验合格,方可试车或投入运行。

(7)运行中的大型机组润滑油应每月检验一次,条件恶劣或运行后期应适当增加检验频次,不合格应及时处理。推荐使用具有脱水、脱气的在线净油装置。润滑油的检验报告要妥善保管,以备查询。

6. 润滑油品的贮存与保管

(1)油品库房应防雨、防晒、防尘、防冻、干燥清洁、通风良好,并有完善的消防设施。

(2)贮油罐应采用锥体形式,且罐体及附件(排污阀、短管等)应防锈。

(3)贮油罐应定期清洗。大贮油罐每年清洗一次,或放空后立即清洗;小罐随空随洗。各种贮油容器应完好无损,零附件齐全。容器应标明所盛油品的名称和牌号。

(4)装有油品的容器应按种类规格分组、分层存放,层间应用木板隔开。每组要有油品标签,注明油品名称、牌号、入库时间及质量鉴定时间,不允许混放。

(5)入库油品必须有合格证,库存三个月以上或倒罐时应检验,不合格油品应及时进行处理,直到再次检验合格为止。

(6)应严格掌握装油容器装油的安全容量,除留出温度变化的空间外,尽量装满。

(7)贮油罐应定期排污、排水。

(8)容器换装不同种类、不同牌号的油品时,必须按规定彻底冲洗干净,经检验合格后,方可装别的油品。

(9)贮存汽缸油或其他高粘度油的容器或库房,应根据具体情况,设置加热设备,以保持油品的正常流动性。但严禁使用明火加热,以免油品变质和发生火灾。

(10)润滑油品的保管,应备有以下资料。

1)种类润滑油品质量指标。

2)设备润滑管理制度。

3)全公司设备润滑用油统一规定。

4)设备润滑油品消耗定额。

5)油品合格证及化验分析报告单。

7. 设备的清洗换油规定

(1)设备清洗换油计划表,由润滑技术人员和主管设备技术员共同编制,报设备科审查。

（2）设备的清洗换油工作，应尽量与一、二级保养及大、中修理期相结合，换下废油时，应分别存放，送往润滑站统一处理。

（3）加换润滑油时，应加足至油标规定位置。

（4）润滑工应经常检查设备油箱的油质及消耗情况，对尚未到期换油的油箱，如发现油质已变黑或油面低于油标规定位置，应换新油或添加补充。

（5）每次清洗换油后，应详细登记在润滑卡片上和换油计划表上。

（6）设备在大、中修理时，由修理工放掉旧油、清洗油桶，修理完工后，由润滑工加换新油。

8. 润滑油脂的申请计划及消耗定额

（1）车间润滑工应根据润滑卡片的实际消耗情况记录，每月统计一次，交车间润滑技术员或主管设备技术员，以作编制润滑油脂消耗计划的依据。

（2）润滑技术或主管设备技术员根据换油周期与消耗定额及每年实际消耗数字，编制出本车间年、季度的润滑油脂申请计划交设备科审查汇总，报供应科按期供应。

（3）各车间的月份需用润滑油计划，由车间润滑技术员或设备技术员根据年、季的申请计划和上月实际消耗数字进行编制，经车间主管负责人同意后，向能源科领用。

（4）供应科根据润滑油申请计划，向石油公司申请，新油到厂后由能源科取样化验，化验合格后方可发给车间使用。

（5）各车间各类设备的润滑油脂消耗定额，由各车间的润滑技术员和车间主管设备技术员会同设备科根据设备复查系数和本厂实际情况共同编制。

9. 废油的回收及再生管理

（1）润滑油在使用过程中，由于受机械磨损和工作环境的影响会逐渐变质，主要是粘度增大、闪点降低、酸质、胶质增多和渗入杂质而造成油脂老化变质，成为废油，能源科负责组织回收进行再生。

（2）各车间在清洗换油时，应将旧油和废油送往能源科进行回收。

（3）废油回收率，一般应达到新油消耗量的 $30\%\sim40\%$。

（4）废油回收及再生工作应严格按下列要求进行。

1）同一品种,不同牌号的废油应收集在一个桶内。

2）特别脏的和不太脏的或混有冷却液的废油,应分别回收,不得混在一起。

3）车间维修用于洗涤的废油及其他废油,应分别回收,不得混在一起。

4）高级的废润滑油和一般用的废机油应分别回收,不得混在一起。

5）储存废油的油桶应当加盖,防止灰砂及水混入油内。

6）油桶应有明显的标识,仅作储存废油专用,不应存放其他液体。

五、设备的更新改造和报废

（1）为提高生产率和降低消耗,应对老、旧设备进行更新改造,从而改变主要生产设备技术的落后面貌,保证并提高全厂主要设备的完好率。

1）各使用、维修部门在编制设备修理计划时,报生产技术科审核,由厂长批准,对主要生产设备的更新改造,应由生产技术科组织专业人员进行讨论,预测经济效果并做出论证结果,由主管领导批准后方可实施。

2）一般机械设备的技术改造项目的内容应在改造方案中填报清楚,报生产技术科审核,经主管领导批准后方可实施。

（2）凡已超过使用年限,主要结构陈旧、精度低劣、已不能满足使用要求,且不能修复或无修复改造价值的机械设备应予报废。

1）凡需报废的设备,应由使用部门提出申请,交生产技术科组织检查鉴定并会同有关部门提出处理意见。

2）生产技术科编制设备报废技术鉴定书,报上级主管部门批准,按规定统一处理,其他任何部门不得擅自处理,在处理前,使用部门必须妥善保管。

3）报废单经批准后,交付财务和使用部门各执一份,以注销资产账和设备台账。

六、设备的日常巡检及考核

通过设备巡检,确保对污水处理厂中的设备实现正常的维护保养。正常巡检分为三级,部门负责人和专业工程师为一级巡检人员,重点巡检关键和核心设备;班组技术员为二级巡检人员,对所有相关设备进行巡检;值班人员为三级巡检人员,按要求不间断巡检。

企业应该组织相关部门定期对设备的维护保养进行考核,见表5-3。

表 5-3 设备维护保养考核表

考核内容	分值	评分细则	得分	备注
有明确的岗位职责,并张贴在明显位置	4	符合4分;未张贴扣2分;无岗位职责0分		
设备定期检修保养(加油、紧固、清洁、密封),并有清晰完整的记录	4	符合4分;不定期检查扣2分;记录不完整清晰扣1分;无记录扣0分		
按规定制定设备、设施维修计划和设备技改、大修的年度计划	3	符合3分;无维修计划扣2分;无年度计划扣1分		
设备保持清洁,无油污,周边无杂物	4	符合4分;有油污扣2分;有杂物扣2分		
定期巡视设备,并对其运行状态有清晰、准确、及时、完整的记录	4	符合4分;不定时巡视扣2分;记录不清晰扣1分;记录不完整扣1分		
对各设备制定相应的应急处理预案,并完整、适用,便于查阅	3	符合3分;制定不齐全酌情扣2分;不制定0分		
设备故障处理及时、有效	4	符合4分;处理不及时扣3分;其他不完善处酌情扣1分		
保持电控箱内清洁、无杂物	3	符合3分;有少量杂物扣2分;大量杂物0分		

考核内容	分值	评分细则	得分	备注
变、配电室无杂物，环境保持清洁	3	符合3分；有杂物2分；不清洁扣1分；大量杂物0分		
维修、辅助工具完好，摆放整齐	3	符合3分；工具不完好扣2分；乱摆乱放扣1分		
对仪器仪表和控制设备有明确的构成说明书	3	符合3分；资料不全酌情扣2分；无资料0分		
严格遵守设备维修步骤，维修完成后保持现场清洁	3	符合3分；现场不清洁扣1分；违规操作0分		
对设备运行中出现的问题做出分析判断，做出处置对策，并有完整清晰的记录	3	符合3分；记录不清晰扣1分；未做出处置对策扣2分		
根据设备使用说明书、设备操作与运行要求、设备维护保养手册等制定设备维护保养计划	3	符合3分；保养手册不全扣1分；未张贴扣1分；无手册0分		
建立设备及工具台账	3	符合3分；台账不清晰扣2分；台账信息不全扣1分；不建立台账0分		
合计	50			

考评部门：　　　　　　　　　　　　　　考评人：

考评得分：

被考评部门负责人：　　　　　　　　　日　期：　年　月　日

七、设备的事故与故障管理制度

由于使用、维修、管理不当等原因造成机械设备(车辆)的非正常性损坏的；设备或零部件失去原有精度性能，不能正常运行，技术性能降低等，造成停产时间或修复费用达到下列规定数额的为机械设备

(车辆)事故。

1. 设备事故的分类

设备事故分为一般设备事故、重大设备事故、特大设备事故。

(1)修复费用损失价值在 500～3 000 元或占设备原价值的 10%以内、修复期在 3～5 d 以内、设备事故造成厂供电中断 2 h 以内均为一般设备事故。

(2)修复费用损失价值在 3 000～20 000 元以内或设备原价值在万元以上而修复费用损失价值占原值的 30%以内、修复期在 10～15 d 以内、设备事故造成厂供电中断 4 h 以内均为重大设备事故。

(3)设备事故造成的设备报废或修复费用损失价值在 20 000 元以上;设备原价值在 5 万元以上而修复费用损失价值占原值的 30%以上的、修复期在 16～30 d 以内、设备事故造成厂停产 15 d 以上均为特大设备事故。

注:凡因设备零部件松动、泄漏、裂损、失灵等需停机检查处理而不构成设备事故,修复费用在 200 元以下者,属于设备故障。

2. 设备事故的性质划分

(1)破坏性事故:人为故意制造的事故。

(2)责任事故:违章作业、维修不良、管理不善、劳动纪律松懈、违章指挥等人为因素造成的事故。

(3)自然事故:制造质量不佳,设计安装不良或引起其他不可预见因素而引起的事故。

凡属下列情况之一者,不属于设备事故。

(1)设备检修中因质量事故而引起返工,造成生产损失的质量事故。

(2)不作为资产管理的低值易耗品的损坏。

(3)计划检修或处理隐患而引起的停机、停产。

(4)设备安全保护装置正常损坏使生产中断者,如安全销、安全阀、断电保护等。

(5)检验、化验、测试器具损坏、失灵致使工作失误造成设备损坏或造成生产损失的。

（6）交通、火灾事故引起的设备损坏。

（7）不可抗拒的自然灾害造成设备损坏，使生产承受事故的。

3. 事故的分析和处理

事故发生后，应立即组织事故分析，小设备事故和一般设备事故由生产技术科组织有关人员分析。重大设备事故应由厂长组织生产技术科及有关部门和人员进行，并做出处理结论，总结经验教训，制定防范措施。

（1）设备事故发生后，操作人员应立即采取相应措施，保持事故现场，动力（供电、供气等）、运行事故发生后，当班人员应立即按规定规程及时处理，以避免或减少损失，同时，应将情况立即报告设备领导小组和安全领导小组，重大事故报厂长室。

（2）企业发生重大事故（含重大事故）以上的由企业一次性按修复费用损失价值的 10% 罚款，罚款的费用由总公司安排用于奖励在设备管理工作中有成绩的企业或集体、个人。对设备事故隐瞒不报或弄虚作假的单位和个人应加重处罚，并追究领导责任。设备事故频率应按规定统计，并按期上报，对达不到事故等级的设备故障及违章操作而造成未遂事故的都必须查明原因，分清责任，教育违章人员。

（3）设备事故要做到"三不放过"，即事故原因不清楚不放过；事故责任者与群众未受教育不放过；没有防范措施不放过。所有事故都要查清原因和责任，按照情节轻重和责任大小，分别给予行政处分或经济赔偿，触犯法律者要依法制裁。

4. 事故责任的确定

（1）一个人独立操作，设备发生事故应由操作者负责，非专人使用的设备发生事故应由使用人负责。

（2）师傅和未能独立操作的徒工共同操作同台设备如发生事故应由师傅负主要责任。

（3）发现设备运转不正常或设备性能不能满足加工工艺要求时，操作者应立即将情况反映给部门领导，如其仍指示继续操作而造成事故则由指示人负责。

（4）凡多班制进行操作的设备，双方应认真交接班。如有问题应及时向部门领导反映,否则一切后果由接班人负责。

(5)私自将设备供给他人操作由出借人负责。

(6)发生事故不报或隐瞒情况则由隐瞒者负责。

(7)凡维修中因维护错误,应由修理人员负责。

5. 设备事故的统计和上报

(1)任何性质的设备事故均由发生事故部门在三日内填写"事故报告单",并一式三份,分别报厂长、生产技术科各一份,本部门自留一份归档备案,生产技术科按季度统计汇总,上报有关机关。

(2)重大设备事故及处理情况,由生产技术科及时上报主管部门,特大设备事故立即报管理处,随后自报处理意见。

第六章 小城镇污水处理厂污泥处理运行与管理

第一节 污泥的分类和性质指标

一、污泥的分类

1. 按成分分类

(1)污泥。以有机物为主要成分的称为污泥。污泥的性质是易于腐化发臭,颗粒较细,相对密度较小(为1.02～1.006),含水率高且不易脱水,属于胶状结构的亲水性物质。

(2)沉渣。以无机物为主要成分的称为沉渣。沉渣的主要性质是颗粒较粗,相对密度较大(为4左右),含水率较低且易于脱水,流动性差。

2. 按来源分类

(1)初次沉淀污泥。来自初次沉淀池。

(2)剩余活性污泥。来自活性污泥法后的二沉池。

(3)腐殖污泥。来自生物膜法后的二沉池。

以上三种污泥可统称为生污泥或新鲜污泥。

(1)消化污泥。生污泥经厌氧消化或好氧消化处理后,称为消化污泥或熟污泥。

(2)化学污泥。用化学沉淀法处理污水后产生的沉淀物称为化学污泥或化学沉渣。如用混凝沉淀法去除污水中的磷;投加硫化物去除污水中的重金属离子;投加石灰中和酸性水产生的沉渣以及酸、碱污水中与处理产生的沉渣均称为化学污泥或化学沉渣。

二、污泥的性质指标

1. 污泥含水率

污泥中所含水分的质量与污泥总质量之比的百分数称为污泥含水率。初次沉淀池污泥含水率介于 95％～97％,剩余活性污泥达 99％以上。污泥的体积、质量及所含固体物浓度之间的关系如下。

$$\frac{V_1}{V_2} = \frac{W_1}{W_2} = \frac{100 - P_1}{100 - P_2} = \frac{C_1}{C_2}$$

式中　P_1, V_1, W_1, C_1——污泥含水率为 P_1 时污泥体积、质量与固体浓度;

　　　　P_2, V_2, W_2, C_2——污泥含水率为 P_2 时污泥体积、质量与固体浓度。

2. 挥发性固体和灰分

挥发性固体(或称灼烧减重)近似地等于有机物含量,用 VSS 表示,常用单位 mg/L,有时也用质量分数表示。VSS 也反映污泥的稳定化程度;灰分(或称灼烧残渣)表示无机物含量。

3. 湿污泥相对密度与干污泥相对密度

湿污泥质量等于污泥所含水分与干固体质量之和。湿污泥相对密度等于湿污泥质量与同体积的水质量之比。

干污泥的相对密度可按下式计算。

$$\gamma_s = \frac{250}{100 + 1.5 P_v}$$

式中　P_v——有机物所占的百分比,％。

湿污泥的相对密度可按下式计算。

$$\gamma = \frac{25\,000}{250 P + (100 - P)(100 + 1.5) P_v}$$

式中　P——含水率,％。

　　　　P_v——有机物所占的百分比,％。

4. 污泥肥分

污泥肥分是指其中含有的植物营养素、有机物及腐殖质等。营养素主要指氮、磷、钾等植物营养成分。污泥中主要成分的比例为氮（2%～3%），磷（1%～3%），钾（0.1%～0.5%），有机物（50%～60%）。

5. 污泥中重金属离子含量

污水经二级处理后，污水中重金属离子约有 50% 以上转移到污泥中。将污泥用作农肥时，需注意控制其中的金属离子含量。

三、污泥浓缩

污泥浓缩的目的是去除污泥中的水分，减少污泥的体积，进而降低运输费用和后续处理费用。剩余污泥含水率一般为 99.2%～99.8%，浓缩后含水率可降为 95%～97%。

第二节　污泥处理设计方案

一、一般规定

（1）城镇污水处理厂污泥处理应以城镇总体规划为主要依据，从全局出发，因地制宜，以"稳定化、减量化、无害化"为目的，并宜利用污泥中的物质和能量，实现其"资源化"。

（2）污泥处理工程建设之前，应进行污泥中有机质、营养物、重金属、病原菌、污泥热值、有毒有机物的分析测试（污泥标准中的重金属含量限值见表 6-1）；应进行处置途径的调查工作，明确处置方对泥质和泥量的要求，选择合适的处理工艺。

表 6-1　污泥标准中的重金属含量限值　　　　　单位：mg/kg

序号	项目	中国		欧盟	美国	太原	天津	广州	上海	北京
		酸性土壤（pH 值 <6.5）	中性和碱性土壤（pH 值≥6.5）							
1	镉，Cd	5	20	20～40	85	0.95	5	—	2.54	—
2	汞，Hg	5	15	16～25	57	7.4	8.5	—	3.08	46.8

续表

序号	项目	中国		欧盟	美国	太原	天津	广州	上海	北京
		酸性土壤（pH值＜6.5）	中性和碱性土壤（pH值≥6.5）							
3	铅,Pb	300	1 000	750～1 200	840	69.5	699	245	72.5	149
4	铬,Cr	600	1 000	—	—	145	565	1 550	23.2	190
5	砷,As	75	75	—	75	9.7	17.9	—	11.7	—
6	镍,Ni	100	200	300～400	420	26.2	200	452	42.6	43
7	锌,Zn	2 000	3 000	2 500～4 000	7 500	831	1 355	1 790	2 110	1 234
8	铜,Cu	800	1 500	1 000～1 750	4 300	174	486	2 200	282	202
9	硼,B	150	150			10				140
10	矿物抽	3 000	3 000			146	—		1 300	3 680
11	苯井(a)芘	3	3							
12	PCDD/PCDF(ngTE/kg干污泥)	100	100							
13	AOX	500	500							
14	PCB	0.2	0.2							
15	钼	—	—		75					
16	硒				100					

（3）在污泥运输过程中，应保证安全，严禁造成二次污染。

（4）污泥处理工艺方案应包括下列内容。

1）确定污泥性质、工程规模、选址、处理要求和处置途径。

2）确定污泥处理系统的布局、处理工艺方案和污泥输送方案。

3）提出污泥最终处置的配套设施。

4）进行相应的工程投资估算、日常运行费用计算、效益分析、风险评价和环境影响评价等。

二、方案选择

（1）污泥处理方式应根据当地实际情况确定。

(2)对已建成但无污泥处理系统的城镇污水处理厂,应根据现有污水处理厂的泥质和预计可能发生的变化情况综合确定污泥处理工艺方案;对新建的城镇污水处理厂,应在分析研究污水处理厂进水水质的基础上,参考同类污水处理厂泥质,并综合考虑可能发生的变化情况确定污泥处理工艺方案。

(3)城镇污水处理厂的污泥可在污水处理厂内就地处理,也可在污水处理厂外新建的专用污泥处理厂单独处理。确定方案时,应综合考虑环境影响、运输、管理、人员安排和经济比较等因素。

(4)污泥处理厂的规模、布局、选址、数量和处理程度等,应根据最终处置的泥质、泥量要求和具体位置分布情况确定。

污泥最终处置是决定污泥处理工艺路线的基础,最终处置途径的确定可分为调查、筛选和确定三个阶段。

1)调查阶段:主要工作是收集现状资料,确定全部污泥产量以及可作为最终处置途径的全部潜在处置方。这一阶段需要和当地农林部门,国土资源部门、水泥厂和制砖厂等工业厂商,垃圾填埋场等讨论主要潜在处置方的情况,然后与这些处置方联系。

2)筛选阶段:按处置泥量的大小、泥质要求,从经济上考虑对上阶段被确认的潜在处置途径分类排队,筛选出若干个候选处置途径。筛选处置途径的主要标准如下。

①处置泥量大小,这是因为大的处置方通常决定污泥处理的工艺和布局,甚至规模也可大致确定。

②处置方的稳定程度,处置方应不会轻易受天气、经济、政策的影响。

3)确定阶段:这个阶段应研究各个处置方对污泥产品的要求;对不同的筹资进行比较,确定最终处置途径的处理成本。

(5)污泥处理厂可服务于一个或多个污水处理厂,并宜靠近污水处理厂或污泥产品处置方集中地区。

(6)污泥处理备选技术方案不应少于两套,并应在对各种方案进行技术经济比选后,确定最佳方案。技术经济比选应符合因地制宜、稳定可靠、经济合理、技术先进的原则,综合评价社会效益、环境效益和经济效益。

(7)污泥处理方案应根据最终处置的要求,按照技术先进、经济合理的原则,进行技术单元优化组合。

三、设计要求

(1)城镇污水处理厂的污泥处理系统应由浓缩、稳定、脱水、堆肥、干化或焚烧等子系统组成,污泥处理工程设计应按系统工程综合考虑。

(2)污泥处理厂应设置污泥储存设备,并应采取防渗漏措施。

(3)污泥处理厂产生的污水,可由本厂自行处理,也可以就近排入污水处理厂集中处理。

(4)城镇污水处理厂污泥处理宜选用下列基本组合工艺。

1)浓缩——脱水——处置。

2)浓缩——消化——脱水——处置。

3)浓缩——脱水——堆肥/干化/石灰稳定处置。

4)浓缩——消化——脱水——堆肥/干化/石灰稳定——处置。

5)浓缩——脱水——堆肥/干化/石灰稳定——焚烧——处置。

(5)污泥浓缩、消化、脱水工艺的设计,应符合现行国家标准《室外排水设计规范》(GB 50014—2006)的相关规定。

(6)污泥处理厂必须按相关标准的规定设置消防、防爆、抗震等设施。

(7)污泥处理厂的噪声和卫生指标应符合相关环境标准的规定。

(8)污泥厌氧处理过程中产生的污泥气应优先作为能源综合利用。

第三节　污泥处理工艺技术

污泥处理是对污泥进行稳定化、减量化和无害化处理的过程,一般包括浓缩(调理)、脱水、厌氧消化、好氧消化、石灰稳定、堆肥、干化和焚烧等。

一、污泥浓缩

污泥浓缩的目的是去除污泥中的水分,减少污泥的体积,进而降低运输费用和后续处理费用。污泥浓缩常用的方法有重力浓缩法、气浮浓缩法和离心浓缩法三种。

1. 重力浓缩法

重力浓缩法本质上是一种沉淀工艺,是依靠污泥的重力作用而达到污泥浓缩的目的,属于压缩沉淀。浓缩前由于污泥浓度很高,颗粒之间彼此接触支撑。浓缩开始之后,在上层颗粒的重力作用下,下层颗粒间隙中的水被挤出界面,颗粒之间相互拥挤得更加紧密。通过这种拥挤和压缩过程,污泥浓度进一步提高,从而实现污泥浓缩。

重力浓缩池按其运转方式,可以分为连续式和间歇式两种。连续式主要用于大、中型污水处理厂;间歇式主要用于小型污水处理厂或工业企业的污水处理厂。重力浓缩池一般采用水密性钢筋混凝土建造,设有进泥管、排泥管和排上清液管,平面形式有圆形和矩形两种,一般多采用圆形,如图 6-1 所示。

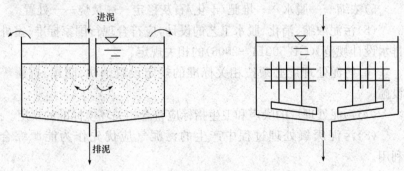

进泥

排泥

图 6-1　重力浓缩池示意图

间歇式重力浓缩池的进泥与出水都是间歇的,因此,在浓缩池不同高度上应设多个上清液排出管。间歇式操作管理麻烦,且单位处理污泥所需的池容积比连续式的大。连续式重力浓缩池的进泥与出水都是连续的,排泥可以是连续的,也可以是间歇的。

2. 气浮浓缩法

气浮浓缩工艺是固—液分离或液—液分离的一种技术。它是通过某种方法产生大量的微气泡,使其与废水中密度接近于水的固体、液体或液体污染物微粒黏附,形成密度小于水的气浮体,在浮力的作用下,上浮至水面形成浮渣,由刮浮渣机收集处置。气浮浓缩法多用于浓缩污泥颗粒较轻(相对密度接近于 1)的污泥,如剩余活性污泥、生物滤池污泥等。

气浮浓缩法按微气泡产生方式,可以分为四种形式:加压溶气法、真空气浮法、电解气浮法和分散空气气浮法。

气浮浓缩法需控制的因素很多,主要有进泥量、空气压力、加压水量、流入污泥浓度、停留时间、气固比、水力表面负荷、污泥种类和性质、絮凝剂的使用。

(1)进泥量的控制。在气浮浓缩污泥的运行中首先要控制进泥量,进泥量可由下式计算。

$$Q_i = \frac{q_s A}{C_i}$$

式中 Q_i——进泥量,m^3/d;

q_s——气浮池的固体表面负荷,$kg/(m^2 \cdot d)$;

A——气浮池表面积,m^2;

C_i——入流污泥浓度,kg/m^3。

(2)空气压力的控制。空气压力决定空气的饱和状态和形成微气泡的大小,也是影响浮渣浓度和分离固液的重要因素。

(3)加压水量的控制。气浮装置中的加压水量应按设备说明控制。加压水量可由下式计算。

$$Q_w = \frac{Q_i C_i}{C_s(\eta P - 1)} \times \frac{A}{S}$$

式中 Q_w——加压水量,m^3/d;

Q_i——入流污泥量,m^3/d;

C_i——入流污泥的浓度,kg/m^3;

C_s——1 个大气压下空气在水中的饱和度,kg/m^3;

P——溶气罐的压力,Pa;

η——溶气效率,即加压水的饱和度(一般在 50%～80% 之间);

A/S——气浮浓缩的气固比。

(4)气固比。气固比是指气浮池中析出的空气量 A 与流入的固体量 S 之比,可用下式计算。

$$\frac{A}{S}=\frac{S_a(FP-1)}{Q_iC_o}\times 1\ 000$$

式中　A——析出空气量,kg/h;

S——流入固体量,kg/h;

S_a——标准状态下空气在水中的溶解度,kg/m;

F——回流加压水的空气饱和度,%,一般为 50%～80%;

P——溶气罐中的绝对压力,Pa;

Q_i——回流水流量,m³/h;

C_o——污泥浓度,mg/L。

气固比的大小主要根据污泥的性质确定,活性污泥浓缩时的 A/S 适宜范围为 0.01～0.05,一般为 0.02。

(5)水力表面负荷的控制确定了进泥量、加压水量、空气压力、气固比和设定的固体表面负荷后,还应对气浮设施进行水力表面负荷的核算。水力表面负荷用下式计算。

$$q_h=\frac{Q_i+Q_w}{A}$$

式中　Q_i——入流污泥量,m³/d;

Q_w——加压水量,m³/d;

A——气浮池的表面积,m²;

q_h——水力表面负荷,对活性污泥一般控制在 120 m³/(m²·d)以内。

(6)对浓缩池停留时间的控制。污泥在气浮池内的停留时间影响浓缩效果。其停留时间可用下式计算。

$$T=\frac{AH}{Q_i+Q_w}=\frac{H}{q_h}$$

式中　H——气浮池有效深度,m;

式中其他符号意义同前。

3. 离心浓缩法

离心浓缩工艺是利用离心力使污泥得到浓缩，主要用于浓缩剩余活性污泥等难脱水污泥或场地狭小的场合。由于离心力是重力的 $500\sim3\,000$ 倍，因而，在很大的重力浓缩池内要经十几个小时才能达到的浓缩效果，在很小的离心机内就可以完成，且只需要几分钟。含水率为 99.5％ 的活性污泥，经离心浓缩后，含水率可降低到 94％。对于富磷污泥，用离心浓缩可避免磷的二次释放，提高污水处理系统总的除磷率。此外，离心浓缩工艺工作场所卫生条件好，这一切都使得离心浓缩工艺的应用越来越广泛。

出泥含固率和固体回收率是衡量离心浓缩效果的主要指标，固体回收率是浓缩后污泥中的固体总量与入流污泥中的固体总量之比，因此，固体回收率越高，分离液中的 SS 浓度越低，即泥水分离效果和浓缩效果越好。

用于污泥浓缩的离心机种类有转盘式离心机、篮式离心机和转鼓离心机等。各种离心机浓缩的运行效果见表 6-2。

表 6-2　各种离心机浓缩的运行效果

离心机	$Q_o(L/s)$	$c_o(\%)$	$c_u(\%)$	固体回收率(%)
转盘式	9.5	$0.75\sim1.0$	$5.0\sim5.5$	90
转盘式	$3.2\sim5.1$	0.7	$5.0\sim7.0$	$93\sim87$
篮　式	$2.1\sim4.4$	0.7	$9.0\sim1.0$	$90\sim70$
转鼓式	$4.75\sim6.30$	$0.44\sim0.78$	$5\sim7$	$90\sim80$
转鼓式	$6.9\sim10.1$	$0.5\sim0.7$	$5\sim8$	65 85(加少许混凝剂)

二、污泥脱水

浓缩消化后的污泥仍具有较高的含水率，且体积仍较大，因此，应进一步采取措施脱除污泥中的水分，降低污泥的含水率。污泥脱水的方法主要有自然干化法和机械脱水法。

1. 污泥脱水前的预处理

　　浓缩污泥直接进行机械脱水,一般脱水效果不好,污泥的比阻大,脱水效率低,动力消耗大,因此,首先应进行预处理,以改善污泥脱水性能,提高机械脱水效果与机械脱水设备的生产能力。污泥预处理的方法有化学混凝法和淘洗—化学混凝法。

　　(1)化学混凝法。投加混凝剂,可使污泥中胶体物质凝聚成大颗粒,使其容易脱水过滤,不易堵塞滤布。常用的混凝剂有三氯化铁、三氯化铝、硫酸铝、碱式氯化铝、高分子絮凝剂等。它们的投加量通过实验确定。

　　(2)淘洗—化学混凝法。单纯采用化学混凝法,消化后的熟污泥所需的混凝剂量特别高,约10%(以污泥干重计)以上。一般可采用处理厂出水或河水作淘洗水,淘洗水量与湿污泥的比一般采用(2~4):1,最好通过实验确定。淘洗废水的 BOD_5 和悬浮固体均可高达 2 000 mg/L 以上,必须再次进行处理。

2. 污泥的自然干化

　　污泥的自然干化是将污泥摊置到由级配砂石铺垫的干化场上,通过污泥在自然界的蒸发、渗透和清液溢流等方式,实现脱水。污泥自然干化的主要构筑物是干化场。自然干化方法简单、经济,因此,这种脱水方法适用于气候比较干燥,占地不紧张,以及环境卫生条件允许的小城镇污水处理厂的污泥处理。

3. 污泥的机械脱水

　　污泥的机械脱水基本原理都是以过滤介质两侧的压力差作为推动力,使污泥中的水分被强制通过过滤介质,形成滤液排出,而固体颗粒被截留在过滤介质上成为脱水后的滤饼(有时称泥饼),从而实现污泥脱水的目的。过滤过程示意图如图 6-2 所示。机械脱水方法有真空吸滤法、压滤法和离心法等。

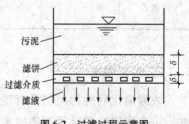

图 6-2　过滤过程示意图

三、污泥厌氧消化

厌氧消化是指利用兼性菌和厌氧菌,经过水解、酸化、产甲烷的过程,分解污泥中有机物的一种污泥处理工艺。污泥厌氧消化过程概括为三个阶段:第一阶段,称为水解发酵阶段,即酸性阶段。在水解与发酵细菌作用下,使碳水化合物、蛋白质和脂肪水解与发酵,转化成单糖、氨基酸、脂肪酸及乙醇;第二阶段,称为产氢、产乙酸阶段。是由产氢、产乙酸菌将脂肪酸和乙醇转化为乙酸、二氧化碳及氢;第三阶段,称为产甲烷阶段。由产甲烷菌利用乙酸、二氧化碳及氢产生甲烷。其中,70% CH_4 由乙酸脱羧形成,约 30% 由二氧化碳及氢合成。

影响厌氧消化的因素主要有温度、负荷、搅拌效果和有毒有害物质浓度等。

(1)温度。污泥厌氧消化有两个最优温度区段:中温消化(33～35 ℃)和高温消化(50～55 ℃)。温度不同,污泥中占优势的厌氧菌群不同,反应速率和产气率也不同。随着温度升高,反应速率和产气速率逐渐加大。在 50～55 ℃时,反应速率最快,产气速率最高,杀灭病原微生物的效果最好。

(2)容积负荷。厌氧消化池中有机物容积负荷越高,污泥消化反应速率也越高。

(3)污泥搅拌。污泥的搅拌对提高污泥消化效率影响很大,选择合适的搅拌方式,选用合理的设备,就可以大大提高厌氧微生物降解能力,缩短有机物稳定所需时间,提高产气率,其常用的方法有泵加水射器搅拌法、消化气循环搅拌法、机械搅拌法和混合搅拌法。

(4)有毒有害物质。有毒有害物质会对厌氧微生物产生毒害作用,抑制其降解反应,因此,应设法将污泥中的有毒有害物质浓度控制在最高允许浓度以下(表 6-3、表 6-4)。

表 6-3　重金属对甲烷菌的致毒含量　　　　　　单位:%

重金属离子	铜	镉	锌	铁	三价铬	六价铬
重金属在干污泥中的含量	0.93	1.08	0.97	9.56	2.60	2.20

表 6-4　轻金属对甲烷菌的致毒浓度　　　　单位:mg/L

致毒浓度	激发浓度	中等抑制浓度	严重抑制浓度
Ca^{2+}	100~200	2 500~4 500	8 000
Mg^{2+}	75~150	1 000~1500	3 000
K^+	200~400	2 500~4 500	12 000
Na^+	100~200	3 500~5 500	8 000

四、污泥石灰稳定

污泥经机械脱水后,在泥饼中投加干燥的生石灰(CaO),进一步降低泥饼含水率,同时使其 pH 值和温度升高,以抑制病原菌和其他微生物生长的过程,称之为污泥石灰稳定。

1. 一般规定

(1)石灰稳定工艺中宜采用生石灰(CaO)。

(2)石灰稳定设施的车间、除尘设备、混料设备、石灰储存库等均应密闭。

(3)机械设备应采取隔声措施。

(4)石灰储料筒。

(5)石灰储存容积应按照大于 7 d 以上的运行供给量确定。

(6)石灰进料装置应位于储料筒仓的锥斗部分,并宜采用定容螺旋式进料装置。

(7)石灰混合装置应设在收集泥饼的传送装置末端。

(8)石灰投加设施应采用自动控制。

(9)石灰稳定设施必须设置废气处理设备,可采用湿式除尘设备。

(10)石灰稳定污泥应主要用于酸性土壤的改良剂、路基基材,以及填埋场的覆盖土等。当采用后续水泥窑注入法生产水泥时,可替代水泥烧制的原材料。

2. 工艺参数

(1)石灰稳定要维持较高的 pH 值水平并达到足够长的时间以控

制微生物的活性,从而阻止或充分抑制微生物反应而产生的臭气和生物传播媒介,并保证污泥在发生腐败和恶臭之前能够储存 3 d 以上,进而进行再利用和最终处置。石灰稳定过程中的 pH 值及其持续时间应符合下列规定。

1)反应时间持续 2 h 后,pH 值应升高到 12 以上。

2)在不过量投加石灰的情况下,混合物的 pH 值应维持在 11.5 以上,持续时间应大于 24 h。

(2)生石灰与污泥饼混合体积计算见表 6-5。石灰投加量应符合下列规定。

1)投加石灰干重宜占污泥干重的 15%～30%。

2)石灰污泥体积增加量宜控制在 5%～12%。

表 6-5　生石灰与污泥饼混合体积计算表

		质量(kg)	密度(kg/m³)	体积(m³)
15%生石灰(CaO)	干污泥	1 000	720.0	1.389
	水分	3 950	1 000.0	3.950
	熟石灰[Ca(OH)₂]	200	560.0	0.357
	总量	5 150	—	5.696
	固体百分比	23.30%	体积增加(%)	5.7%
30%生石灰(CaO)	干污泥	1 000	720.0	1.389
	水分	3 900	1 000.0	3.900
	熟石灰[Ca(OH)₂]	400	560.0	0.714
	总量	5 300	—	6.003
	固体百分比	26.42%	体积增加(%)	11.4%
60%生石灰(CaO)	干污泥	1 000	720.0	1.389
	水分	3 810	1 000.0	3.810
	熟石灰[Ca(OH)₂]	790	560.0	1.411
	总量	5 600	—	6.610
	固体百分比	31.96%	体积增加(%)	22.7%

五、污泥堆肥

污泥经机械脱水后，在微生物活动产生的较高温度条件下，使有机物进行生物降解，最终生成性质稳定的熟化污泥的过程，称为污泥堆肥。

1. 一般规定

(1)堆肥可采用条垛堆肥和仓内堆肥，并应符合下列规定。

1)条垛堆肥可采用静堆式或翻堆式。

2)根据污泥流态，仓内堆肥可采用垂直流动式、水平流动式或单箱静堆式。

(2)堆肥宜分成快速堆肥和熟化堆肥两个阶段。仓内堆肥和条垛堆肥宜作为快速堆肥阶段，条垛堆肥宜作为仓内堆肥的后续工艺用于污泥熟化。

(3)堆肥湿度宜符合下列规定。

1)混合污泥初始含水率宜为 55%～65%，可通过添加膨松剂和返混干污泥调节含水率。

2)快速堆肥阶段，含水率应保持在 50%～65%。

(4)堆肥过程中，堆内温度应为 55～65 ℃，持续时间应在 3 d 以上。

(5)堆肥初始碳氮比应为 20∶1～40∶1，可通过添加调理剂调节营养平衡，调理剂宜采用锯木屑、稻草、麦秆、玉米秆、泥炭、稻壳、棉籽饼、厩肥、园林修剪物等。

(6)堆肥宜添加膨松剂增加料堆的孔隙率。膨松剂宜采用长 2～5 cm 的木屑、专用膨松材料、花生壳、树枝等。

(7)返混干污泥和膨松剂添加量应按下列公式确定。

$$X_R = (1 - f_2) \times f_1 \times X_C$$
$$X_B = f_1 \times X_C - X_R$$

式中　　X_R——每天返混干污泥的湿重，kg/d；

　　　　X_B——每天添加膨松剂的湿重，kg/d；

　　　　f_1——膨松剂和返混干污泥的湿重与进泥泥饼的湿重比值，取值范围为 0.75～1.25；

f_2——膨松剂添加量占膨松剂和返混干污泥总添加量的比例,取值范围为 0.20～0.40;

X_C——每天进泥泥饼的湿重,kg/d。

(8)堆肥过程中,堆体中空气含氧量宜控制在 5%～15%(按体积计算)。

(9)堆肥必须设置臭味控制设施,宜采用生物滤床等方式。滤料可采用筛分后的熟化污泥等材料。

(10)堆肥后的污泥可作为土壤调理剂、覆盖土、有机基质等使用。

(11)污泥接收区、快速反应区、熟化区、储存区的地面周边及车行道必须进行防渗处理。

(12)堆肥厂必须设置渗滤液的收集、排出和处理设施。

(13)堆肥产品储存区不宜设置供暖设施。

2. 静堆式条垛堆肥

(1)静堆式条垛堆肥的断面形状宜为梯形,并应根据污泥性质和鼓风方式经过试验确定具体尺寸。

高大的条垛有利于获得较高的温度,并产生较少的臭味。静堆式条垛剖面示意图如图 6-3 所示。

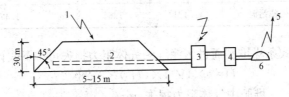

图 6-3 静堆式条垛剖面示意图
1—空气;2—垛;3—收集渗滤液和浓缩液;4—风机;
5—脱臭气体;6—生物滤床

(2)静堆式条垛堆肥工艺过程:首先按比例混合好湿污泥和木屑;然后在风管上铺上 15～30 cm 厚的木屑或干化污泥用于布气,再在上面堆置混合好的污泥;最后在污泥堆上覆盖干化污泥。静堆式条垛堆肥的时间要求应符合下列规定。

1)快速堆肥时间必须大于 10 d,宜为 14～21 d;在土地条件允许的情况下,可适当延长。

2)当快速堆肥后的污泥台固率小于50%时,应重新分堆进一步干化,持续时间宜大于 7 d。

3)熟化前应筛分回收添加材料,熟化处理持续时间宜为 30～60 d。

(3)静堆式条垛堆肥一般由木屑支撑层、混合污泥层、熟污泥覆盖层组成,每层的 k、j、n 不同(表 6-6)。

表 6-6　不同基质的 k、j、n 值

基　　质	k	j	n
水屑：生污泥(体积比)			
2：1	1.245	1.05	1.61
3：2	1.529	1.30	1.63
1：1	2.482	1.47	1.47
1：2	7.799	1.41	1.48
新木屑	0.539	1.08	1.74
使用后的木屑	3.504	1.54	1.39
筛分后的熟污泥	1.421	1.66	1.47

静堆式条垛堆肥通过污泥堆的气体阻力损失可按下式计算。

$$D = k \times (V^n) \times (H^j) \times 3.28^{n-i-j}$$

式中　D——堆肥中气体阻力损失,m;

　　　k——堆肥中气体阻力系数,取值范围为 1.2～8.0;

　　　V——堆肥中气体的速度,m/s;

　　　n——堆肥中气体速度阻力系数,取值范围为 1.0～2.0;

　　　H——堆肥高度,m;

　　　j——堆肥高度阻力系数,取值范围为 1.0～2.0。

(4)静堆式条垛堆肥的通风量应按下列三种方法计算,取其中最大值的 3～5 倍作为设计依据。

1)有机物氧化需气量应按下式计算。

$$Q_1 = \frac{a \times q_1 + b \times q_2}{F}$$

式中　Q_1——标准状态下堆肥过程中有机物氧化需气量，m^3/d；

　　　　a——城镇污泥中生物可降解有机物的需氧量，取值范围：
　　　　　　　1.0～4.0 kg O_2/kg 干污泥，典型值为 2.0 kg O_2/kg 干
　　　　　　　污泥；

　　　　b——调理剂中生物可降解有机物的需氧量，取值范围：0.5～
　　　　　　　3.0 kg O_2/kg 干污泥，典型值为 1.2 kg O_2/kg 干污泥；

　　　　q_1——每日处理城镇污泥中的生物可降解量（kg 干污泥/d）；

　　　　q_2——每日添加调理剂中的生物可降解量（kg 干污泥/d）；

　　　　F——常数，取 0.28，标准状态（0.1 MPa，20 ℃）下的每立方
　　　　　　　米空气含氧量，kg O_2/m^3。

2）除湿需气量应按下式计算。

$$Q_2 = \frac{\dfrac{1-s_s}{s_s} - \dfrac{1-v_s}{v_p} \times \dfrac{1-s_p}{s_p}}{\rho \times (w_o - w_i)} \times q_1 + \frac{\dfrac{1-s_T}{s_s} - \dfrac{1-v_T}{1-v_p} \times \dfrac{1-s_p}{s_p}}{\rho \times (w_o - w_i)} \times q_2$$

式中　Q_2——标准状态下堆肥过程中除湿需气量，m^3/d；

　　　　w_o——出口空气饱和湿度（kg H_2O/kg 干空气）；

　　　　w_i——进口空气湿度（kg H_2O/kg 干空气）；

　　　　s_s——生污泥固体含量，取值范围为 0.15～0.30 kg 干污泥/
　　　　　　　生污泥；

　　　　s_T——调理剂固体含量，取值范围为 0.30～0.50 kg 干污泥/kg
　　　　　　　调理剂；

　　　　v_s——生污泥中挥发性固体含量，取值范围为 0.6～0.8 g 挥
　　　　　　　发性固体/g 干污泥；

　　　　s_P——堆肥产品中固体含量，取值范围为 0.55～0.75 kg 干污
　　　　　　　泥/kg 堆肥污泥；

　　　　v_T——调理剂中挥发性固体含量，取值范围为 0.6～0.8 g 挥
　　　　　　　发性固体/g 调理剂干物质；

　　　　v_P——堆肥产品中挥发性固体含量，取值范围为 0.3～0.5 g
　　　　　　　挥发性固体/g 干污泥；

ρ——常数,取 1.18,标准状态下(0.1 MPa,20 ℃)空气密度
(kg/m³)。

3)除热需气量应按下式计算。

$$Q_3 = \frac{(a \times q_1 + b \times q_2) \times C}{(w_o - w_i) \times C_H + w_o \times c_v \times (T_o - T_i) + c_g \times (T_o - T_i)}/\rho$$

式中　Q_3——标准状态下去除堆肥过程中产生热量的需气量,m³/d;

　　　C——常数,取 13.63,单位耗氧产热量(kJ/kgO₂);

　　　C_H——常数,温度 T_i 时,水的汽化热(kJ/kg);

　　　c_v——常数,取 1.84,101.33 kPa、水蒸气的定压比热[kJ/
(kg·℃)];

　　　c_g——常数,取 1.01,101.33 kPa、干空气的定压比热[kJ/
(kg·℃)];

　　　T_o——出口的温度,℃;

　　　T_i——进口的温度,℃。

(5)通风设施应符合下列规定。

1)当选用布气板或穿孔管进行环形布气时,上部铺 15～30 cm 厚
的膨松剂;当采用穿孔管布气时,支管间距宜为 0.8～2.5 m。

2)应根据堆内温度和含氧量调整风量。

3)风机的运行方式可采用向堆内鼓风和从堆内吸风两种形式。
当从堆内吸风时,应在风机前设置渗滤液和浓缩液的收集设施并进行
处理。

(6)条垛表层应覆盖 0.1～0.2 m 的熟化污泥。

(7)当从堆内吸风时,宜将臭气引入筛分后的熟化污泥堆进行除
臭。每 4～6 t 堆肥污泥(按干物质计)可采用 1 m³ 筛分熟化污泥进行
除臭,用于除臭的熟化污泥含水率应小于 50%,并应定期进行更换。

3. 翻堆式条垛堆肥

(1)翻堆式条垛的断面形状宜为梯形,高度宜为 1～2 m,底部宽
宜为 3～5 m,上部宽宜为 0.5～1.5 m。条垛间距宜大于 0.5 m,设计
比容为 5 000～7 000 m³/hm²。翻堆式条垛剖面示意图如图 6-4 所示。

(2)翻堆式条垛堆肥的温度、时间、翻垛要求应符合下列规定。

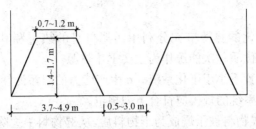

图 6-4　翻堆式条垛剖面示意图

1)快速堆肥时间宜为 21~28 d,每周应翻垛 3~4 次,垛内温度宜控制在 45~65 ℃。

2)当 2~3 条的小垛形成一条大垛时,熟化阶段时间应大于 21 d,每周应翻垛 1~3 次。

(3)当翻堆式条堆肥设置鼓风机或吸风设施时,可按静堆式条垛堆肥中"(4)、(5)条"的规定进行设计。

4. 仓内堆肥

(1)仓内堆肥应符合下列规定。

1)仓内堆肥可采用机械水平翻垛的矩形槽、机械圆周翻垛的圆形槽、"达诺"(Dano)转筒等形式。

2)仓内堆肥的停留时间应根据堆肥仓的形式进行调整,宜为8~15 d。

3)仓内堆肥完成后,熟化时间应为 1~3 月。

(2)当仓内堆肥设置吸风或鼓风设施时,可按静堆式条垛堆肥中"(4)、(5)条"的规定进行设计。

(3)仓内堆肥宜采用自动监控设施。

六、污泥热干化

利用热能,将脱水污泥加温干化,使之成为干化产品,称为污泥热干化。

1. 一般规定

(1)热干化可采用直接加热、间接加热、直接和间接联合加热三种方式。

（2）热干化的热源应充分利用污泥自身的热量和其他设施的余热,不宜采用优质一次能源作为主要干化热源。

（3）应设置不小于干化系统 3 d 生产能力的湿污泥储存场地。

（4）干化系统的规模应符合下列规定。

1）当按湿物料被干燥成为干物料后,从湿物料中去除的水分量确定时,应按下式计算。

$$E = D \times (1/d_i - 1/d_o) \times 100$$

式中　E——蒸发量,单位时间内蒸发的水的质量,kg H_2O/h;

　　　D——污泥干重,kg/h;

　　　d_i——进入干化系统的污泥含固率,%Ts;

　　　d_o——排出干化系统的污泥含固率,%Ts。

2）可按每天处理的湿污泥量确定。

3）间接干化系统应按下式计算。

$$SER = E/S$$

式中　SER——比蒸发速率,即单位时间单位传热面积上蒸发的水量,kg H_2O/（m^2 · h）;

　　　E——系统的总蒸发量,即单位时间干化系统蒸发的水量,kg/h;

　　　S——间接干化系统的热表面积,m^2。

（5）干化系统单位耗热量可按下式计算。

$$STR = Q_T/E$$

式中　STR——系统单位耗热量（kJ/kg H_2O）,即蒸发单位水量所需的热能,平均值宜小于 3 300 kJ/kg H_2O;

　　　Q_T——干化系统所需的总热能,kJ/h;

　　　E——干化系统的蒸发量,kg/h。

（6）热干化系统产泥的含固率宜在 60% 以上。

（7）污泥干化气体温度应在 75 ℃以上。

（8）当干化系统内的氧含量要求小于 3% 时,必须采用纯度较高的惰性气体。

(9)热干化污泥在利用前应保持干燥。

(10)热干化系统必须设置烟气净化处理设施,并应达标排放。

2. 直接加热干化

(1)直接加热干化设备宜采用转鼓式。

(2)直接加热干化工艺可采用空气湿度图进行计算,并结合试验数据及经验数据进行设计。

(3)直接干化所产生烟尘中的臭味和杂质必须处理。

(4)直接加热转鼓干化的设计,应符合下列规定。

1)宜采用干化污泥返湿方式,混合污泥的含固率应达到 50%~60%。

2)污泥投加量宜占整个圆筒体积的 10%~20%。

3)圆筒转速宜为 5~25 r/min。

4)正常运行条件下氧含量应小于 6%。

5)污泥与温度为 700 ℃的热气流在转鼓内接触混合时间宜为 10~25 min。

6)直接加热转鼓干化宜采用冷凝器充分回收利用分离出来的水汽所携带的热量。

3. 间接加热干化

(1)间接加热干化宜采用转鼓式、多段圆盘式。

(2)间接加热干化的热交换介质宜为蒸汽或热油,对于介质温度要求在 200 ℃以上的干化系统,其加热介质宜为热油。

(3)当热交换介质为热油时,热油的闪点温度必须大于运行温度。

(4)比蒸发速率(SER)宜为 7~20 kg H_2O/(m^2·h)。

(5)转鼓式间接加热干化的设计,应符合下列规定。

1)宜采用湿泥直接进料。

2)热油温度应大于 300 ℃。

3)转鼓转速不得大于 1.5 r/min。

4)干化过程的氧含量应小于 2%。

5)转鼓经吸风其内部应为负压。

(6)多段圆盘式间接加热干化的设计,应符合下列规定。

1)进混含固率应为 25%～30%。

2)所需的能量应由热油传递,温度应为 230～260 ℃。

3)干化和造粒过程的氧含量应小于 2%。

4)间接多盘干化系统应设置涂层机。

4. 直接和间接联合加热干化

(1)直接和间接联合加热干化宜采用流化床式。

(2)流化床污泥干化的设计,应符合下列规定。

1)宜采用湿泥直接进料。

2)氧含量应小于 6%。

3)床内干化气体温度应为(85±3)℃。

4)干化出泥温度不应大于 50 ℃。

5)热交换介质温度应为 180～250 ℃。

七、污泥焚烧

利用焚烧炉将污泥加温,并高温氧化污泥中的有机物,使之成为少量灰烬,这个过程称之为污泥焚烧。

1. 一般规定

(1)焚烧炉宜采用多膛炉、流化床等形式。

(2)焚烧前宜将污泥粉碎。

(3)焚烧炉内温度宜大于 700 ℃。

(4)焚烧时间宜为 0.5～1.5 h。

(5)焚烧时过剩空气系数宜为 50%～150%。

(6)污泥焚烧必须设置烟气净化处理设施,且烟气处理后的排放值应符合现行国家标准《生活垃圾焚烧污染控制标准》(GB 18485—2001)的相关规定。

(7)污泥焚烧的炉渣与除尘设备收集的飞灰应分别收集、储存和运输。

(8)污泥焚烧产生烟气所含热能必须回收利用。

2. 多膛焚烧炉

(1)进泥含固率必须大于 15%。

(2)当进泥含固率在 15%～30% 时,宜补充燃料。

(3)当进泥含固率超过 50% 时,应采取降温措施。

(4)湿泥负荷宜为 $25～75\ kg/[m^2(有效炉床面积)\cdot h]$。

(5)应设置二次燃烧设备,减少燃烧排放的烟气污染。

3. 流化床焚烧炉

(1)砂床静止时的厚度直为 $0.8～10\ m$。

(2)流化床焚烧的空气喷入压强宜为 $20～35\ kPa$。

(3)流化风速宜取流化初始速度的 2～8 倍,空塔风速应为 $0.5～1.5\ m/s$。

第四节　污泥处理运行管理

一、一般规定

(1)污泥处理过程的运行管理应保证污泥处理设施设备的正常安全运行,并逐步实现最优化工艺和低成本运行。

(2)各岗位应建立工艺系统网络图、安全操作规程等,并应标示于明显部位。

(3)运行管理人员必须熟悉本厂污泥处理工艺和设施设备的运行要求和技术指标。

(4)操作和维修人员必须经过培训合格后方可上岗;应严格按照对应岗位的安全操作规程从事操作和维修;发现异常情况应及时上报,并采取相应措施。

(5)应定期进行巡视,检测关键部位的温度、氧含量、风压等,认真填写报表和交接班记录。

(6)应定期对设施设备进行养护和维修,保持设施设备及周围清洁。

(7)操作和维修时,必须正确佩戴劳动保护用品。

(8)在有毒、有害、易燃、易爆区域操作必须禁止烟火并进行通风,环境检测合格后方可操作。

(9)厂区应定点配备消防器材、紧急救护等安全物资。

(10)厂内不得拉接临时电线,厂内供配电系统应定期进行遥测。

(11)设备检查、维护和维修时必须断电,并在配电柜上明确警示。拆卸零件时,必须已经失压、接地和短接,并隔离相邻的带电零件。

(12)在干污泥区域严禁使用压缩空气吹扫设备。

(13)泥车装载干泥前,必须用地线电缆将干污泥料仓与运干泥的车辆进行等电位联结。

(14)干污泥料仓温度持续升高时,应彻底清空。

(15)除臭设施抽吸气失效时,应进行人员疏散以保证安全。

(16)技术经济指标考核宜包括日处理泥量,进出厂的泥质指标及达标率,包括含水率、有机物分解率、大肠杆菌、有机质含量、pH值等;设备完好率和使用率;电耗、药耗、油耗、气耗;正常维护和污水处理成本等。

(17)日均处理泥量应达到设计规模的60%以上。

(18)堆肥和石灰稳定系统年运转天数应达到90%以上,干化和焚烧系统年运转时间应达到7 500 h以上。

(19)运行过程中,污泥处理设施设备完好率应达到90%以上。

二、污泥处理运行管理

(一)污泥浓缩

1. 进泥量的控制

对于某一确定的浓缩池和污泥种类来说,进泥量存在一个最佳控制范围。进泥量太大,超过了浓缩能力时,会导致上清液浓度太高,排泥浓度太低,起不到应有的浓缩效果;进泥量太低时,不但降低处理量,浪费池容,还可导致污泥上浮,从而使浓缩不能顺利进行下去。

浓缩池进泥量可根据固体表面负荷确定。固体表面负荷的大小与污泥种类及浓缩池构造和温度有关系,是综合反映浓缩池对某种污泥的浓缩能力的一个指标。当温度在15～20 ℃时,浓缩效果最佳。初沉污泥的浓缩性能较好,其固体表面负荷一般可控制在90～

150 kg/(m² · d)的范围内。活性污泥的浓缩性能很差,一般不宜单独进行重力浓缩。如果进行重力浓缩,则应控制在低负荷水平,一般在10～30 kg/(m² · d)之间。初沉污泥与活性污泥混合后进行重力浓缩的固体表面负荷取决于两种污泥的比例。如果活性污泥量与初沉污泥量在 1∶2～2∶1 之间,q_s可控制在 25～80 kg/(m² · d)之间,常在60～70 kg/(m² · d)之间。即使同一种类型的污泥,q_s 值的选择也因厂而异。

2. 浓缩效果的评价

在浓缩池的运行管理中,应经常对浓缩效果进行评价,并随时予以调节。浓缩效果通常用浓缩比、分离率和固体回收率三个指标进行综合评价。浓缩比是指浓缩池排泥浓度与入流污泥浓度比,用 f 表示,计算公式如下。

$$f = \frac{C_\mu}{C_i}$$

式中 f——浓缩比;

     C_μ——排泥浓度,kg/m³;

     C_i——入流污泥浓度,kg/m³。

固体回收率是指被浓缩到排泥中的固体占入流总固体的百分比,用 η 表示,计算公式如下。

$$\eta = \frac{Q_\mu C_\mu}{Q_i C_i}$$

式中 η——经浓缩之后,有多少干污泥被浓缩出来,%;

     Q_μ——浓缩池排泥量,m³/d;

     Q_i——入流污泥量,m³/d;

     式中其他符号意义同前。

分离率是指浓缩池上清液量占入流污泥量的百分比,用 F 表示,计算公式如下。

$$F = \frac{Q_e}{Q_i} = 1 - \frac{\eta}{f}$$

式中 F——分离率,%;

Q_e——浓缩池上清液流量，m^3/d；

式中其他符号意义同前。

以上三个指标相辅相成，可衡量出实际浓缩效果。一般来说，浓缩初沉污泥时，f 应大于 2.0，η 应大于 90%。浓缩活性污泥与初沉污泥组成的混合污泥时，f 应大于 2.0，η 应大于 85%。

3. 排泥控制

浓缩池有连续和间歇排泥两种运行方式。连续运行是指连续进泥、连续排泥，使污泥层保持稳定，对浓缩效果比较有利。这种运行方式在规模较大的处理厂比较容易实现。小型处理厂一般只能间歇进泥并间歇排泥，因为初沉池只能是间歇排泥。无法连续运行的处理厂应"勤进勤排"，使运行尽量趋于连续，不能把浓缩池作为储泥池使用。每次排泥一定不能过量，否则排泥速度会超过浓缩速度，使排泥变稀，并破坏污泥层。

4. 浓缩池的日常运行与维护管理

(1)浓缩池的浮渣应及时清除。由浮渣刮板刮至浮渣槽内清除。无浮渣刮板时，可用水冲洗方法，将浮渣冲至池边，然后清除。

(2)初沉池污泥与活性污泥混合浓缩时，应保证两种污泥混合均匀。防止进入浓缩池会因密度流扰动污泥层，冲坏浓缩效果。

(3)当浓缩池较长时间没排泥时，应先排空，不能直接开启污泥浓缩池。

(4)有的污水处理厂的浓缩池容积小，在北方寒冷冬季容易出现结冰现象，此时应先破冰再开启设备。最好保持刮泥桥运转，可避免结冰。

(5)应定期检查上清液溢流堰的出水是否均匀，如不均匀应及时调整，防止浓缩池内流态产生短流现象。

(6)浓缩池是恶臭很严重的处理设施，其池面总是弥漫臭气和腐蚀性气体，应经常检查设备的腐蚀情况。避免因腐蚀引起的设备故障。还应每日巡视浓缩池，定期对池壁、浮渣槽、出水堰、汇水管道入口等定期清刷。

(7)应定期(至少一年)彻底排空，全面检查池底是否积砂、泥，刮泥桥的水下部件是否挂上棉纱、塑料绳等影响桥运转的情况,予以全面保养和维护。

(二)污泥脱水

1. 药剂配制

当采用机械设备进行污泥脱水时,应选用合适的化学调节剂。化学调节剂的投加量应根据污泥的性质、消化程度、固体浓度等因素通过试验确定;加药设备一般采用计量泵,应经常维护校正,保证加药计量准确;同时,应按照化学调节剂的种类、有效期、贮存条件来确定备量和贮存方式。化学调节剂应现存现用,药剂的配制应符合脱水工艺的要求。

药剂投加方法有干投和湿投两种。污泥调质常为湿投,药剂(干粉或胶体)先投料、混合、溶解,制成一定浓度的贮备液,使用时再计量(稀释)投入泥药混合器中。因此,投配药系统一般包括干粉投料装置、溶解混合装置、贮药器、计量泵及药泥混合器等。

另外,投药点与调质效果也有关系,投药点离脱水机不能太远,也不宜太近。离心脱水投药点一般直接设在机上,采用带机脱水,投药点一般设在管道上,最好多设几个投药点,便于控制。

2. 污泥脱水效果评价

常有两个指标,即泥饼含固率(含水率)和固体回收率。

$$\eta = C_u(C_0 - C_e)/C_0(C_u - C_e)$$

式中　C_0——进泥含固量,%;

C_u——泥饼含固量,%;

C_e——滤液含固量,%;

η——进泥经脱水后,固体转移到泥饼中的回收率,η越大表示随滤液流失的污泥越少,脱水效率越高。

这两个指标需同时使用来评价脱水效果,有一个指标不正常,即说明系统运行有问题。

3. 运行管理

(1)污泥脱水机械带负荷运行前应空车运转数分钟。

(2)经常检测脱水机的脱水效果,若发现分离液浑浊,固体回收率下降,应及时分析原因,采取针对措施予以解决。

(3)经常观测污泥脱水效果,若泥饼含固量下降,应分析情况采取措施解决。

(4)经常观察污泥脱水装置的运行状况,针对不正常现象,采取纠偏措施,保证正常运行。

(三)厌氧消化

1. 进泥量

对于特定的某一套消化系统来说,其消化能力也是一定的。常用两个指标衡量消化能力,一个是最短允许消化时间,另一个是最大允许有机负荷。

在实际运行控制中,投泥量不能超过系统的消化能力,也不能远低于系统的消化能力,最佳投泥量应为低于系统消化能力的最大投泥量,计算公式如下。

$$Q_i = \frac{VF_v}{C_i f_v}$$

式中　V——消化池有效容积,m^3;

　　　F_v——消化系统的最大允许有机负荷,$kg/(m^3 \cdot d)$;

　　　C_i——进泥的污泥浓度,kg/m^3;

　　　f_v——进泥干污泥中有机成分,%;

　　　Q_i——投泥量,kg/d。

按上式算得的投泥量还应核算消化时间,即:

$$T = \frac{V}{Q_i} \geqslant T_m$$

式中　T——污泥消化时间,d;

　　　T_m——最短允许消化时间,d;

　　　式中其他符号意义同前。

2. 排泥量

排泥量应与进泥量完全相等,并在进泥之前先排泥。现有处理厂其中包括一些很有影响的大型污水处理厂的消化系统中,绝大部分采用底部直接排泥。对于这些底部直接排泥的消化系统,尤其应注意排泥量与进泥量的平衡。如果排泥量大于进泥量,消化池工作液位下降,出现真空状态。如果排泥量小于进泥量,消化池的液位上升,污泥自溢流管溢走,得不到消化处理,如果此时溢流管路被堵塞或不通畅,消化池气相工作压力会升高,破坏压力安全阀,使沼气逸入大气中,存在沼气爆炸的危险。目前,国内有一些新建的处理厂采用底部进泥上部溢流排泥方式。这种方式可保证进泥量与排泥量自动一致,不存在工作液位变化的问题,但应注意进泥之前,应先充分搅拌。

3. pH 值

在正常运行时,产酸菌和甲烷菌会自动保持平衡,并将消化液的 pH 值自动维持在 6.5～7.5 的近中性范围内。此时,碱度一般在 1 000～5 000 mg/L(以 $CaCO_3$ 计)之间,典型值在 2 500～3 500 mg/L 之间。正常运行时,挥发性脂肪酸 VFA 浓度随碱度而变化,一般在 50～500 mg/L 范围内,当碱度超过 4 000 mg/L 时,VFA 超过 1 200 mg/L 也能正常运行;消化液的氧化还原电位 ORP 一般在 -550～-490 MV 之间。但是如果存在温度波动太大、投入的有机物超负荷、水力超负荷、进泥中含有有毒物质等情况,会使产酸阶段和产甲烷阶段失去平衡,导致 pH 值降至 6.5 以下,并导致 VFA 和 ORP 升高。

对于以上情况,应及时采取 pH 值控制措施,否则将使消化系统彻底破坏,不得不重新培养消化污泥,而消化污泥培养期一般要 2～3 个月。一般可采取外加碱源,增加消化液中的碱度或找出 pH 值下降的原因,并针对其原因采取相应的措施进行控制。

4. 温度

由于甲烷菌对温度波动极其敏感,温度波动较大时,可降低甲烷菌的活性,使其分解挥发脂肪酸的速率下降。而产酸菌受温度影响较小,此时产酸菌仍会源源不断地将有机物分解成挥发性脂肪酸。这样,在消化液内便会造成挥发性脂肪酸积累。积累的挥发性脂肪酸会与消化液中的碱度发生反应,将碳酸氢根逐渐消耗掉。当碱度完全被消耗完后,挥发脂肪酸发生电离产生氢离子。

随着氢离子的增多,消化液的 pH 值将逐渐下降。当 VFA 积累至 2 000 mg/L 以上时,pH 值可降至 4.43,此后一般不再下降。而此时甲烷细菌早已完全失去活性,不再产生甲烷,消化系统被完全破坏。

要使消化液温度严格保持稳定,就应严格控制加热量。一般应将消化液的温度波动控制在±1 ℃范围之内,如果条件许可,最好控制在±0.5 ℃范围内。

5. 搅拌方式

良好的搅拌可提供一个均匀的消化环境,是得到高效消化效果的前提。完全混合搅拌可使池容 100%得到有效利用,但实际上消化池有效容积一般仅为池容的 70%左右。对于搅拌系统设计不合理或控制不当的消化池,其有效池容会降至实际池容的 50%以下。

对于搅拌系统的运行方式,尚有不同的意见。一种意见认为应保持连续搅拌;另一种意见认为连续搅拌没有必要,只要每天搅拌数次,总搅拌时间保持 6 h 之上,即可满足要求。目前,运行的消化系统绝大部分都采用间歇搅拌运行,但应注意以下几点。

(1)在投泥过程中,应同时进行搅拌,以便投入的生污泥尽快与池内原消化污泥均匀混合。

(2)在蒸汽直接加热过程中,应同时进行搅拌,以便将蒸汽热量尽快散至池内各处,防止局部过热,影响甲烷菌活性。

(3)在排泥过程中,如果底部排泥,则尽量不搅拌,如果上部排泥,则宜同时搅拌。

除要控制以上讨论的搅拌历时以外,还存在着搅拌强度的问题。搅拌强度的控制因搅拌方式不同而各异。沼气搅拌常用气量控制搅拌强度,沼气用量可由下式计算。

$$Q_a = KA$$

式中　Q_a——沼气用量,m³/h;

　　　A——消化池的表面积,m²;

　　　K——搅拌强度,也就是单位消化池面积在单位时间内所需要的气量,m³/(m²·h)。K 值一般在 1~2 m³/(m²·h)的范围内,具体可在运行实际中确定出本厂的最佳值。

当采用机械搅拌时,一般用搅拌设备的功率控制搅拌强度。搅拌功率用下式计算。

$$P=WV$$

式中　P——搅拌功率，W；

　　　V——消化池内消化液体积，m^2；

　　　W——搅拌强度，单位池容所需的搅拌功率，W/m^3。

6. 操作顺序

在消化池的日常运行中有五大操作，分别是进泥、排泥、排上清液、搅拌和加热。这些操作不可能同时进行，但其操作顺序会对消化效果产生很大的影响。在处理厂的运行控制中，应结合本厂特点，确定这些操作的合理顺序，以便得到最佳的消化效果。

合理的操作顺序如图 6-5 所示。由图可见，周期越短，越接近连续运行，因而消化效果越好。对于完全采用自控的消化系统，可取 2～4 h 为一运行周期。人工操作的消化系统则视运行人员的数量而定，可以 8 h 为一周期，周期越短，操作量越大。

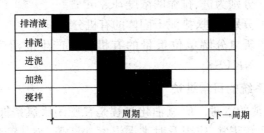

图 6-5　合理的操作顺序

7. 污泥浓度

有污泥消化工艺的污水处理厂，投入消化池的污泥浓度一般为 2%～6%，多数在 4% 左右。

在其他条件具备，消化天数一定时，只要提高投入污泥的浓度，在消化池内种泥充分存在的条件下，气体发生量有明显的增加。为此有些污水处理厂采用浓缩池浓缩后再进消化池或直接加药机械脱水后，再加入消化池的方法来降低含水率，提高消化池内含固率，增加沼气产量。例如,浓度低的污泥加温所需热量为。

$$E = E_1 + E_2 = 0.8E + 0.2E = 1.0E$$

式中　E——总需热量,J;

　　　E_1——投入污泥加热到消化温度时所需热量,J;

　　　E_2——消化池、配管、热交换器表面的热量损失,J。

若污泥浓度增加 1 倍,则加温所需热量为 $E' = 0.4E + 0.2E = 0.6E$,由此可见,加温热量节约 40%。不过污泥浓度一般不超过 6%,否则就得重新选择更强的搅拌装置和特殊的消化池形状。

8. 沼气产量

沼气收集系统的运行应能充分适应沼气产量的变化。沼气产量可用下式计算。

$$Q_a = (Q_i C_i f_i - Q_u C_u f_u) q_a$$

式中　Q_a——总沼气产量,m^3/d;

　Q_i、Q_u——分别为进、排泥量,m^3/d;

　C_i、C_u——分别为进、排泥的浓度,kg/m^3;

　f_i、f_u——分别为进、排泥干固体的有机分,%;

　　　q_a——厌氧分解单位重量的有机物所产生的沼气量,m^3/kg $NKVSS$。

9. 消化系统的日常维护

(1)消化池的管理。厌氧消化过程是在密闭厌氧条件下进行,为了消化池的运转正常,应当及时掌握温度、pH 值、沼气产量、泥位、压力、含水率、沼气中的组分等指标,及时做出调整。

(2)对于日常运行状况、处理措施、设备运行状况都要求做出书面记录,为下一班次提供运行数据,并做好报表向上一级管理层报告,提供工艺调整数据。

(3)经常检测、巡视污泥管道、沼气管道和各种阀门,防止其堵塞、漏气或失效。阀门除应按时上润滑油脂外,还应对常闭闸门、常开闸门定时活动,检验其是否能正常工作。

(4)定期由技术监督部门检验压力、保险阀、仪表、报警装置。

(5)定期检查并维护搅拌系统。尤其要定期检查搅拌轴与楼板相交处的气密性。

（6）在北方寒冷地区消化池及其管道、阀门在冬季必须注意防冻，进入冬季结冰之前必须检查和维修好保温设施。特别是室外的沼气管道、热水管道、蒸汽管道和阀门都必须做好保温、防晒、防雨等工作。

（7）定期检查并维护加热系统，蒸汽加热管道、热水加热管道、热交换器内的管道等都有可能出现堵塞、锈蚀现象，一般用大流量冲洗。

（8）消化池除平时加强巡检外，还要对池内进行检查和维修，一般5年左右进行一次，彻底清砂和除浮渣，并进行全面的防腐、防渗检查与处理。

（9）沼气柜尤其是湿式沼气柜更容易受硫化氢腐蚀，通常3年一小修，5年一大修。

（10）整个消化系统要防火、防毒。

（四）石灰稳定

（1）石灰稳定过程持续时间和 pH 值控制应符合下列规定。

1）当污泥含固率大于 30％时，应增加停留时间来完成反应和提高温度；

2）宜选用氧化钙活性和百分比含量高的生石灰。

（2）石灰投加量控制应符合下列规定。

1）应监测 pH 值变化，防止石灰投加量不足引起 pH 值降低；

2）当需加速石灰稳定过程时，可采用补充加热或投加过量生石灰的方法；

3）当只需要控制异味时，可减少石灰投加量。

（3）生石灰和稳定后的污泥输送和储存管理应符合下列规定。

1）生石灰在输送和储存过程中应注意防潮，储存时间不宜超过2个月；

2）污泥储存 3 d 以上不应产生腐败和恶臭；

3）应保持石灰稳定场所的清洁，防止产生粉尘。

（五）堆肥

（1）堆肥过程的时间和温度控制应符合下列规定。

1)应通过选择高热容、高比表面积的调理剂,尽量减少热量的损失,使温度尽快提高,并应控制温度和维持时间在设计范围之内;

2)当温度超过 60 ℃时,应对堆体搅拌或通气。

(2)堆肥过程的调理剂和膨松剂管理应符合下列规定。

1)调理剂和膨松剂应尽量干燥,并保存在专门的储存间;

2)宜选择可生物降解性能好的材料。

(3)堆肥过程的水分控制应符合下列规定。

1)堆肥过程中含固率不应超过 55%;

2)应使蒸发的水分及时排出;

3)熟化和储存。

(4)堆肥过程的营养物控制应符合下列规定。

1)应定时分析测定进料各组分的碳氮比,混合后物料的碳氮比应控制在设计范围之内;

2)当堆肥过程中氨味较明显时,应调整碳氮比。

(5)堆肥过程的通风控制应符合下列规定。

1)当污泥所含的挥发性成分高时,应增加通风量;

2)通风和翻堆宜结合进行,减小局部过热区域的产生;

3)采用自动控制的堆肥设施可用温度和溶解氧传感器控制鼓风量和通风频率;

4)较大的堆肥系统宜使用鼓风机强制通风;

5)应定期监测堆肥产品堆场的温度。

(6)生物滤池的空气相对湿度应控制在 80%~95%。

(六)热干化

(1)热干化系统启动应符合下列规定。

1)应在程序控制下启动,不宜手动操作启动;

2)在启动时应补充惰性热气;

3)为防止启动时发生堵塞,对于流化床污泥干化可投加干料充填筛板和布风板之间的导热管间隙,干料可采用干化后的污泥;

4)应根据污泥干化机内的工况确定启动时的运行参数。

(2)热干化过程操作应符合下列规定。

1)在输送过程中应防止反应器堵塞,应使污泥保持一定的温度;

2)应严格控制流化床内温度均匀;

3)流化床内氧含量应维持在5%以下;

4)当流化床上下层的温差小于3 ℃时,可通过调节风机风量,疏通流化床;

5)流化床加热蒸汽温度宜控制在180～220 ℃;

6)流化床的入口和出口的流体温度应低于100 ℃。

7)干化污泥应冷却至50 ℃以下。

(3)热干化系统停运应符合下列规定。

1)干化系统停运时应补惰性热气;

2)系统停运时应防止堵塞;

3)维护、维修停运时,必须采取措施防止其启动。

(七)焚烧

(1)焚烧炉启动应符合下列规定。

1)应在程序控制下启动,不宜手动操作启动;

2)应根据焚烧炉内的工况确定启动时的参数;

3)启动时应防止堵塞。

(2)焚烧过程操作应符合下列规定。

1)应保持进料的均匀和稳定;

2)应根据所用燃料确定相应风量;

3)导热油循环系统必须有可靠的冷却保护系统;

4)可采用石灰和污泥混合的方法在炉内脱硫。

(3)焚烧炉停运时应防止堵塞。

三、安全措施和监测控制

(1)污泥资源化利用时,污泥中的有害物质含量应符合现行国家有关标准规定。

(2)污泥热干化工程应采取降噪、防噪、降尘、除臭措施。

(3)热干化工艺必须防止粉尘爆炸及火灾的发生,并应有相应的预防与控制措施。

　　(4)污泥处理厂(场)与最终处置场所之间的信息传输应保持畅通。

　　(5)污泥处理厂(场)的主要设施应设故障报警装置。

　　(6)污泥处理厂(场)应设置泥质和周围环境监测设施,监测项目和监测频率应符合现行国家有关标准的规定。

　　(7)污泥处理厂(场)主要处理构筑物最终处理设施应设备取样装置。污泥处理过程和厂区环境宜采用仪表监测或设备自动控制系统。

第七章　小城镇污水处理厂供配电系统、自动控制系统和测量仪表

第一节　污水处理厂供配电系统

为保证生产的正常运行和监控管理,及时掌握用电设备布局和用电量的大小等情况,污水处理厂内部要设置供配电系统。

一、供配电装置

(一)供电线路

输送和分配电能的线路称为供电线路。污水处理厂供电线路一般为 35 kV、10 kV、0.4 kV 等。1 kV 及其以下线路称为低压线路;10 kV 及其以上线路称为高压线路。380/220 V 是最常用的低压电源电压。低压供电线路的接线方式有放射式、树干式和环形式,如图7-1所示。

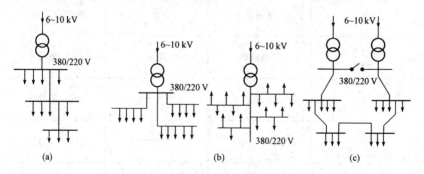

图7-1　低压供电线路的接线方式

(a)放射式接线;(b)树干式接线;(c)环形式接线

(二)变电所

变电所的作用是从电力系统接受电能、变换电压和分配电能。变

电所通常由高压配电室、变配电室和低压配电室组成。变电所设计主要是选择和确定变电气位置、变压器容量、相关配电室位置与配电装置布置、防护措施、接地措施、进线与出线方式以及与自备电源（发电机组）的联络方法等。

　　变电所的主接线（或称一次接线）是指由各种开关电器、电力变压器、母线、电力电缆、移相电容器等电气设备，依一定次序相连接的接受和分配电能的电路。电气主接线图通常画成单线图的形式（即用一根线表示三相对称电路）。变配电所一次接线常用的图形符号见表 7-1。

表 7-1　变电所一次接线常用图形符号

图形符号	名称	图形符号	名称
	电力变压器		熔断器
	隔离开关		熔断器式开关
	负荷开关		避雷器
	断路器		阀型避雷器
	油断路器		接地一般符号
	刀开关		异线一般符号
	自动空气开关		母线（汇流排）
	跌开式熔断器		电缆

（三）变压器

变压器是远距离输送交流电时所使用的一种变换电压和电流的

电气设备。变压器种类较多,按其用途和绝缘方式可分为电力变压器、特种变压器和控制用变压器。本书主要针对电力变压器进行讲解。

1. 电力变压器的型号

电力变压器应符合国家现行技术标准的规定,有合格证件,设备应有铭牌,如图 7-2 所示。

电力变压器

型式 S9—1 000/10 　　　联接组 Yyn0
相数 3相 　　　　　　　 总重 3 700 kg
频率 50 Hz 　　　　　　 出厂 　年　月　日

容量	高压侧			低压侧		阻抗电压
kVA	V	A	V		A	%
1 000	10 500	58	400		1 445	4.5
	10 000					
	9 500					

□ 　□ 变压器厂

图 7-2 电力变压器的铭牌

2. 电力变压器的结构

电力变压器主要由铁芯和套在铁芯上的绕组构成。为了改善散热条件,大、中容量变压器的铁芯和绕组浸入盛满油的封闭油箱中,各绕组对外线路的连接则经绝缘套管引出。为了使变压器安全、可靠地运行,还有油枕、安全气道、无励磁分接开关和瓦斯继电器等附件。如图 7-3 所示为油浸式电力变压器的结构外形图。

(1)铁芯。铁芯是变压器的磁路部分。为了减小铁芯中的磁滞和涡流损耗,铁芯一般由 $0.35 \sim 0.5$ mm 厚的硅钢片叠成,硅钢片表面涂有绝缘漆使片间彼此绝缘。

(2)绕组。绕组是变压器的电路部分,可分为一、二次两种绕组,与电源连接的绕组称为一次绕组,与负载连接的绕组称为二次绕组。一、二次绕组都是用有高强度绝缘物的铜线或铝线绕成的,如图 7-4 所示。匝数少的低压绕组套在里面靠近铁芯,匝数多的高压绕组套在

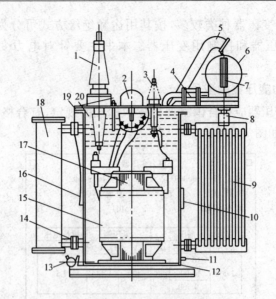

图 7-3　油浸式电力变压器结构外形图

1—高压套管；2—分接开关；3—低压套管；4—气体继电器；5—安全气道（防爆管）；
6—油枕（储油柜）；7—油表；8—呼吸器（吸湿器）；9—散热器；10—铭牌；
11—放油孔；12—底盘槽钢；13—油阀；14—油管法兰；15—绕组；
16—油温计；17—铁芯；18—散热器；19—肋板；20—箱盖

低压绕组的外面。在铁芯、高压绕组、低压绕组间都套有绝缘筒，以加强绝缘。为了便于散热，在高、低压绕组之间留有一定的间隙作为油道，使变压器油能够流通。

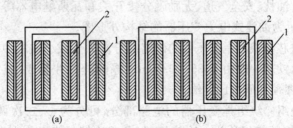

图 7-4　同芯式圆筒形绕组

(a) 单机变压器；(b) 三相变压器

1—高压绕组；2—低压绕组

（3）油箱。电力变压器器身都放在装有变压器油的油箱内，即所谓油浸式。油箱也是变压器的支持部件，在其底部、顶部和侧壁上装有变压器的各个附件。变压器的油箱钢板焊接而成。

（4）油枕。油枕又称为储油柜，装在油箱的顶上，如图7-5所示。在油枕与油箱之间有管子连通。油枕有两个作用：一是起储油作用，保证铁芯和绕组浸在油内；二是可以减少油面与空气的接触面积，防止变压器油受潮和变质。

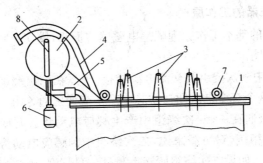

图7-5　油枕示意图

1—油箱；2—油枕；3—套管；4—安全气道；5—气体继电器；
6—吸湿器；7—吊耳；8—油位计

（5）呼吸器。呼吸器由铁管、玻璃管组成。其内装干燥剂，使油枕上部空间与大气相通。变压器油热胀冷缩时，油枕上部的空气可以通过呼吸孔出入，油可以上升或下降，防止油箱变形或损坏。

（6）安全气道。在油箱顶盖上装有一个排气管，亦称安全气道。它是作为保护变压器油箱用的，由一个长钢管和它上端所装的有一定厚度的玻璃板组成。当变压器发生严重事故而有大量气体形成时，排气管中产生较大压力，压碎玻璃，使气体及油向外喷出，以免油箱受到巨大压力而爆裂。

（7）散热器。变压器油箱四侧焊装有一定数量的散热管，增加了总的散热面积。当变压器运行时，内部的热油自散热管上部流入，经散热冷却后，从管的下部进入油箱，如此周而复始地循环流动，提高了油的散热，使变压器的温升不至于超过额定温升。

（8）气体继电器。在储油柜与油箱的油路通道上安装有气体继电器，亦称瓦斯继电器。当变压器内部发生故障而产生气体，或者由于油箱漏油使油面下降时，气体继电器根据严重程度发出报警信号或自动切断变压器的电源。

（9）绝缘套管。油箱盖上还装有绝缘套管，将变压器绕组的高、低压引线，引到油箱外部的连接部件。套管不仅作为引线对地（变压器外壳）的绝缘，而且还起着固定引线的作用。

3. 变压器的工作原理

变压器的基本工作原理就是电磁感应原理，图 7-6 所示为单相变压器的原理图。

图 7-6 中一次绕组与交流电源相接，于是在一次绕组中就有交变电流流过，这个交变电流便在铁芯中产生交变磁通。由电磁感应原理可知，交变磁通在一、二次绕组中产生感应电动势。若变压器的二次绕组与负载相接，对负载来说，二次绕组中的感应电动势就相当于电源的电动势。如果二次绕组所接负载是一只灯泡，则交流电能通过铁芯中的交变磁通从一次绕组传递到二次绕组中而使灯泡发光。只要适当地选择变压器一、二次绕组的匝数，就可以利用变压器改变交流电压和电流的大小。

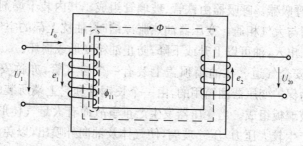

图 7-6　单相变压器原理图

由此可见，变压器一、二次绕组的电流大小与绕组的匝数成反比，即绕组匝数多的一侧电压高，电流小；绕组匝数少的一侧电压低，电流大。

　　以上分析的是单相变压器的工作原理,利用三只单相变压器就可实现三相电源的变压。实际上,为了节省材料和提高变压器的效率,可直接制成一个三相变压器,其工作原理与单相变压器相同。

二、高低压电气设备

(一)高压电气设备

　　通常将 1 kV 以上的电器设备称为高压电气设备,主要用于控制发电机、电力变压器和电力线路,常用的高压电气设备有以下几种。

1. 高压断路器

　　高压断路器是变电所作为闭合和开断电器的主要设备。它有熄灭电弧的机构,正常供电时利用它通断负荷电流,当供电系统发生短路故障时,它与继电保护及自动装置配合能快速切断故障电流,防止事故扩大而保证系统安全运行。高压断路器中采用的灭弧介质主要有液体、气体和固体介质。根据灭弧介质及作用原理,高压断路器主要可分为油断路器、SF₆ 断路器、真空断路器三种类型。

　　(1)油断路器。油断路器指以密封的绝缘油作为断开故障的灭弧介质的一种开关设备,有多油断路器和少油断路器两种形式。

　　1)油断路器的工作原理。当油断路器开断电路时,只要电路中的电流超过 0.1 A,电压超过几十伏,在断路器的动触头和静触头之间就会出现电弧,而且电流可以通过电弧继续流通,只有当触头之间分开足够的距离时,电弧熄灭后电路才断开。10 kV 少油断路器开断 20 kA 时的电弧功率,可达一万千瓦以上,断路器触头之间产生的电弧弧柱温度可达六七千度,甚至超过一万度。

　　2)电弧熄灭过程。当断路器的动触头和静触头互相分离时产生电弧,电弧高温使其附近的绝缘油蒸发气化和发生热分解,形成灭弧能力很强的气体(主要是氢气)和压力较高的气泡,使电弧很快熄灭。

　　(2)SF₆ 断路器。SF₆ 高压断路器的额定压力一般是 0.4～0.6 MPa(表压),通常这时是指环境温度为 20 ℃ 时的压力值。温度不同时,

SF_6 气体的压力也不同,充气或检查时,必须查对 SF_6 气体温度压力曲线,同时要比对产品的说明书。

(3)真空断路器。真空断路器因其灭弧介质和灭弧后触头间隙的绝缘介质都是高真空而得名;其具有体积小、质量轻、适用于频繁操作、灭弧不用检修的优点,在配电网中应用较为普遍。

真空断路器主要包含三大部分:真空灭弧室、电磁或弹簧操作机构、支架及其他部件。

空气断路器在电路中作接通、分断和承载额定工作电流和短路、过载等故障电流,并能在线路和负载发生过载、短路、欠压等情况下,迅速分断电路,进行可靠的保护。空气断路器的动、静触头及触杆设计形式多样,但提高断路器的分断能力是主要目的。目前,利用一定的触头结构,限制分断时短路电流峰值的限流原理,对提高断路器的分断能力有明显的作用,故而被广泛采用。

2. 高压熔断器

(1)熔断器:它是最简单的保护电器,利用热熔断原理,串联在电路中,当电气设备和电路发生短路或过载时,能自动切断电路,对电气设备和线路安全起到保护作用。

熔断器熔断时间和通过电流的大小有关,通常是电流越大、熔断时间越短。

(2)高压熔断器的用途:高压熔断器是常用的一种简单的保护电器,它由熔体、支持金属体的触头和保护外壳三个部分组成。其广泛用于高压配电装置中,串联在电路中。用作保护线路、变压器及电压互感器等设备。当电路发生过负荷或短路故障时,故障电流超过熔体的额定电流,熔体将被迅速加热熔断,从而切断电流,防止故障扩大。

(3)高压熔断器管内熔丝熔化时间:无论何种高压熔断器,其管内的熔丝的熔化时间必须符合下列规定。

1)当通过熔体的电流为额定电流的 130% 时,熔化时间应大于 1 h。

2)当通过熔体的电流为额定电流的 200% 时,必须在 1 min 内熔断。

3)保护电压互感器的熔断器,当通过熔体的电流为 0.6~1.8 A 时,其熔断时间不超过 1 min。

3. 隔离开关

隔离开关是指将电气设备与电源进行电气隔离或连接的设备。隔离开关安装应符合下列要求。

(1)开关无论垂直或水平安装,刀片应垂直板面上;在混凝土基础上时,刀片底部与基础间应有不小于 50 mm 的距离。

(2)开关动触片与两侧压板的距离应调整均匀。合闸后,接触面应充分压紧,刀片不得摆动。

(3)刀片与母线直接连接时,母线固定端必须牢固。

4. 负荷开关

负荷开关是指一种介于隔离开关与断路器之间的电气设备。负荷开关比普通隔离开关多了一套灭弧装置和快速分断机构。其安装应符合下列要求。

(1)手柄向上合闸,不得倒装或平装。以防止闸刀在切断电流时,刀片和夹座间产生电弧。

(2)接线时,应把电源接在开关的上方进线接线座上,电动机的引线接下方的出线座。

(3)安装时,应使刀片和夹座成直线接触,并应接触紧密,支座应有足够压力,刀片或夹座不应歪扭。

5. 避雷器

避雷器是能释放雷电或兼能释放电力系统操作过电压能量,保护电工设备免受瞬时过电压危害,又能截断续流,不致引起系统接地短路的电器装置。避雷器通常接于带电导线与地之间,且与被保护设备并联。当过电压值达到规定的动作电压时,避雷器立即动作,流过电荷,限制过电压幅值,保护设备绝缘;电压值正常后,避雷器又迅速恢复原状,以保证系统正常供电。

6. 互感器

互感器是一种特种变压器,按用途不同分为电压互感器和电流互感器。

互感器的功能是将高电压或大电流按比例变换成标准低电压（100 V）或标准小电流（5 A 或 10 A，均指额定值），以便实现测量仪表、保护设备及自动控制设备的标准化、小型化。互感器还可用来隔开高电压系统，以保证人身和设备的安全。

(1)电压互感器。

1)电压互感器按用途可分为测量用电压互感器（在正常电压范围内，向测量、计量装置提供电网电压信息）和保护用电压互感器（在电网故障状态下，向继电保护等装置提供电网故障电压信息）。

2)电压互感器按绝缘介质可分为干式电压互感器（由普通绝缘材料浸渍绝缘漆作为绝缘）、浇注绝缘电压互感器（由环氧树脂或其他树脂混合材料浇筑成型）、油浸式电压互感器（由绝缘纸和绝缘油作为绝缘，是我国最常见的结构形式）和气体绝缘电压互感器（由气体作主绝缘，多用在较高电压等级）。

3)电压互感器按电压变换原理可分为电磁式电压互感器（根据电磁感应原理变换电压，原理与基本结构和变压器完全相似）、电容式电压互感器（由电容分压器、补偿电抗器、中间变压器、阻尼器及载波装置防护间隙等组成，用在中性点接地系统里作电压测量、功率测量、继电防护及载波通信用）和光电式电压互感器（通过光电变换原理以实现电压变换）。

4)电压互感器按使用条件可分为户内型电压互感器（安装在室内配电装置中）和户外形其他电压互感器（安装在户外配电装置中）。

(2)电流互感器。

1)电流互感器按用途可分为测量用电流互感器（在正常工作电流范围内，向测量、计量等装置提供电网的电流信息）和保护用电流互感器（在电网故障状态下，向继电保护等装置提供电网故障电流信息）。

2)电流互感器按绝缘介质可分为干式电流互感器、浇筑式电流互感器、油浸式电流互感器和气体绝缘电流互感器。

3)电流互感器按电流变换原理可分为电磁式电流互感器和光电

式电流互感器。

4)电流互感器按安装方式可分为贯穿式电流互感器(用来穿过屏板或墙壁的电流互感器)、支柱式电流互感器(安装在平面或支柱上,兼做一次电路导体支柱用的电流互感器)、套管式电流互感器(没有一次导体和一次绝缘,直接套装在绝缘的套管上的一种电流互感器)和母线式电流互感器(没有一次导体但有一次绝缘,直接套装在母线上使用的一种电流互感器)。

(二)低压电气设备

低压电气设备通常指工作在交、直流电压 1 200 V 以下电路中的电气设备。低压电器可分为配电电器与控制电器两大类。配电电器主要用于配电系统中,系统对配电电器的基本要求是在正常工作及在故障工作情况下,使系统工作可靠,有足够的热稳定性与动稳定性。这类电器有刀开关、断路器、熔断器。

1. 刀开关

刀开关是手动开关。包括胶盖刀开关、石板刀开关、铁壳开关、转板开关、组合开关等。手动减压启动器属于带有专用机构的刀开关。刀开关只能用于不频繁启动。用刀开关操作异步电动机时,开关额定电流应大于或等于电动机额定电流的 3 倍。

刀开关是最简单的开关电器。由于没有或只有极为简单的灭弧装置,刀开关无力切断短路电流。因此,刀开关下方应装有熔体或熔断器。对于容量较大的线路,刀开关须与有切断短路电流能力的其他开关串联使用。

刀开关是靠拉长电弧而使之熄灭的。为了克服手动拉闸不快,电弧强烈燃烧的缺点,容量较大的刀开关常带有快动作灭弧刀片。这种刀开关的基本结构如图 7-7 所示。拉闸时,主刀片先被拉开,与刀座之间不产生电弧。当主

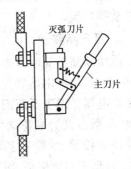

图 7-7 有灭弧刀开关的基本结构图

刀片被拉开至一定程度时,灭弧刀片在拉力弹簧作用下迅速断开,电弧被迅速拉长而熄灭。合闸时,由于灭弧刀片先于主刀片接触刀座,主刀片与刀座之间也不产生电弧。

刀开关断流能力有限,单独使用时不宜用刀片的开关控制大容量线路。胶盖刀开关只能用来控制 3.0 kW 以下的三相电动机。刀开关的额定电压必须与线路电压相适应。380 V 的动力线路,应采用 500 V 的刀开关;220 V 的照明线路,可采用 250 V 的刀开关。对于照明负荷,刀开关的额定电流就大于负荷电流的 3 倍。还应注意刀开关所配用熔断器和熔体的额定电流不得大于开关的额定电流。用刀开关控制电动机时,为了维护和操作的安全,应该在刀上方另装一组熔断器。

转换开关包括组合开关,主要用于小容量电动机的正、反转等控制。转换开关的手柄按 45°～0°～45° 有三个位置,中间是断开电源的位置,左右两边的或都是正转位置,或者一个是正转位置,另一个是反转位置。转换开关可用来控制 7.5 kW 以下的电动机。

转换开关的前面最好加装刀开关,以免停机时由某种偶然因素碰撞转换开关的手柄造成误操作。转换开关和插座的前面应加装熔断器。

低压配电盘上,经常用到熔断器式刀开关。这种开关由具有高分断能力的 RTO 填料管式熔断器、静触头、杠杆操作机构和底座组成。熔断器作为动触刀,其上方和下方分别装有两个栅片灭弧室。在正常供电的情况下,由开关的触头接通和分断电路,线路短路时由熔断器分断故障电流。

2. 低压断路器

低压断路器又叫自动开关或自动空气断路器。它相当于刀闸开关、熔断器、热继电器和欠压继电器的组合,是一种自动切断电路故障的保护电器。用于低压配电电路,电动机或其他用电设备电路中,能接通、承载以及分断正常电路条件下的电流,也能在规定的非正常电路条件下接通、承载一定时间和分断电流的开关电器,其特点是分段能力高,具有多重保护,保护特性较完善。

低压断路器主要由触头系统、灭弧系统、各种脱扣器、开关机构以及与以上各部分连接在一起的金属框架或塑料外壳等部分组成。

3. 交流接触器

在各种电力传动系统中,交流接触器用来频繁接通和断开带有负载的主电路或大容量的控制电路,便于实现远距离自动控制。

当线圈中通入交流电时,由于交流电的大小随时间周期性的变化,因此,线圈铁芯的吸力也随之不断变化,造成衔铁的振动,发出呼声,为防止这种现象的发生,在铁芯极面下安装了一个短路环,这样,当磁通变化时,在短路环中将产生感应电流,而感应电流所产生的磁通将滞后原磁通变化的 $90°$。因此,整个铁芯磁场将发生变化,其吸力也变化。衔铁振动变小,噪声减小。

交流接触器常见故障及处理。

(1)铁芯吸不上或吸力不足:电流电压过低,线圈技术参数不符合使用要求,线圈烧毁或断线,卡住,生锈,弹力过大。

(2)铁芯不放开或释放过慢:触头熔焊或压力过小,卡住,生锈,磁面有油污或尘埃,剩磁过大(铁芯材料或加工问题)。

(3)线圈过热或烧损:铁芯不能完全吸合,使用条件不符,操作频率过高(交流),空气潮湿或含有腐蚀性气体。

(4)电磁铁噪声过大:电压过低,压力过大,磁面不平、有油污、尘埃,短路环断裂。

(5)触头熔焊:操作频率过高或过负荷,触头表面有金属颗粒突起或异物,有卡住现象。

4. 控制器

控制器是电力传动控制中用来改变电路状态的多触头开关电器。常见的有平面控制器和凸轮控制器,前者的动触头在平面内运动;后者由凸轮的转动推动动触头运动。

控制器的安装有以下几点要求。

(1)控制器的工作电压应与供电电源电压相符。

(2)凸轮控制器及主令控制器,应安装在便于观察和操作的位置;操作手柄或手轮的安装高度宜为 $800\sim1\,200$ mm。

(3)控制器操作应灵活;挡位应明显、准确。带有零位自锁装置的操作手柄,应能正常工作。

(4)操作手柄或手轮的动作方向,宜与机械装置的动作方向一致;操作手柄或手轮在不同位置时,其触头的分、合顺序均应符合控制器的开、合图表的要求,通电后应按相应的凸轮控制器件的位置检查电动机,并应运行正常。

(5)控制器触头压力应均匀;触头超行程不应小于产品技术文件的规定。凸轮控制器主触头的灭弧装置应完好。

(6)控制器的转动部分及齿轮减速机构应润滑良好。

三、电动机及拖动

(一)三相异步电动机构造及机械特征

1. 三相异步电动机的构造

图 7-8 所示为三相异步电动机的外形图。其内部结构主要由定子和转子两大部分组成,另外,还有端盖、轴承及风扇等部件(图 7-9)。

(1)定子。定子由机壳、定子铁芯、定子绕组三部分组成。

1)机壳。它是电动机的支架,一般用铸铁或铸钢制成。机壳的内圆中固定着铁芯,机壳的两头端盖内固定轴承,用以支承转子。封闭式电动机机壳表面有散热片,可以把电动机运行中的热量散发出去。

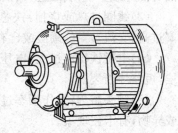

图 7-8　三相异步电动机外形图

2)定子铁芯。定子铁芯由 $0.35 \sim 0.5$ mm 的圆环形硅钢片叠压制成,以提供磁通的通路。铁芯内圆中有均匀分布的槽,槽中安放定子绕组。

3)定子绕组。定子绕组是电动机的电流通道,一般由高强度聚酯漆包铜线绕成。三相异步电动机的定子绕组有 3 个,每个绕组有若干个线圈组成,线圈与铁芯间垫有青壳纸和聚酯薄膜作为绝缘。三相绕组的 6 根引出线,连接在机座外壳的接线盒中,如图 7-10 所示。

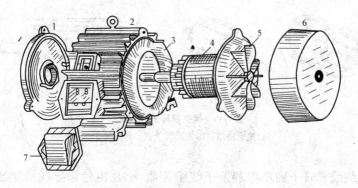

图 7-9　笼形电动机的内部结构

1—端盖；2—定子；3—定子绕组；4—转子；5—风扇；6—风扇罩；7—接线盒盖

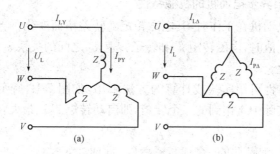

图 7-10　定子绕组的连接

(a)星形连接；(b)三角形连接

　　(2)转子。转子结构可分为笼型(以前称鼠笼型)和绕线型两类，笼型转子较为多见，主要由转轴、转子铁芯、转子绕组等组成。

　　1)转轴。一般用中碳钢制成，两端用轴承支撑，转子铁芯和绕组都固定在转轴上，在端盖的轴上装有风扇，帮助外壳散热。

　　2)转子铁芯。转子铁芯由厚 0.35～0.5 mm 的硅钢片叠压制成，在硅钢片外圆上冲有若干个线槽，用以浇制转子笼条。

　　3)转子绕组。将转子铁芯的线槽内浇制上铝质笼条，再在铁芯两端浇筑两个圆环，与各笼条连为一体，就成为鼠笼式转子，如图 7-11 所示。

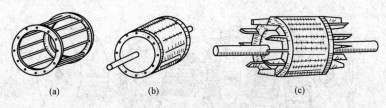

图 7-11　鼠笼形转子示意图

(a)笼形绕组;(b)笼形转子;(c)铸铝转子

　　绕线式转子的绕组和定子绕组相似,也是由绝缘导线绕制成绕组,放在转子铁芯槽内。绕组引出线接到装在转轴上的 3 个滑环上,通过一级电刷引出与外电路变阻器相连接,以便启动电动机。

2. 三相异步电动机的机械特性

　　异步电动机在工作时,其电磁转矩随转差率而变化。当定子电压和频率为定值时,电磁转矩 T 和转子转速 n_2 之间的关系 $n_2 = f(T)$ 称为机械特性。

　　机械特性可用实验或计算的方法求出,如图 7-12 所示。下面分别研究在实际中常用到的三个转矩,即启动转矩 T_{ST}、最大转矩 T_{max} 和额定转矩 T_N。

　　电动机在启动的一瞬间,$n_2 = 0$。此时的转矩称为启动转矩 T_{ST}。当启动转矩大于电动机轴上的阻力时,转子开始旋转。电动机的电磁转矩 T 沿着曲线的 CB 部分上升,经过最大转矩 T_{max} 后,又沿曲线 BA 部分逐渐下降,最后当 $T = T_N$ 时,电动机便以额定转速旋转,此时 $n_2 = n_N$。机械特性曲线中的 AB 段则称为电动机的运行范围。

　　当轴上所拖动的机械负载大于最大转矩时,电动机将被迫停转,如不及时切断电

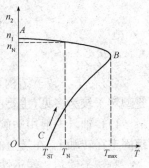

图 7-12　机械特性曲线

源,便会烧毁电动机。所以,一般电动机的额定转矩 T_N 要比最大转矩 T_{max} 小得多。T_{max} 与 T_N 的比值 λ 叫作电动机的过载能力,即:

$$\lambda = \frac{T_{\max}}{T_N}$$

一般异步电动机的 $\lambda = 1.8 \sim 2.5$。

(二)三相异步电动机的安装与运行

1. 安装地点的选择

电动机在安装前要选择好地点,选择电动机安装地点时,必须注意以下几个问题。

(1)干燥。电动机绝缘的主要危害是潮湿,安装地点必须干燥。如果是流动使用的电动机,应采取防潮措施,更不可受日晒雨淋。

(2)通风。电动机工作时,铁损、铜损、摩擦损失等均以热量形式散发,为保证电动机绝缘的寿命,必须限制升温,只有通风好,降温才良好。室外工作,顶部可做遮盖,但不能将电动机罩在箱子里,以免影响散热。

(3)干净。电动机应装在不受灰尘、泥沙和腐蚀性气体侵害的地方。

2. 电动机的基础

电动机在运行中,不但受牵引力而且还产生震动,如果位置不平、基础不牢固,电动机会发生倾斜或滑动现象,故电动机应装设在基础的固定底座上。

一般中小型电动机根据工作的需要,有的装设在埋于墙壁的三角构架上;有的装设在地坪上的平面构架上;有的装设在混凝土的基础上。前两种是将电动机用螺栓固定在构架上;后一种是电动机固定在埋入基础的地脚螺栓上。

电动机的基础有永久性、流动性和临时性等几种。

永久性基础一般采用混凝土和砖石结构。基础的边沿应大于机组外壳 150 mm 左右,上水平面应高出地面 150 mm 左右。在砌筑基础时,要用水平尺校正水平,还要注意预埋电动机的地脚螺栓,地脚螺栓的大小和相互间距离尺寸,应与电动机底座的螺孔相对应。

流动性的电动机,功率大都较小,可以和被拖动的机械固定在同一个架子上,到使用地点再将架体用打桩的方法固定好。

　　临时性的电动机,功率在 20 kW 以下的,可安装在木架或铁架上,再将架腿深埋地下。

3. 安装与校正

　　(1)电动机的安装。安装电动机时,要将电动机抬到基础上,质量 100 kg 以下的小型电动机,可用人力抬。比较重的电动机可采用三脚架上挂链条葫芦或用吊车来安装,将电动机按事先画好的中心线位置摆正。

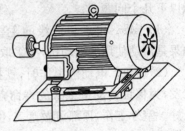

　　电动机应先初步检查水平,用水平尺校正电动机的纵向和横向水平情况,如图 7-13 所示。如果不平,可用 0.5~5 mm 厚的钢片垫在机座下面来校正,切忌不可用木片、竹片来垫。

图 7-13　用水准器校正电动机的水平

　　(2)传动装置的校正。电动机初步水平调整好后,就应对传动装置校正。

　　1)皮带传动。为了使电动机和它传动的机器能正常运行,必须使电动机皮带轮的轴和被传动机器皮带轮的轴保持平行,同时,还要使它们的皮带轮宽度中心线在同一条直线上。

　　2)联轴器传动。电动机的轴是有质量的,所以,联轴器在垂直平面内永远有挠度,如图 7-14 所示。假如两相连接的机器转轴安装绝对水平,那么联轴器的接触水平面将不会平行,如图 7-14(a)所示。校准联轴器最简单的方法是用钢板尺校正,如图 7-15 所示。

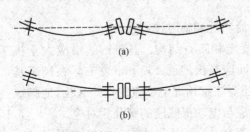

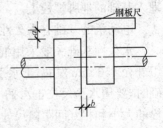

图 7-14　电动机转子产生挠度

(a)两相联轴器等高;(b)两端轴承较高

图 7-15　用钢板尺校正联轴器

4. 接线

（1）电动机的接地装置。在公用配电变压器低压网络中，为了保证人身安全，用电设备都必须外壳接地，所以，电动机安装中也包括将电动机外壳、铁壳式开关设备及金属保护管做良好接地。否则，如果电动机等设备的绝缘损坏，造成机壳或电气设备上带电，当人与带电设备接触时，就会发生触电事故。

接地装置包括接地极和接地引下线两部分。接地极可采用钢管、角铁及带钢等制成；接地引下线最好采用钢绞线，其上端用螺栓与电机或电气设备外壳相连接，其下端应用焊接的方法，接于接地装置上。

（2）电动机接零措施。每台电动机和电气设备均要埋设接地装置，显然价格昂贵且工作量大，而且设备单相接地时，其短路电流要经过设备接地装置和变压器中性点接地装置构成回路，增大了回路电阻，可能使相线上熔断器不动作，降低了保护的灵敏度和可靠性。为此，在单位专用变压器的供电网中的电动机和电气设备可统一采用保护接零方法。这种情况下设备绝缘击穿，单相短路电流经接零线构成回路，电阻比接地时大为减少，短路电流增加，以保证相线上熔断器熔体熔断。

但在同一配电变压器低压网中，不能有的设备采用保护接地，有的设备采用保护接零。即同一网络中保护接地和保护接零不能混用，这是必须注意的重要原则。

如果同一配电变压器低压网中保护接地和保护接零混用，当保护接地的那台设备发生单相接地短路时，短路电流经相线-电动机接地电阻-变压器低压侧中性点接地电阻构成回路，其短路电流由于回路电阻大，导致电流值达不到熔断器熔断值。这样短路电流在接地电阻上的压降使变压器中性线上均带对人身有危险的电压。即在所有无故障的接零设备的外壳上均出现对人身有危险的高电压。故保护接地和保护接零不能在同一低压系统中混用。

（三）三相异步电动机启动前后的安全检查

1. 启动前检查

（1）了解电动机铭牌所规定的事项。

(2)电动机是否适应安装条件、周围环境和保护形式。

(3)检查接线是否正确,机壳是否接地良好。

(4)检查配线尺寸是否正确,接线柱是否有松动现象,有无接触不好的地方。

(5)检查电源开关、熔断器的容量、规格与继电器是否配套。

(6)检查传动带的张紧力是否偏大或偏小;同时,要检查安装是否正确,有无偏心。

(7)用手或工具转动电动机的转轴,是否转动灵活,添加的润滑油量和材质是否正确。

(8)集电环表面和电刷表面是否脏污,检查电刷压力、电刷在刷握内活动情况以及电刷短路装置的动作是否正常。

(9)测试绝缘电阻。

(10)检查电动机的启动方法。

2. 启动时注意事项

(1)操作人员要站立在刀闸一侧,避开机组和传动装置,防止衣服和头发卷入旋转机械。

(2)合闸要迅速果断,合闸后发现电动机不转或旋转缓慢、声音异常时,应立即拉闸,停电检查。

(3)使用同一台变压器的多台电动机,要由大到小逐一启动,不可几台同时合闸。

(4)一台电动机连续多次启动时,要保持一定的时间间隔,连续启动一般不超过 3～5 次,以免电动机过热烧毁。

(5)使用双闸刀启动、星三角启动或补偿启动器启动时,必须按规定顺序操作。

3. 启动后检查

(1)检查电动机的旋转方向是否正确。

(2)在启动加速过程中,电动机有无振动和异常声响。

(3)启动电流是否正常,电压降大小是否影响周围电气设备正常工作。

(4)启动时间是否正常。

（5）负载电流是否正常,三相电压电流是否平衡。

（6）启动装置是否正确。

（7）冷却系统和控制系统动作是否正常。

4. 运转体检查

（1）有无振动和噪声。

（2）有无臭味和冒烟现象。

（3）温度是否正常,有无局部过热。

（4）电动机运转是否稳定。

（5）三相电流和输入功率是否正常。

（6）三相电压、电流是否平衡,有无波动现象。

（7）传动带是否振动、打滑。

（8）有无其他方面的不良因素。

四、常见的电工测量仪表

电工测量仪表是显示电气设备运行正常与否的主要依据,常见的电工测量仪表除了电压表、电流表及万用表外,在实际工程中经常使用到的还有兆欧表、接地摇表、钳形表等。

（一）兆欧表

1. 兆欧表的结构及其原理电路

在电机、电器和供用电线路中,绝缘材料的好坏对电气设备的正常运行和安全用电有着重大影响,而绝缘电阻是绝缘材料性能的重要标志。

绝缘电阻是用兆欧表来测量的,它是一种简便的测量大电阻的指示仪表,其标度尺的单位是兆欧,一般用 MΩ 来表示,1 MΩ＝1 000 000 Ω。

兆欧表又称"摇表",外形如图 7-16 所示,其电路原理如图 7-17 所示。

选用兆欧表的额定电压应与被测线路或设备的工作电压相对应,兆欧表电压过低会造成测量结果不准确;过高则可能击穿绝缘。另外,兆欧表的量程也不要超过被测绝缘电阻值太多,以免引起测量误差。

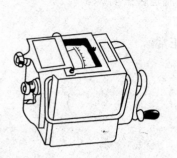

图 7-16　兆欧表外形

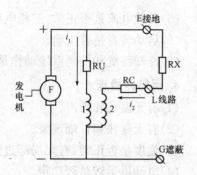

图 7-17　兆欧表的电路原理

F—发电机；RC，RX，RU—附加电阻；

1，2—动圈；RX—待测绝缘电阻

2. 兆欧表的正确使用

（1）电测量前必须切断被测设备的电源，并接地短路放电，确实证明设备上无人工作后方可进行。被测物表面应擦拭干净，有可能感应出高电压的设备，应做好安全措施。

（2）兆欧表在测量前的准备：兆欧表应放置在平稳的地方，接线端开路，摇发电机至额定转速，指针应指在"∞"位置；然后将"线路"、"接地"两端短接，缓慢摇动发电机，指针应指在"0"位。

（3）作一般测量时只用"线路"和"接地"两个接线端，在被试物表面泄漏严重时应使用"屏蔽"端，以排除漏电影响。接线不能用双股绞线。

（4）兆欧表上有分别标有"接地（E）"、"线路（L）"和"保护环（G）"的三个端钮。

测量线路对地的绝缘电阻时，将被测线路接于 L 端钮上，E 端钮与地线相接，如图 7-18（a）所示。

测量电动机定子绕组与机壳间的绝缘电阻时，将定子绕组接在 L 端钮上，机壳与 E 端钮连接，如图 7-18（b）所示。

测量电缆芯线对电缆绝缘保护层的绝缘电阻时，将 L 端钮与电缆芯线连接，E 端钮与电缆绝缘保护层外表面连接，将电缆内层绝缘层表面接于保护环端钮 G 上,如图 7-18(c)所示。

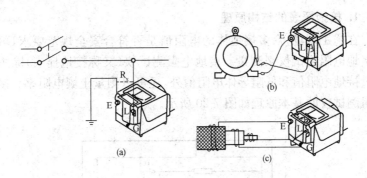

图 7-18　用兆欧表测量绝缘电阻的接线
(a)测线路绝缘电阻;(b)测电动机绝缘电阻;(c)测电缆绝缘电阻

　　保护环端钮 G 的作用如图 7-19 所示。其中,图 7-19(a)所示为未使用保护环,两层绝缘表面的泄漏电流也流入线圈,使读数产生误差;图 7-19(b)所示为使用保护环后,绝缘表面的泄漏电流不经过线圈而直接回到发电机。

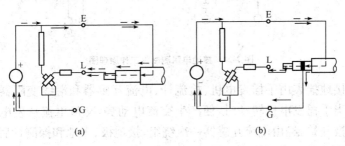

图 7-19　保护环的作用
(a)未使用保护环;(b)使用保护环

　　(5)测量完后,在兆欧表没有停止转动和被测设备没有放电之前,不要用手去触及被测设备的测量部分或拆除导线,以防被电击。对电容量较大的设备进行测量后,应先将被测设备对地短路后,再停摇发电机手柄,以防止电容放电而损坏兆欧表。

(二)接地摇表

1. 接地摇表的结构原理

在施工现场,众多接地体的电阻值是否符合安全规范要求,可使用接地电阻测试仪来测量。接地电阻测试仪(又称接地摇表)除用于测量接地电阻值和低阻导体电阻值外,还可以测量土壤电阻率。接地电阻测试仪的基本原理如图 7-20 所示。

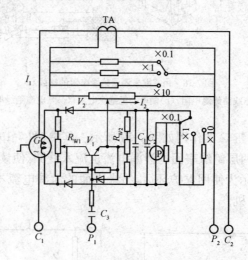

图 7-20　接地电阻测试仪工作原理图

接地摇表由手摇发电机、检流计、电流互感器和滑线变阻器等构成。当手摇发电机转动时,便产生交流电动势,交流电流从发电机的一个极开始,经由电流互感器一次绕组、接地极、大地和探测针后回到发电机的另一个极构成回路。

此时,电流互感器便感应出电流,使检流计指针偏转并指示被测电阻值。

2. 接地摇表的正确使用

(1)测量前准备:测量前,应将接地装置的接地引下线与所有电气设备断开,同时,按测量接地电阻或低阻导体电阻以及测量土壤电阻率不同的使用目的,对照有关仪表的使用说明正确接线。

（2）测量：测量时，应先将仪表放在水平位置，检查检流计指针是否指在中心线上（如不在中心线上，应调整到中心线上），然后将"倍率标度"放在最大倍数上，慢慢转动发电机摇把，同时旋转"测量标度盘"，使检流计指针平衡。

当指针接近中心线时，加快摇把转速，达到 120 r/min，再调整测量标度盘，使指针指在中心线上，此时用测量标度盘的读数乘以倍率标度的倍数即得所测的接地电阻值。

（三）钳形表

当用一般电流表测量电路电流时，常用的方法是把电流表串联在电路中。在施工现场临时需要检查电气设备的负载情况或线路流过的电流时，要先把线路断开，然后把电流表串联到电路中。这工作既费时又费力，很不方便，如果采用钳形电流表测量电流，就无须把线路断开，而直接测出负载电流的大小。

1. 钳形表的结构

钳形表是由电流互感器和整流系电流表组成。其外形结构如图 7-21 所示，电流互感器的铁芯在捏紧扳手时即张开如图中虚线位置，使被测电流通过的导线不必切断就可进入铁芯的窗口，然后放松

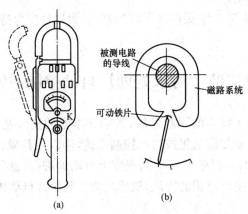

(a)　　　　　　　(b)

图 7-21　钳形表外形结构

(a)外形图；(b)结构示意图

扳手,使铁芯闭合。这样,通过电流的导线相当于互感器的初级绕组,而次级绕组中将出现感应电流,与次级相连接的整流系电流表指示出被测电流的数值。

2. 钳形表的使用

钳形表使用方便,但准确度较低。通常只用在不便于拆线或不能切断电路的情况下进行测量。

(1)估计被测电流大小,将转换开关置于适当量程;或先将开关置于最高挡,根据读数大小逐次向低挡切换,使读数超过刻度的1/2,得到较准确的读数。

(2)测量低压可熔保险器或低压母线电流时,测量前应将邻近各相用绝缘板隔离,以防钳口张开时可能引起相间短路。

(3)有些型号的钳形电流表附有交流电压量限,测量电流、电压时应分别进行,不得同时测量。

(4)测量 5A 以下电流时,为获得较为准确的读数,若条件许可,可将导线多绕几圈放进钳口测量,此时实际电流值为钳形表的示值除以所绕导线圈数。

(5)测量时应戴绝缘手套,站在绝缘垫上。读数时要注意安全,切勿触及其他带电部分。

(6)钳形电流表应保存在干燥的室内,钳口处应保持清洁,使用前应擦拭干净。

第二节　污水处理厂自动控制系统

随着微电子技术的不断发展,人们在丰富的实践基础上,创造出层出不穷的自动控制装置或自动控制系统,用以代替操作人员越来越多的直接劳动,使得生产在不同程度上自动地进行,这种用自动化装置来管理工艺生产过程的方法,被称之为工艺运行自动化。

一、污水处理自动控制的特点

污水处理厂的生产过程中,大量的阀门、泵、风机、除浮渣设备、砂设备、刮渣刮吸泥设备、污泥的加热、污泥的搅拌、沼气加工利用等需要根据一定的程序、时间和逻辑关系调节开、停。还有大量的设施、设备需要有机组合按照预定的时间顺序运行。这就需要一个自动控制系统对全厂的工艺运行进行控制才会形成一套自动控制有秩序的现代化生产线。污水处理工艺的自控系统具有环节多,系统庞大,接线复杂的特点。它除具有一般控制系统所具有的共同特征外(如有模拟量和数字量,有顺序控制和实时控制,有开环控制和闭环控制),还有不同于一般控制系统的个性特征(如最终控制对象是 COD、BOD、SS、氨氮、总磷和 pH 值),为使这些参数达标,必须对众多设备的运行状态,各池的进水量和出水量、进泥量和排泥量,加药量,各段处理时间等进行综合调整与控制。

二、污水处理自动控制系统的功能

污水处理厂的自动控制系统主要对污水处理过程进行自动控制和自动调节,使处理后的水质达到预期标准。污水处理自控系统通常应具有如下功能。

(1)自动操作功能。自控制系统利用自动操作装置根据工艺条件和要求,自动启动或停运某台设备,对被控设备进行在线实时控制,调节某些输出量大小,或进行交替循环动作,如在污水处理工艺过程中控制利用自动操作装置定时地对初沉池进行排泥,则需要定时自动启动排泥泵前阀门、排泥泵等设备。在线设置 PLC 的某些参数。

(2)显示和存贮功能。用图形、数字实时地显示各现场被控设备的运行工况,以及各工艺段的现场状态参数,这些参数还可保留到一定的天数记录储存在 PLC 内,需要时调出供分析研究用。

(3)打印功能。可以实现报表和图形打印及各种事件和报警实时打印。打印方式可分为定时打印(如图表等)、事件触发打印。

(4)自动保护和自动报警功能。当某一模拟量(如电流、水压、水位)的测量值超过给定范围或某一开关(如电机的停启、阀门开关)发生变化,可根据不同的需要发出不同等级的报警。

当生产操作不正常,有可能发生事故时,自动保护装置能自动地采取措施(如连锁动作),防止事故的发生和扩大,保护职工人身和设备的安全。实际上自动保护装置和自动报警装置往往是配合使用,相互依靠的。

三、污水处理自动控制系统的分类

自动控制系统的分类方法很多,可以按被控量分类,可以按控制器的调节方式分类,也可以按控制方式分为过程连续控制、顺序控制等。每一种分类方法都只反映了自动控制系统的某一方面特征。对于过程连续控制系统,一般可分为以下三类。

(1)定值控制系统。某控制的给定值是一恒定值或允许变化量很小值。当被控量波动时,控制器动作,使被控量回复到给定值,污水处理工艺中的温度、压力、流量、液位等参数的控制及各种调速系统都是如此。

(2)随动控制系统(也称伺服系统)。在这种系统中,给定值随时间变化而不断变化,而且预先不知道它的变化规律,但要求系统的输出即被控量跟着变化。污水处理的污泥脱水工艺中污泥流量、浓度与絮凝剂给进量之间的关系就是一个典型的随动控制系统,在这个控制系统中絮凝剂给进量跟随污泥进入量和浓度的变化而变化。

(3)程序控制系统。其输入量按事先设定的规律变化,其控制过程由预见编制的程序载体按一定时间顺序发出指令,使被控量随给定值的变化规律而变化。

四、PLC 控制技术

可编程控制器(Programmable Logical Controller,简称为 PC 或 PLC)是面向用户的专门为在工业环境下应用而开发的一种数字电子装置,可以完成各种各样的复杂程度不同的工业控制功能。它采用可以编制程序的存储器,在其内部存储执行逻辑运算、顺序运算、计时、计数和算术运算等操作指令,并通过数字量或模拟量的输入和输出来控制各种类型的生产过程。

1. PLC 的硬件组成

可编程控制器大都采用模块式结构,它由中央处理器模块(CPU)、电源模块、输入/输出模块及其他用途的特殊模块组成,它们通常被安装在一个机架中。

(1)中央处理器模块。中央处理器是 PLC 的核心部件,控制 PLC的运行和工作。在结构上它同计算机中的 CPU 相同(有些厂家的PLC 就是采用计算机的 CPU),一般也由控制电路、运算器和寄存器组成。这些电路都集成在一个集成电路芯片上。CPU 通过地址总线、数据总线和控制总线与存储单元、输入/输出模块进行通信。可编程控制器中的 CPU 同计算机中的 CPU 工作方式不同,它是以顺序扫描方式工作的,而计算机的 CPU 是以中断处理方式工作的。CPU 按系统程序所赋予的功能、接收并把用户程序和数据存在 RAM 中。系统上电后,它按扫描方式开始工作,从第一条用户指令开始,逐条扫描并执行,直到最后一条用户指令为止。它不停地进行周期性扫描,每扫描一次,用户程序就被执行一次。PLC 的 CPU 模板的主要技术指标如下:程序扫描时间;输入/输出(I/O)点处理能力;编程方式;存储容量;最大定时器/计数器数;通信能力。

(2)电源模块。电源模块用来向 CPU 和输入/输出模块所在的机架提供直流电源。

(3)输入/输出模块。输入/输出模块是可编程控制器同现场设备进行联系的通道。来自现场的输入信号可以是开关量输入信号,如按钮开关、选择开关、行程开关、限位开关或代表设备状态的继电器触点;也可以是模拟量输入信号,如温度、压力、液位、流量或 pH 值、溶解氧浓度等。由 PLC 系统输出模块输出的信号可以用开关量信号去控制设备的启动或停车或触发某一报警装置;也可以是模拟量输出信号去控制调节阀或变频器等。总之,PLC 系统通过输入、输出模块来进行数据采集和对设备进行控制。

(4)其他用途的特殊模块。许多 PLC 生产厂商都有各自特殊用途的模块,如用于光纤通信的专用通信模块、用于扩展 I/O 机架用的适配器模块、用于闭环回路控制的 PID 回路控制模块、ASCII 接口模块等。它们都是为了特殊用途设计的专用模块,一般同普通输入/输出模块一样安装在 I/O 机架中。

(5)可编程控制器的指令系统。尽管不同的 PLC 系统的编程语言各不相同,但是一般可以分成这样几种:梯形逻辑图(类继电器语言)、逻辑功能块图和指令式语言。PLC 的编程工具目前可以有两种,即手持式或简易编程器和个人计算机(包括便携式计算机)。既可以在线编程,又可以离线编程。

2. 可编程控制器的功能

(1)开关逻辑和顺序逻辑控制功能。可编程控制器最广泛的应用就是在开关逻辑和顺序控制领域,主要功能是进行开关逻辑运算和顺序逻辑控制。

(2)模拟控制功能。在过程控制点数不多,开关量控制较多时,PLC 可作为模拟量控制的装置。采用模拟输入/输出模块可实现 PID 反馈或其他控制运算。

(3)信号联锁功能。信号联锁是安全生产的保证,高可靠性的可编程序控制器在信号联锁系统中发挥着重要作用。

(4)通信功能。可编程控制器可以作为下位机,与上梯形机或同级的可编程序控制器进行通信,完成数据的处理和信息的交换,实现对整个生产过程的信息控制和管理。

3. PLC 在城市污水处理过程中选用的依据

根据 PLC 控制系统的选用类型,一般就可确定使用 PLC 的档次。但是,不论选用什么档次的 PLC,对控制对象进行分析估计是 PLC 选用规格的主要依据,具体内容如下。

(1)控制系统有多少个开关量输入,电压等级有几级,有没有电源输入;有多少开关量输出,输出功率分别为多少,输出回路是否需要独立,输出点动作是否频繁,有无速度要求;有多少模拟输入和输出量,有无要求温度传感器直接输入,系统对模拟量转换有无速度要求。

(2)控制系统对 PLC 的响应速度有何要求;对系统的可靠性和PLC 的可扩展性有何要求。

(3)控制设备放置场所离现场执行元件最远距离为多少。

(4)控制系统的组成形式以及对网络构架的要求。

第三节　污水处理厂测量仪表

一、仪表简介

在污水处理工艺中,为了确保工艺进行的科学性和稳定性,要采用多种在线式检测仪表对工艺运行过程中的主要参数进行连续不断地跟踪监测。所示说,仪表是自控系统的"眼睛"、"触角"和"神经",涉及了污水处理各个环节,与生产过程有着紧密的联系。

目前,人们一般把污水处理过程中的监测仪表分两大类,一类是热工仪表;另一类是水质分析仪表。

1. 测量仪表的构成

测量仪表种类很多、类型复杂、结构各异,但它们在构成上有着明显的共性,大致都由测量元件(传感器)、中间传送部分和显示部分(包括变换成其他信号)构成。测量仪表各个组成部分通常可以信息流的传递过程来划分。

(1)信息的获取——传感器。其作用是将各种被测参数转换成电量信号传给变送器。

(2)信息的转换——变送器。其作用是将传感器送来的电量信号放大,变换成一个标准统一,其作用是将传感器送来的电量信号可将远距离传输的信号传给显示器、调节器或经转换器传给计算机系统。

(3)信息的显示——指示仪、记录仪。其作用是将变送器送来的信号重新变成被测量值的大小显示出来,供人们了解和研究。或者通过转换器将信息传给计算机系统作为监控的信息进行分析、判断、记录、显示,并发出指令等,或直接传给调节器来调节设备。

2. 测量仪表的性能指标

测量仪表的性能指标可通过其准确度、重现性、灵敏度、响应时间、零点漂移和量程漂移等指标来反应。

(1)准确度。也称精确度,即仪表的测量结果接近实值的准确程度。可以用绝对误差或相对误差来表示。

绝对误差＝测量值－真实值

相对误差＝绝对误差/真实值

任何仪表都不能绝对准确地测量到被测参数的真实值,只能力求使测量值接近真实值。在实际应用中,只能是利用准确度较高的标准仪表指示值来作为被测参数的真实值,而测量仪表的指示值与标准仪表的指示值之差就是测量误差。误差值越小,说明测量仪表的可靠性越高。

为了更好地反映仪表的准确度,实际应用中通常采用相对百分误差来表示,其意义为测量仪表绝对误差占仪表量程的百分比。

$$\Delta=\frac{a-b}{标尺上限值-标尺下限值}\times100\%$$

式中　Δ——相对百分误差;

　　　a——被测参数的测量值;

　　　b——被测参数的标准值。

(2)重现性。是指在测量条件不变的情况下,用同一仪表对某一参数进行多次重复测量时,各测定值与平均值之差相对于最大刻度量程的百分比。这是仪器、仪表稳定性的重要指标,一般需要在投运时和日常校核时进行检验。

(3)灵敏度。是指仪表测量的灵敏程度。常用仪表输出的变化量与引起变化的被测参数的变化量之比来表示。

(4)响应时间。当被测参数发生变化时,仪表指示的被测值总要经过一段时间才能准确地表示出来,这段和被测参数发生变化滞后的时间就是仪表的反应时间。有的用时间常数表示(如热电阻测温),有的用阻尼时间表示(如电流表测电阻)。

出现这样一种现象,是因为仪表本身存在着一个"反应时间"的缘故。有以下两种情形(图7-22)。

第一种情况是当参数在时刻突然发生变化后,仪表不能立刻指示出被测参数,而是慢慢增加,经过足够长的一段时间后,才能指示出参数的准确值,如用热电阻测温时的情况。一般用时间常数来衡量。

第二种情形是当参数在时刻突然发生变化后,仪表指示值迅速改变,但需要经过几次摆动后,才能指示出参数的准确值,如用电流表测

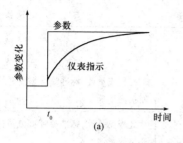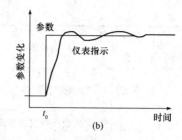

图 7-22　仪表的反应时间(动态特性)

(a)第一种情形;(b)第二种情形

量电流时的情况,一般用阻尼时间来衡量。

仪表指示不能立即反映客观实际变化的上述情况,通常叫作仪表的滞后现象。时间常数小的仪表滞后就小,也就是反应时间短;反之,时间常数大的仪表滞后就大,仪表的反映时间长。

(5)零点漂移和量程漂移。是指对仪表确认的相对零点和最大量程进行多次测量后,平均变化值相对于量程的百分比。

3. 在线测量仪表的选配

污水处理厂随着科学技术的发展和新工艺的要求,越来越需要大量的、可靠的仪表在线测量。根据一般污水处理工艺的要求选配的测量仪表见表 7-2。

表 7-2　在线测量工艺参数的分类以及选配的测量仪表

工艺参数	测量介质	测量部位	选用仪表
流量	污水	进、出水管道	电磁流量计、超声波流量计、涡街流量计
		明渠	超声波叫渠流籬计
	污泥	回流污泥管道	电磁流镀计、超声波流量计、涡街流量计
		剩余污泥管道	电磁流量计
		消化污泥管道	电磁流量计

工艺参数	测量介质	测量部位	选用仪表
流量	沼气	消化池沼气管路	孔板流量计、标准喷嘴型流量计、质量流量计
	空气	采用微孔曝气法压缩空气主管路	孔板流量计、标准喷嘴型流量计、质量流量计
温度	污水	进水	PT100 热电阻型温度仪
	中水	出水	PT100 热电阻型温度仪
	污泥	消化池	PT100 热电阻型温度仪
压力	污水	泵站出口管路上	弹簧管式压力表、压力变送器
	污泥	泵站出口管路上	弹簧管式压力表、压力变送器
	空气	鼓风机出口管路上	弹簧管式压力表、压力变送器
	沼气	消化池	压力变送器(微压)
		沼气柜	压力变送器(微压)
液位	污水	进水泵站集水池	超声波液位计、沉入式位计
		格栅前、后液位差	超声波液位计、沉入式液位计
	污泥	回流泵站集水池	超声波液位计、沉入式液位计
		氧化沟工艺曝气池水池	超声波液位计、沉入式液位计
		消化池	超声波液位计、沉入式液位计
		浓缩池	超声波液位计
pH	污水	进、出水管路	pH 值计
		曝气池内	pH 值计
氧化还原电位	污水	厌氧池内	氧化还原电位计(ORP)
		氧化沟厌氧段后侧	氧化还原电位计(ORP)
浊度	污水	进水浊度	用穿透光浊度计
		出水浊度	用散射光浊度计
污泥浓度		曝气池、回流污泥管路、剩余污泥管路	污泥浓度计

续表

工艺参数	测量介质	测量部位	选用仪表
溶解氧	污水	曝气池	溶解氧测定仪
污泥界面	污水污泥	二沉池	污泥界面计(超声波式)
COD	污水	进/出水	COD 在线测量仪
BOD	污水	进/出水	BOD 在线测量仪
氯	污水	接触池出水	余氯测量仪
水质水样	污水	进/出水管路	自动取样器(真空型)

二、热工仪表

测试温度、压力、液位、流量等物理量的仪表称为热工仪表。

1. 流量测量仪表

流量测量仪表是在污水处理工艺过程中应用最广、最多的仪表。对污水处理厂的进出水量、污泥回流量、污泥消化池的进出泥量、剩余污泥量、压缩空气流量、污泥消化所产沼气量、再生水量等流量都是必须测量的参数。另外，进出水流量还是污水处理成本核算的基本参数。因此，流量测量仪表在整个生产中起很重要的作用。污水处理涉及的流量一般分为瞬时流量和总量。瞬时流量一般指速度的大小，是指单位时间内流过管道某一截面的流体数量的大小；总量是在某一段时间内渡过管道的流体流量的总和，即瞬时流量在某一段时间内的累计值。

一般常用的流量测量仪表有超声波流量计、电磁流量计、差压流量计、涡街流量计、转子流量计等。选用何种流量计主要是根据测量的介质来确定。

(1)超声波流量计。在污水处理厂流量测量仪表中，按测量仪表的安装形式来分，可分为明渠式超声波流量计和管道式超声波流量计。

（2）电磁流量计。采用电磁测量原理，流体就是运动中的导体，其感应电势的强度与流体的流速成正比。再根据管道截面面积的大小就可以直接计算出流体的流量。其广泛用于污水处理厂污水、污泥的流量计量。

（3）差压流量计。在通过测量流体流经节流装置所产生的静压力差来显示流量大小的一种流量计。在污水处理过程中，常用孔板测量流入曝气池、曝气沉砂池的空气流量，消化池内蒸汽用于搅拌的流量等。

（4）涡街流量计。在流体中垂直于流向插入一根非流线型柱状物体，当流速大于一定值时，在柱状物的下游两侧产生两列旋转方向相反、交替出现的旋涡，称为卡门涡街，通过对其计算可得出被测液体的体积流量。

（5）转子流量计。是以压差不变利用节流面积的变化来反映流量的大小，也可称为恒压差、变面积的流量测量方法。

2. 温度测量仪表

温度测量也是污水处理工艺过程中需要测量的参数，如污水厂进、出水温度，消化池内温度，热交换器温度等。因此，温度测量仪表在污水处理工艺中也是应用比较多的仪表。温度测量仪表按工作原理分为膨胀式、热电阻、热电偶和辐射式等。

（1）膨胀式温度计。基于物体受热体积膨胀的性质制成的温度计，又分为液体膨胀式和固体膨胀式两类仪表。

1）液体膨胀式温度计以充填工作液为水银和酒精的玻璃体温度计，在污水处理厂常用来测现场测量进出水中、空气中温度。

2）固体膨胀式温度计又称为金属温度计，其感温元件是使用两片膨胀系数不同的金属片叠焊在一起制成。在污水厂中常用在鼓风机、沼气压缩机等机械设备中的温度测量。

（2）热电阻温度计。其测量原理是基于导体（半导体）的阻值随温度变化而变化的物性，将阻值的变化转化成相应的温度信号显示出来。在污水厂中应用较多。如消化池内泥温显示，热交换器温度显示，进、出水温度显示等。

(3)热电隅温度计。其测量原理是以热电效应原理为基础的测温仪表。在污水处理厂中,一般用于高温情况下温度测量,如沼气发动机内的温度测量。

3. 液位仪表

在污水处理过程中,污水处理厂主要用来测量液位。通常通过测量格栅前后的液位差对格栅进行控制,根据泵房集水井的液位对水泵启动、运行进行编组控制,测量浓缩池、消化池的泥位控制进泥泵、排泥泵的开停和运行;测量沼气柜的高低,确定储沼气量等。因此,液位测量在污水处理工艺运行中有着重要意义。

液位仪表的种类很多,如超声波式、电容式、微波式、差压式等。

4. 压力仪表

对于压力这个参数,污水处理厂工艺运行中经常要测量,为生产的控制、调整提供依据。在污水处理厂中,压力仪表主要用来测量水泵的出口,鼓风机的进、出口压力,消化池、沼气柜、锅炉等容器内的压力,再生水系统内的压力,污泥脱水机传动装置、气压装置等压力。保证安全生产、调节工艺参数。

压力仪表的品种和分类方法均很多,污水处理行业常按仪表的工作原理来分类,可分为弹性式压力表和压力变送器。

(1)弹性式压力表。水泵的进出水管上一般选用不锈钢耐震压力表,进行现场压力指示。为了保证弹性元件能在弹性变形的安全范围内可靠地工作,在选择压力表量程时,必须根据被测压力的大小和压力变化的快慢,留有足够的余地,因此,压力表的上限值应该高于工艺生产中可能的最大压力值。

(2)压力变送器。在被测点和仪表安装地点距离较远时或数值进入系统联动时要采用变送器把压力信号转变为电流或电压信号再进行检测。压力变送器对液位的测量多实现在管道与罐体等压力容器中。通过对容器内压力变化的测量,得出容器内液位的变化。

压力仪表安装的正确与否,直接影响到测量结果的准确性和仪表的使用寿命。其主要有以下几点注意事项。

(1)取压点的选择。为保证测量的是静压,取压点与容器壁要垂直,并要选在被测介质直线流动部分,不要选在管路拐弯、分义、死角或其他容易形成漩涡的地方。取压管内端面与设备连接处的内壁保持平齐,不应有凸出物。测量液体压力时,取压点应在管道的下部,使导管内不积存气体;测量气体压力时,取压点应在管道上方,使导压管内不积存液体。

(2)导压管铺设。导压管粗细要合适,尽量短,减少压力指示的迟缓。安装应保证有一定倾斜度,有利于积存于其中的液体排出。在北方寒冷季节,应注意加设保温伴热管线。还应在取压与压力仪表间装上隔离阀,有利于日后检修。

(3)压力仪表的安装。压力仪表要安装在易观察和检修的地方,应注意避开振动和高温影响。

三、水质分析仪表

测量水质的 pH 值、溶氧值、浊度、COD 值等污水的成分,称之为水质分析仪表。

1. pH 值计

pH 是指被测水溶液中氢离子活度的负对数大小,pH 值是污水处理厂工艺运行中需要在线连续测量的水质参数之一,常用在进(出)水水质监测和曝气池工艺控制(适用于脱磷脱氮的氧化沟工艺),在评价进(出)水有无有毒物质或毒性等方面也具有指导意义。测定水的 pH 值的方法有玻璃电极法和比色法,其中玻璃电极法(即电位法)测定,可为生产工艺提供连续的 pH 值测量。

pH 值计的使用与维护。

(1)电极的清洗。pH 值计的测量电极与参化电极之间的电子通路是通过被测介质进行的,测量电极玻璃膜上沾污油脂或滋生微生物,会直接影响测量,特别在污水处理厂使用分立式电极的 pH 值计在应用时,清洗工作是十分重要的。如玻璃电极上的附着物可直接用清水冲洗,并用滤纵然吸去或轻拭,不能用力擦。如电极附着大量油脂或乳化物时,可入清洗剂中清洗。

(2)校验。随着测量电极使用,其活性逐渐退化,为了确保 pH 值

计的测量精度,必须要对 pH 值计进行定期校验。校验周期为一个季
度或半年。

2. 溶解氧检测仪

溶解氧的测量对于污水处理厂具有十分重要的意义。溶解氧在
线测量仪表是污水处理厂溶解氧自动调节系统的重要组成部分,可实
时连续掌握污水处理过程中曝气池内混合液溶解氧的变化,是曝气池
溶解氧自动调节控制系统的重要组成部分,对于调节系统的正常运行
起着关键作用,它也是工艺运行人员调整、控制工艺运行的重要依据。

(1)溶解氧检测仪的组成。溶解氧检测仪主要由传感器(探头)、
变送器和信号转换器几部分组成。若从传感器的结构形式上来分,主
要由两种:覆膜电极、无膜电极。这两种电极都由阴极、阳极和电解液
组成。

(2)溶解氧检测仪的日常维护与保养。清洗传感器时要用软布轻
轻擦拭。传感帽的寿命会受到直接或者反射的日光的负面影响,在不
使用时应将传感器从探头上取下,并将其保存在避光处直至重新安
装。维护时尽量缩短传感器在空中的暴露时间,特别注意传感器不要
对着阳光直照,以免缩短传感器荧光盖使用寿命。

(3)在污水处理厂经常遇到的实际问题。

1)自动清洗装置(如旋转刮刀)和防护罩常被头发及纤维织物缠
绕而不能工作。在这种水质情况下,应选用球形探头。

2)探头在几个小时内即被水中油脂或微生物形成的黏膜(黏液)
糊住。

3)由于设计或安装不当,探头不能从支架或护套管中取出来。

4)由于探头同变送器(转换器)之间的距离太远,人无法看到仪表
显示值,因此,至少需要两个人才能对仪表标定。

5)探头放在池内形成不能被搅拌的死角,使得输出信号不能代表
工艺过程的实际情况。

3. 浊度仪

浊度仪是为测量市政污水或工业废水处理过程中悬浮物浓度而
设计的在线分析仪表。无论是评估活性污泥和整个生物处理过程、分

析净化处理后排放的废水,还是检测不同阶段的污泥浓度,污泥浓度计都能给出连续、准确的测量结果。

对浊度仪的操作主要是指其标定过程。浊度仪多在污浊的环境下工作,容易对测量部位造成影响。因此,在设计传感器时,一般都会考虑自动清洗的功能。

浊度仪的标定主要有三种方法:一是三点标定;二是用实验室数据校正现有标定数据;三是一点强制性标定。

4. 在线 COD 测定仪

COD 的自动测定仪由试样采集器、试样计量器、氧化剂溶液计量器、氧化反应器、反应终点测定装置、数据显示仪、试验溶液排出装置、清洗装置以及程序控制装置等各部分组成。COD 的测量分为传统试剂法(高锰酸钾法、重铬酸钾法等)和紫外光法。紫外光法是根据有机物对紫外光有吸收作用的原理,通过对被测物紫外光消光度的测定,而实现 COD 的分析测量。

传统试剂法 COD 测定仪,日常的维护检查主要是检查仪器工作是否正常。仪器在出厂时存有设定的工作曲线,但由现场工况的不同,应对其工作曲线进行校核,使其更准确的测定。仪器暂停使用时,要用蒸馏水彻底清洗后排空,再依次关闭进出口阀门和电源,重新启用时用新试剂进行彻底清洗,并重新校准工作曲线。

紫外光法 COD 测定仪的安装地点流速不能太快,不能有旋涡;不能直接提电缆来取探头;探头测量狭缝方向应同水流方向一致(自净作用)。紫外光法 COD 测定仪的标定方式与传统试剂法的不同。须借助化验室测定结果来标定。最好每周都进行一次人工清洗,保证测量窗口的清洁,保持仪表的正常工作。

第八章 污水处理厂安全生产管理

污水处理厂的工艺涉及许多方面,设备的种类也非常多,污水处理厂有高压电路、高速风机、易燃气体和压力容器等,安全生产特别重要。

第一节 安全生产与安全教育

一、安全技术基本任务

安全技术是辨识和控制生产运行和工程建设过程中的危险因素,防止职工伤亡事故的工程技术和组织措施的总称。其内容是研究生产过程中物理的、化学的、生物的以及人的行为方面的危险因素与其导致伤亡事故的规律,从工程、技术、管理等方面采取措施,以创造合乎安全要求的劳动条件,防止工伤事故的发生,保障劳动安全,促进生产发展。其基本任务如下。

(1)分析生产运行和工程建设过程中多种不安全因素及其导致伤亡事故的条件、机制和过程。

(2)辩论和评价危险源,采取必要的工程技术措施,改变不安全的工艺劳动环境,消除和控制危险源。

(3)掌握与积累资料,制定安全技术规程、标准和工种安全操作规程。

(4)编写对工人进行安全技术教育的资料。

(5)研究制定分析伤亡事故的办法,参与伤亡事故的调查分析。

二、安全技术管理的基本要求

安全技术管理是对安全技术工作进行的组织、计划和控制活动。

主要包括：对工艺和设备的管理；对生产环境安全的管理；组织制定和实施安全技术操作规程；加强个人防护用品的管理；组织制定安全技术标准。

生产工艺过程产生的危险因素，是导致事故发生、造成人员伤亡和财物损失的主要危险源。加强生产工艺过程安全技术管理，是防止发生事故、避免或减少损失的主要环节。生产工艺过程安全技术管理主要包括工艺安全管理和设备安全管理。

1. 工艺安全管理

生产工艺是指导企业组织生产的重要文件，主要包括加工的方法、设备的选用、原材料的选择、工序的安排及加工过程中的人员组合。生产工艺的优劣直接影响生产效率和产品质量，这是不言而喻的。工艺安全内容缺乏同样也会影响甚至阻碍生产的进行。因此，必须注意几个要点。

（1）工艺方案的优选，要从技术、经济和安全上，全面评价工艺方案，优选那些技术上先进，措施上安全，经济上合理，对危险和有害因素能够有效控制的工艺方案。

（2）选择设备，遵循安全可靠、自动、高效的原则；选用材料优先选用安全、无毒、无害的材料。

（3）工序安排，应遵循科学合理、简化操作、减少危险的原则。

（4）人员组合，应分工合理、组织严密。

2. 设备安全管理

设备安全管理涉及设备的研究、设计、制造、选购、安装、使用、维修、更新、改造，直到报废的全过程。对使用设备的污水处理厂及泵站来说，设备安全管理主要包括以下内容。

（1）认真执行以防为主的设备维修方针，实行设备分级归口管理，协调管、用、修关系，明确各方职责，努力把设备故障和设备事故消除在萌芽状态。

（2）正确选购设备，严格采购后的质量验收把关，保证其安全与可靠性良好，并认真进行安装调试。

（3）制定实施工艺规程和操作规程，正确合理使用设备，防止不按使用范围、不按操作规程使用设备和超负荷现象发生。

(4)做好日常的设备维护、保养工作,并认真执行设备的计划预防修理和点检定修制度。

(5)有计划、有步骤地积极进行设备的改造与更新工作,尤其是那些可靠性与安全性能不好的陈旧设备要有重点地进行更新改造,以提高设备安全化水平,改善劳动条件。

3. 生产环境安全的管理

企事业单位的环境安全,是保障生产者安全与健康的基本条件。国务院颁布了《工厂安全卫生规程》,其中包括厂院、道路、坑、壕,原材料、成品、半成品和废料的堆放,以及建筑物、电网等的安全卫生要求;工作场所总体布置、危险护栏、地面、墙壁、顶棚、采光、降温、采暖、防寒、供水等一般安全卫生要求;特殊环境(如气体、粉尘和危险品)的劳动条件和安全卫生要求。另外,厂房设计、防火间距、仓库堆场安全、电气线路安全等也都有专门规定或标准。

安全技术管理人员要认真组织实施有益生产环境安全的规程、标准。

(1)组织制定和实施安全技术操作规程。企事业单位应当根据国家的主管部门颁发的安全技术操作规程和各工种、各岗位的实际需要定出安全操作的详细要求,以进一步实施这些规程,确保操作安全。

(2)加强个人防护用品的管理。个人防护是为厂保护劳动者在生产过程中的生命安全和身体健康,预防工伤事故和各种职业毒害而采取的一种防护性辅助措施。加强个人防护用品的管理是安全措施的重要内容。

(3)组织制定安全技术标准。安全技术标准是保证企事业单位安全生产的基本技术准则,包括安全管理工作标准化、设备安全标准化、作业环境标准化、岗位操作标准化。

三、安全生产

安全生产是指在劳动生产过程中,通过努力改善劳动条件,克服不安全因素,防止伤亡事故发生,使劳动生产在保障劳动者安全健康和国家财产及人民生命财产不受损失的前提下顺利进行。

1. 安全生产概述

在污水处理厂的生产过程中,会产生一些不安全、不卫生的因素,如不及时采取防护措施,势必危害劳动者的安全和健康,产生工伤事故或职业病,妨碍生产的正常运行。因此,确保安全生产,改善劳动条件是污水处理厂正常运转的前提条件。

在污水处理厂,特别要注意变配电设备的操作条件,消化区的防爆防火条件,鼓风机房的防噪措施、污水污泥池的防人落入措施,下井下池的防毒措施,格栅垃圾和沉砂池沉渣区域的卫生条件。

在污水处理厂的安全生产、劳动保护工作中,必须贯彻我国劳动保护工作的指导方针,牢固树立起"安全第一、预防为主"的思想。正确处理好"生产必须安全,安全促进生产"的辩证关系。

2. 安全生产制度

一个管理有方的污水处理厂,在安全生产方面应该建立一系列制度,这些制度主要有安全生产责任制,安全生产教育制,安全生产检查制,伤亡事故报告处理制,防火防爆制度,各种安全操作规程,有的污水厂还制定有"安全生产奖罚条例"。

(1)"安全生产责任制"是根据"管生产必须管安全"的原则,以制度形式明确规定污水厂各级领导和各类人员在生产活动中应负的安全责任。它是污水厂岗位责任制的一个重要组成部分,是污水厂最基本的一项安全制度。

(2)"安全生产教育制"规定对新工人必须进行三级安全教育(入厂教育、车间教育和岗位教育),经考试合格后,才准独立操作。

(3)"安全生产检查制"规定工人上班前,对所操作的机器设备和工具必须进行检查;生产班组必须定期对所管机具和设备进行安全检查;厂部由领导组织定期进行安全生产检查,查出问题要逐条整改,在规定假日前,组织安全生产大检查。

(4)"伤亡事故报告处理制"规定要以认真贯彻执行国务院发布的"工人职员伤亡事故报告规程",凡发生人身伤亡事故和重大事故苗子,必须严格执行"三不放过原则"(事故原因分析不清不放过;事故责任者和群众没有受到教育不放过；防范措施不落实不放过）。重大人身伤亡事故后，要立即抢救，保护现场，按规定期限逐级报告，对事故责任者应根据责任轻重，损失大小，认识态度提出处理意见。对重大事故苗子要及时召开现场分析会，对因工负伤的职工和死者家属，要亲切关怀，做好善后处理工作。

(5)"防火防爆制度"规定消防器材和设施的设置问题；木工间、油库、消化池和储气柜附近等处严禁火种带入；电气焊器材(乙炔发生器等)和点焊操作的防火问题；受压容器(氧气瓶、锅炉等)的防爆问题；特别是消化区，要建立严格的防火防爆制度，并建立动火审批制度，避免引起火灾和爆炸。

为了贯彻执行各项安全生产制度，有的污水厂订出了安全生产管理奖罚条例。对违反国家劳动保护安全生产规定，违反安全生产制度，违反安全操作规程，不履行安全生产责任制的干部和工人实行罚款处理；对安全生产中成绩显著，排除隐患，遵守规章制度，改进安全设施等有贡献者实行奖励。

为了保证安全制度的贯彻，必须有强有力的组织措施。建立安全管理部门并设置各级专职或兼职安全技术员或安全员。厂部应根据规模大小，设 1～2 名专职安全技术员(1 万 m^3/d 以下小厂可兼职)，各班组应设兼职安全员一名。安全技术员和安全员应定期活动。

四、安全生产教育

(一)安全生产教育的内容

安全生产教育在污水处理厂的建设和运行管理中占有重要的地位，主要包括安全生产思想、安全知识、安全技能和法制教育四个方面的内容。

1. 安全生产思想教育

安全生产思想教育的目的是为安全生产奠定思想基础。通常，从加强思想认识、方针政策和劳动纪律教育等方面进行。

(1)思想认识和方针政策的教育。一是提高各级管理人员和广大职工群众对安全生产重要意义的认识。从思想上、理论上认识社会主义制度下搞好安全生产的重要意义，以增强关心人、保护人的责任感，树立牢固的群众观点；二是通过安全生产方针、政策教育。提高各级技术、管理人员和广大职工的政策水平，使他们正确全面地理解党和国家的安全生产方针、政策，严肃认真地执行安全生产方针、政策和法规。

（2）劳动纪律教育。主要是使广大职工懂得严格执行劳动纪律对实现安全生产的重要性，企业的劳动纪律是劳动者进行共同劳动时必须遵守的法则和秩序。

反对违章指挥，反对违章作业，严格执行安全操作规程，遵守劳动纪律是贯彻安全生产方针，减少伤害事故，实现安全生产的重要保证。

2. 安全知识教育

企业所有职工必须具备安全基本知识。因此，全体职工都必须接受安全知识教育和每年按规定学时进行安全培训。安全基本知识教育的主要内容是企业的基本生产概况；施工（生产）流程、方法；企业施工（生产）危险区域及其安全防护的基本知识和注意事项；机械设备、厂（场）内运输的有关安全知识；有关电气设备（动力照明）的基本安全知识；高处作业安全知识；生产（施工）中使用的有毒、有害物质的安全防护基本知识；消防制度及灭火器材应用的基本知识；个人防护用品的正确使用知识等。

3. 安全技能教育

安全技能教育，就是结合本工种专业特点，实现安全操作、安全防护所必需具备的基本技术知识要求。每个职工都要熟悉本工种、本岗位专业安全技术知识。

安全技能知识是比较专门、细致和深入的知识。它包括安全技术、劳动卫生和安全操作规程。建筑登高架设、起重、焊接、电气、爆破、压力容器等特种作业人员必须进行专门的安全技术培训。宣传先进经验，既是教育职工找差距的过程，又是学赶先进的过程。事故教育，可以从事故教训中吸取有益的东西，防止今后类似事故的重复发生。

4. 法制教育

法制教育就是要采取各种有效形式,对全体职工进行安全生产法规和法制教育,从而提高职工遵法、守法的自觉性,以达到安全生产的目的。

(二)安全生产教育制度

安全生产教育制度,是由单位管理人员安全教育、新工人三级安全教育、特种作业人员培训、"四新"和变换工种安全教育、全员性的经常教育等多种教育制度和教育活动所组成的体系。

(1)认真贯彻执行党、国家以及上级下达安全生产方面的方针、政策和法令。

(2)经常进行安全思想、安全技术和组织纪律性教育,确保安全生产。

(3)安全生产领导小组每年组织职工日常安全教育两次,部门安全员每月组织职工日常安全教育一次,班组教育天天讲。

(4)新工人进厂(含临时工、培训转岗和实习人员)必须经单位(由单位级安全员负责)、部门(由部门级安全员负责)、班组(由班组长指定)三级安全教育,并经考试合格后,方可独立操作。

(5)接待部门对临时来参观学习人员应讲明一般安全注意事项,并责任到人。

(6)单位安全生产领导小组每年组织特殊工种培训一次。电工、焊工、车辆驾驶必须由主管部门组织进行专业安全技术教育,并经考试合格取得安全作业证后,方可从事作业。

(7)各级各类安全教育成绩由单位档案室统一归档,作为晋级、上岗之依据,实行一票否决。

(三)安全职责

安全责任制是指各级领导、各职能部门和各岗位职工在各自生产工作范围内,必须承担相应安全责任的制度,是安全生产管理规章制度的核心。

污水处理厂全体人员的任务是,根据设计要求进行科学的管理,在水质条件和环境条件发生变化时,充分利用改良型 Orbal 氧化沟工艺的弹性进行适当的调整,及时发现并解决异常问题,使处理系统高效低耗地完成净化处理功能,以达到理想的环境效益、经济效益和社会效益。

污水与污泥处理是依靠物理、化学及生物学的原理来完成的,涉及各种测试手段,这就要求全体人员除了具有一定文化程度外,在物理、化学及生物学方面的知识应具有更高的要求,也包括机械与电方面的知识。

污水处理系统运行管理时,各运行岗位工人要做到"四懂三会",即懂污水处理基本知识,懂污水处理厂内构筑物的作用和管理方法,懂污水处理厂内管道分布和使用方法,懂技术经济指标含义和计算方法、化验指标的含义及其应用;会合理配气配泥,会合理调度空气,会正确回流与排放污泥,会排除运行中的故障。当然,对其他工种的工人都有不同级别的业务知识和能力要求。但是不论哪一个岗位、哪一个工种,所有运行管理人员,均应熟知本厂污水的水质特征,熟知处理系统的工艺流程及各单元的原理,熟知各岗位在系统中的作用及如何相互配合协调。

必要时,可根据人员的实际状况及特点,分阶段进行职业技能培训,使人员在业务知识和能力上进一步提高。

1. 污水处理厂管理人员职责

(1)负责全厂的生产运行、设施维护检修、技改技措方面的管理工作,做好污水处理、污泥处理和设备、动力使用的综合平衡工作。

(2)做好运行人员、技术人员、维修人员的管理工作,保证工艺流程畅通,按规程正确操作、使用动力、机械设备和工艺设施。

(3)按运行岗位《岗位责任制度》、《交接班制度》、《巡回检查制度》、《设备维护保养制度》等规定的要求,做好各工段的工艺运行值班工作。负责监督运行班组做好值班原始记录及巡回检查记录工作。

(4)对运行岗位操作人员要求的"四懂四会"(即懂结构、懂原理、懂性能、懂用途、会使用、会维护保养、会排除故障)认真实施并检查、督促。

(5)负责水质、泥质分析及样品定点、采集等管理督促工作。

(6)负责全厂生产运行调度工作,参与运行计划的编制、了解、计划实施情况,协调各工段、岗位之间的关系。

(7)负责实施由工艺技术提出的工艺、工况调整方案。

2. 污水处理厂技术人员职责

(1)负责全厂生产工艺技术管理工作,做到稳定运行,均衡生产,确保各种工艺设施、构筑物和整个工艺流程高质保量的运转。

(2)负责完成工艺设计及有关生产技术文件的编制工作,为生产运行提供可靠的技术依据。

(3)经常深入各运行岗位,及时发现问题、解决问题、对重大问题提出解决方案和工艺技术要求,汇报有关领导,组织实施并检查执行落实情况。

(4)严格工艺查定制度,定期或不定期的检查生产运行中工艺、工作质量和工艺技术标准的执行情况,写出总结或整改方案,及时向领导汇报。

(5)负责组织开展技术革新、改造和成果推广活动,促进全厂生产工艺技术的进步,负责全厂工艺性试验方案的制订和组织实施工作。

(6)定期对生产运行状况、工艺技术状况、化验分析结果进行收集整理,深入分析,总结经验,做出书面分析材料并存档备查。

(7)负责全厂职工的技术培训工作。

(8)服从并完成领导交办的或配合有关部门完成其他工作任务。

3. 污水处理厂水质化验人员职责

(1)熟悉污水处理厂污水处理的工艺流程、工艺参数,熟悉各种水质指标的测试方法,掌握各种仪器的操作规程,能熟练使用各种仪器。负责做好各种规定的化验项目和临时安排化验项目的化验分析工作,制定和完善化验室技术操作规程及相关制度。

(2)制定完善的岗位运行记录及各种填报表,负责化验数据的归纳、整理、分析工作。按时填写技术报告,妥善保管化验室的生产技术资料。

(3)根据实际情况制定准确的取样地点,保证样品具有代表性,保证及时、准确地提供污水处理厂常规化验项目数据,确保当天下午下班前将数据报相关负责人,便于指导生产运行。

（4）严格执行有关标准规范,确保检测数据的可靠准确。

（5）加强化验仪器的维护、保养,定期进行自检项目的检验,并及时负责与计量部门联系,定期检验所用计量设备,以确保化验和分析的准确性。

（6）搞好化验室卫生清洁工作,保证化验器皿及物品放置整齐。

（7）加强安全文明生产,严格执行操作规程,谢绝无关人员进入化验室。

（8）负责收集全厂化验设备的技术档案资料。

（9）努力搞好与其他部门的协作配合,主动做好衔接工作。

4. 污水处理厂维修人员职责

（1）运行设备（机械、电气）方面。

1）负责运行设备的润滑、维修、清洁卫生等日常管理工作。

2）负责提交运行设备的维修计划,下达维修任务;负责检查、验收、督促各项动力设备安装或维修计划落实、进度和结果鉴定。

3）负责编制、平衡全厂机械、电气设备的年、季、月检修计划和大、中修技术方案。

4）组织对全厂电气状况定期检查、鉴定评级,及时消除隐患和电气缺陷。

5）按规定负责电气系统的合理使用,对一切危害电气安全和技术要求,影响安全生产的行为有权制止并提出整改意见。

6）贯彻上级有关电气技术安全的各项规章制度,结合实际制定全站电气系统的维护、检修、验收技术规程、管理制度。

7）负责制定机械设备管理规范,包括设备的选型、购置、验收入库、领用、退库或封存、外借与租赁、调剂、报废、更新、迁移和变更等。

8）参加对新引进设备的试车、验收、移交使用工作,参加运行设备维修结果鉴定和移交使用工作,对维修、安装、结果鉴定不合格的设备,有权拒绝接收、使用。

9）组织全厂设备防腐工作,严格执行操作规程和维修保养制度,经常对污水处理厂进行巡回检查,发现问题及时处理,把设备事故消灭在萌芽之中。

10)提交机械、电气设备、器材、备品、配件及油料的采购计划并组织实施。

①负责机械、电气设备事故的调查、分析论证、鉴定,并向有关领导汇报。

②负责收集全厂机械、电气设备的技术档案资料。

③负责机械、电气设备的技术革新和技术改造工作。

(2)仪器、仪表方面。

1)负责全厂仪器仪表的审查、维修工作、保证仪器仪表精度等级。

2)负责全厂仪器仪表安全、调试、使用中的问题的解决。

3)负责全厂仪器仪表的计量管理及周期检定工作。

5. 污水处理厂运行人员职责

(1)熟悉污水处理厂污水处理工艺流程、工艺参数,掌握污水处理区设备以及各种管道、阀门的功能和用途。

(2)熟练掌握厂内处理设备的基本操作方法和安全操作规程及维护保养方法。

(3)负责本岗位值班中的开停车、加减负荷,正常操作及事故和异常情况的处理,处理不了应及时上报,确保安全、稳定、优质、低耗、经济运行,全面完成生产任务。

(4)负责本岗位所有设备、管道、阀门、仪表、信号装置、工器具、操作台、桌椅、记录用品、标志、报表、防护器具、消防器材及构筑物的维护保养和正确使用。

(5)负责做好设备检修交出前的准备工作和有关安全措施;检修过程中积极做好配合和监护工作;参加修复后的验收试车工作。

(6)负责本岗位生产有关的对内、对外联系,并做好记录,负责领取本岗位所需物品。

(7)主动发现和消除跑、冒、滴、漏,并做好记录,搞好本岗位室内、外清洁卫生工作。

(8)及时、准确、完整地填写操作记录和岗位交接班记录,做到文字仿宋化、数字规范化、书写无污迹涂改,并保持整洁,严禁做假记录。

(9)严格执行《交接班制度》、《巡回检查制度》、《安全生产制度》、《设备维护保养制度》、《质量责任制度》等,严格遵守劳动纪律及其他厂规、厂纪。

(10)遵守安全规程、工艺技术要求,做好劳动保护工作,做好岗位的清洁卫生工作。

(11)运行操作人员有权对存在问题、隐患的设备、电气、仪表等提出修理、更换的要求,有权提出采取安全防护措施的要求以改善岗位劳动环境。

(12)运行操作人员对厂内领导的指挥,若明显违反安全规定和操作规程,有权拒绝执行,并迅速上报。

(13)对于检修后性能不合格的设备、电气、仪表及不符合安全要求的设施,有权拒绝试车或移交使用。

(14)发生紧急事故时,有权先处理后汇报。

(15)对外来人员有权询问,对没有合法手续的人员,有权阻止其进入生产现场。

(16)做好压滤机的污泥脱水工作及加药设备的操作工作。

第二节　污水处理厂安全生产要求

为了保证污水处理厂的高效正常运转,每一座污水处理厂必须有相应的运行管理、安全操作和维护保养条例。新建的污水处理厂可依据和参考相关的国家行业标准《城镇污水处理厂运行、维护及安全技术规程》(CJJ 60—2011)制定更符合本企业实际情况的条例,下面本书将节选《城镇污水处理厂运行、维护及安全技术规程》(CJJ 60—2011)的相关内容供大家参考。

一、基本规定

1. 运行管理

(1)城镇污水处理厂必须建立健全污水处理设施运行与维护管理

制度,各岗位运行操作和维护人员应经培训后持证上岗,并应定期考核。

(2)城镇污水处理厂应有工艺流程图、管网现状图、自控系统图及供电系统图等。

(3)城镇污水处理厂各岗位应有健全的技术操作规程、安全操作规程及岗位责任等制度。

(4)运行管理、操作和维护人员必须掌握处理工艺和设施、设备的运行、维护要求及技术指标。

(5)厂内供水、排水、供电、供热和燃气等设施的运行、维护及管理工作必须符合国家现行有关标准的规定。

(6)污水处理及污泥处理处置工艺运行过程中应配置相应的在线仪表。城镇污水处理厂的进、出水口应安装流量计和化学需氧量等在线监测仪表。

(7)能源和材料的消耗应准确计量,并应做好各项生产指标的统计,进行成本核算。

2. 安全操作

(1)起重设备、锅炉、压力容器等各种设备的安装、使用、检修、检测及鉴定,必须符合现行国家有关标准的规定。

(2)对易燃易爆、有毒有害等气体检测仪应定期进行检查和校验,并应按国家有关规定进行强制检定。

(3)对厂内各种工艺管线、闸阀及设备应着色并标识,并应符合现行行业标准《城市污水处理厂管道和设备色标》(CJ/T 158—2002)的规定。

(4)在设备转动部位应设置防护罩;设备启动和运行时,操作人员不得靠近、接触转动部位。

(5)非本岗位人员严禁启闭本岗位的机电设备。

(6)各种闸间开启与关闭应有明显标志,并应定期做启闭试验,应经常为丝杠等部位加注润滑油脂。

(7)设备急停开关必须保持完好状态;当设备运行中遇有紧急情况时,可采取紧急停机措施。

(8)对电动闸阀的限位开关、于动与电动的连锁装置,应每月检查1次。

(9)各种闸阀井应保持无积水,寒冷季节应对外露管道、闸间等设备采取防冻措施。

(10)操作人员在现场开、停设备时,应按操作规程进行,设备工况稳定后方可离开。

(11)新投入使用或停运后重新启用的设施、设备,必须对构筑物、管道、闸阀、机械、电气、自控等系统进行全面检查,确认正常后方可投入使用。

(12)停用的设备应每月至少进行1次运转。环境温度低于0 ℃时,必须采取防冻措施。各种类型的刮泥机、刮砂机、刮渣机等设备,长时间停机后再开启时,应先点动,后启动。冬季有结冰时,应除冰后再启动。

(13)各种设备维修前必须断电,并应在开关处悬挂维修和禁止合闸的标志牌,经检查确认无安全隐患后方可操作。

(14)清理机电设备及周围环境卫生时,严禁擦拭设备运转部位,冲洗水不得溅到电机带电部位、润滑部位及电缆头等。

(15)设备需要维修时,应在机体温度降至常温后,方可维修。

(16)各类水池检修放空或长期停用时,应根据需要采取抗浮措施,并应对池内配套设备进行妥善处理。

(17)凡设有钢丝绳结构的装置,应按要求做好日常检查和定期维护保养;当出现绳端断丝、绳股断裂、扭结、压扁等情况时,必须更换。

(18)起重设备应设专人负责操作,吊物下方危险区域内严禁有人。

(19)设备电机外壳接地必须保证良好,确保安全。

(20)构筑物、建筑物的护栏及扶梯必须牢固可靠,设施护栏不得低于1.2 m,在构筑物上必须悬挂警示牌,配备救生圈、安全绳等救生用品,并应定期检查和更换。

(21)各岗位操作人员在岗期间应佩戴齐全劳动防护用品,做好安全防护工作。

（22）城镇污水处理厂必须健全进出污泥消化处理区域的管理制度，值班室的警报器、电话应完好畅通。

（23）污泥消化处理区域内工作人员应配备防静电工作服和工作鞋。

（24）污泥消化处理区域及除臭设施防护范围内，严禁明火作业。

（25）对可能含有有毒有害气体或可燃性气体的深井、管道、构筑物等设施、设备进行维护、维修操作前，必须在现场对有毒有害气体进行检测，不得在超标的环境下操作。所有参与操作的人员必须佩戴防护装置，直接操作者必须在可靠的监护下进行，并应符合现行行业标准《城镇排水管道维护安全技术规程》(CJJ 6—2009)的有关规定。

（26）在易燃易爆、有毒有害气体、异味、粉尘和环境潮湿的场所，应进行强制通风，确保安全。

（27）消防器材的设置应符合消防部门有关法规和标准的规定，并应按相关规定的要求定期检查、更新，保持完好有效。

（28）雨天或冰雪天气，应及时清除走道上的积水或冰雪，操作人员在构筑物上巡视或操作时，应注意防滑。雷雨天气，操作人员在室外巡视或操作时应注意防雷电。

（29）对栅渣、浮渣、污泥等废弃物的输送系统应定期做维护保养，在室内设置的除渣、除泥等系统，应保持室内良好的通风条件。

3. 维护保养

（1）运行管理、操作和维护人员应按要求巡视检查设施、设备的运行状况并做好记录。

（2）对厂内各种管线应定期进行检查和维护，并做好记录。

（3）设施、设备的使用与维护保养应按照设施、设备的操作规程和维修保养规定执行。

（4）设施、设备应保持清洁，及时处理跑、冒、滴、漏、堵等问题。水处理构筑物堰口、排渣口、池壁应保持清洁完好。根据不同机电设备要求，应定期添加或更换润滑剂，更换出的润滑剂应按规定妥善处置。

（5）对构筑物、建筑物的结构及各种闸阀、护栏、爬梯、管道、井盖、盖板、支架、走道桥、照明设备和防雷电设施等应定期进行检查、维修及防腐处理,应保持其完好。

(6)对各种设备连接件应经常检查和紧固,并应定期更换易损件。对各类机械设备进行检修时,必须保证其同轴度、静平衡或动平衡等技术要求。对高(低)压电气设备、电缆及其设施应定期检查和检测,并应保证其性能完好。对电缆桥架、控制柜(箱)应定期检查并清洁,发现安全隐患应及时处理,并应做好电缆沟雨水及地下渗水的排除工作。对各类仪器、仪表的检查和校验,应定期进行。

(7)各种设施、设备的日常维护保养和大、中、小修,应按要求进行。设施、设备维修前,应做好必要的检查,并制定维修方案及安全保障措施;设施、设备修复后,应及时组织验收,合格后方可交付使用。

(8)构筑物、建筑物与自控系统等避雷、防爆装置的测试、维修方法及其周期应符合现行国家有关标准的规定。

(9)操作人员发现运行异常时,应做好相应处理并及时上报,并做好记录。

4. 技术指标

(1)城镇污水处理厂的进、出水水质应符合设计文件的规定。

(2)城镇污水处理厂年处理水量应达到计划指标的95%以上。设施、设备、仪器、仪表的完好率均应达到95%以上。

(3)各类设备在运转中噪声均应小于85 dB。厂界噪声应符合现行国家标准《工业企业厂界环境噪声排放标准》(GB 12348—2008)的有关规定。

(4)各种化学药剂、危险化学品及有毒有害药品的使用单位,必须备有安全技术说明书及完善的规章制度。

二、污水处理

1. 格栅

(1)格栅开机前,应检查系统是否具备开机条件,经确认后方可启动。

(2)粉碎型格栅应连续运行。拦截型格栅应及时清除栅条(鼓、把)、格栅出渣口及机架上悬挂的杂物;应定期对栅条校正;当汛期及进水量增加时,应加强巡视,增加清污次数。

(3)对栅渣应及时处理或处置。

(4)格栅运行中应定时巡检,发现设备异常应立即停机检修。对传动机构应定期检查,并应保证设备处于良好的运行状态。

(5)对粉碎型格栅刀片组的磨损和松紧度应定期检查,并及时调整或更换。长期停止运行的粉碎型格栅,不得浸泡在污水池中,并应做好设备的清洁保养工作。

(6)检修格栅或人工清捞栅渣时,应切断电源,并在有效监护下进行;当需要下井作业时,还应进行临时性、强制性通风。

(7)开启格栅机的台数应按工艺要求确定,污水的过栅流速宜为0.6～1.0 m/s。

(8)污水通过格栅的前后水位差宜小于0.3 m。

2. 进水泵房

(1)水泵开启台数应根据进水量的变化和工艺运行情况进行调节。

(2)当多台水泵由同一台变压器供电时,不得同时启动,应逐台间隔启动。

(3)当泵房突然断电或设备发生重大事故时,在岗员工应立刻报警,并启动应急预案。

(4)水泵在运行中,必须执行巡回检查制度,应观察各种仪表显示是否正常、稳定;轴承温升不得超过环境温度35 ℃或设定的温度;应检查水泵填料压盖处是否发热,滴水是否正常,否则应及时更换填料;水泵机组不得有异常的噪声或振动。

(5)水泵运行中发生断轴故障;电机发生严重故障;突然发生异常声响或振动;轴承温升过高;电压表、电流表、流量计的显示值过低或过高;机房进(出)水管道、闸阀发生大量漏水等情况时,必须立即停机。

(6)潜水泵运行时,应符合下列规定。

1)应观察和记录反映潜水泵运行状态的信息,并应及时处理发现的问题;

2)应定期检查和更换潜水泵油室的油料和机械密封件,操作时严禁损伤密封件端面和轴;

3)起吊和吊放潜水泵时,严禁直接牵提泵的电缆。

(7)对油冷却螺旋离心泵的冷却油液位应定期进行检查。

(8)对泵房的集水池应每年至少清洗 1 次,应检修集水池液位计及其转换装置。并按检测周期校验泵房内的硫化氢监测仪表及报警装置。

(9)集水池的水位变化应定时观察,集水池的水位宜设定在最高和最低水位范围内。

3. 沉砂池

(1)各类沉砂池均应根据池组的设置与水量变化情况,调节进水闸阀的开启度。

(2)沉砂池的排砂时间和排砂频率应根据沉砂池类别、污水中含砂量及含砂量变化情况设定。

(3)曝气沉砂池的空气量宜根据进水量的变化进行调节。

(4)沉砂量应有记录统计,并定期对沉砂颗粒进行有机物含量分析。

(5)当采用机械除砂时,应符合下列规定。

1)除砂机械应每日至少运行 1 次;操作人员应现场监视,发现故障,及时处理;

2)应每日检查吸砂机的液压站油位,并应每月检查除砂机的限位装置;

3)吸砂机在运行时,同时,在桥架上的人数,不得超过允许的重量荷载。

(6)对沉砂池排出的砂粒和清捞出的浮渣应及时处理或处置。

(7)对沉砂池应定期进行清池处理,并检修除砂设备。

(8)对沉砂池上的电气设备,应做好防潮湿、抗腐蚀处理。

(9)旋流沉砂池搅拌器应保持连续运转,并合理设置搅拌器叶片的转速、浸没深度。当搅拌器发生故障时,应立即停止向该池进水。

(10)采用气提式排砂的沉砂池,应定期检查储气罐安全阀、鼓风机过滤芯及气提管,严禁出现失灵、饱和及堵塞的问题。

(11)各类沉砂池运行参数除应符合设计要求外,还可按照表 8-1 中的规定确定。

表 8-1 各类沉砂池运行参数

池型		停留时间 (s)	流速 (m/s)	曝气强度 (m³ 气/m³ 水)	表面水力负荷 [m³/(m² · h)]
平流式沉砂池		30~60	0.15~0.30	—	—
竖流式沉砂池		30~60	0.02~0.10	—	—
曝气式沉砂池		120~240	0.06~0.12 (水平流速) 0.25~0.30 (旋流速度)	0.1~0.2	—
旋流 沉砂池	比氏 沉砂池	>30	0.60~0.90	—	150~200
	钟氏 沉砂池	>30	0.15~1.20	—	150~200

(12)沉砂颗粒中的有机物含量宜小于 30%。

4. 初沉池

(1)初沉池进水量的调节应根据池组设置、进水量的变化进行,使各池配水均匀。

(2)对沉淀池的沉淀效果,应定期观察,并根据污泥沉降性能、污泥界面高度、污泥量等确定排泥的频率和时间。

(3)沉淀池口应保持出水均匀,并不得有污泥溢出。

(4)对浮渣斗和排渣管道的排渣情况,应经常检查,排出的浮渣应及时处理或处置。

(5)共用配水井(槽、渠)和集泥井(槽、渠)的初沉池,且采用静压排泥的,应平均分配水量,并应按相应的排泥时间和频率排泥。

(6)刮泥机运行时,同时在桥架上的人数,不得超过允许的重量荷载。

(7)根据运行情况,应定期对斜板(管)和池体进行冲刷,并应经常检查刮泥机电机的电刷、行走装置、浮渣刮板、刮泥板等易磨损件,发现损坏应及时更换。

(8)对斜板(管)及附属设备应定期进行检修。

(9)初沉池宜每年排空 1 次,清理配水渠、管道和池体底部积泥并检修刮泥机及水下部件等。

(10)辐流式初沉池刮泥机长时间待修或停用时,应将池内污泥放空。

(11)初沉池运行参数除应符合设计要求外,还可按照表 8-2 中的规定确定。

表 8-2　初沉池运行参数

池型	表面负荷[m³/(m²·h)]	停留时间(h)	含水率(%)
平流式沉砂池	0.8~2.0	1.0~2.5	95~97
辐流式沉砂池	1.5~3.0	1.0~2.0	95~97

(12)当进水浓度符合设计进水指标时,出水生化需氧量、化学需氧量、悬浮固体的去除率应分别大于 25%、30%和 40%。

5. 初沉污泥泵房

(1)污泥泵的运行台数和排泥时间应根据运行工况确定。

(2)在半地下式或地下式污泥泵房检查维修时,应保证工作间内良好的通风换气。

6. 生物反应池

(1)调节生物反应池各池进水量,应根据设计能力及进水水量,按池组设置数量及运行方式确定,使各池配水均匀;对于多点进水的曝气池,应合理分配进水量。

(2)污泥负荷、泥龄或污泥浓度可通过剩余污泥排放量进行调整。

(3)根据不同工艺的要求,应对溶解氧进行控制。好氧池溶解氧浓度宜为 2~4 mg/L;缺氧池溶解氧浓度宜小于 0.5 mg/L;厌氧池溶解氧浓度宜小于 0.2 mg/L。

(4)生物反应池内的营养物质应保持平衡。

(5)运行管理人员应及时掌握生物反应池的 pH 值、*DO*、*MLSS*、*MLVSS*、*SV*、*SVI*、水温、回流比、回流污泥浓度、ORP(厌氧池)等工艺控制指标,观察活性污泥颜色、状态、气味及上清液透明度等,并应观测生物池活性污泥的生物相,及时调整运行工况。

(6)当发现污泥膨胀、污泥上浮等不正常状况时,应分析原因,并应针对具体情况调整系统运行工况,应采取有效措施使系统恢复正常。

(7)当生物反应池水温较低时,应采取适当延长曝气时间、提高污泥浓度、增加泥龄或其他方法,保证污水的处理效果。

(8)根据出水水质的要求及不同运行工况的变化,应对不同工艺流程生物反应池的回流比进行调整与控制。

(9)当生物池中出现泡沫、浮泥等异常现象时,应根据感观指标和理化指标进行分析,并应采取相应的调控措施。

(10)操作人员应经常排放曝气系统空气管路中的存水,并应及时关闭放水阀。

(11)对生物反应池曝气装置和水下推动(搅拌)器的运行和固定情况应经常观察,发现问题,并及时修复。

(12)采用序批式活性污泥法工艺时,应合理调整和控制运行周期,并应按照设备要求定期对海水器进行检查、清洁和维护,对虹吸式潭水器还应进行漏气检查。

(13)对曝气生物滤池,应按设计要求进行周期反冲洗并控制气、水反冲洗强度。

(14)对金属材质的空气管、挡墙、法兰接口或丝网,应定期进行检查,发现腐蚀或磨损,应及时处理。

(15)较长时间不用的橡胶材质曝气器,应采取相应措施避免太阳曝晒。

(16)对生物反应池上的浮渣、附着物以及溢到走道上的泡沫和浮渣,应及时清除,并应采取防滑措施。

（17）采用除磷脱氮工艺时，应根据水质要求及工况变化及时调整溶解氧浓度、碳氮比及污泥回流比等。

（18）生物反应池运行参数应符合设计要求，并可按表 8-3 的规定确定。

表 8-3　生物反应池运行参数

生物处理类型	污泥负荷 [kgBOD_5/ (kg$MLSS$·d)]	泥龄 (d)	外回流比 (%)	内回流比 (%)	$MLSS$ (mg/L)	水力停留时间(h)
传统活性污泥法	0.20～0.40	4～15	25～75	—	1 500～2 500	4～8
吸附再生法	0.20～0.40	3～10	50～100	—	2 500～6 000	吸附段 1～3
阶段曝气法	0.20～0.40	4～15	25～75	—	1 500～3 000	3～8
合建式完全混合曝气法	0.25～0.50	2～4	100～400	—	2 000～4 000	3～5
A/O法 （厌氧/好氧法）	0.10～0.40	3.5～10.0	40～100	—	1 800～4 500	3～8(厌氧段 1～2)
A/A/O法 （厌氧/ 缺氧/好氧法）	0.10～0.30	10～20	20～100	200～400	2 500～4 000	7～14(厌氧段 1～2, 缺氧段
倒置 A/A/O法	0.10～0.30	10～20	20～100	200～400	2 500～4 000	0.5～3.0)
AB法(超高负荷活性污泥法) A 段	3.00～4.00	0.4～0.7	<70	—	2 000～4 000	0.5
AB法(超高负荷活性污泥法) B 段	0.15～0.30	15～20	50～100	—	2 000～3 000	5.0
传统 SBR 法(序批式活性污泥法)	0.05～0.15	15～30	—	—	4 000～6 000	4～12
DAT-IAT法 （连续间歇曝气序批式活性污泥法）	0.05～0.10	20～30	—	200～400	4 500～5 500	8～12
CAST 法(循环式活性污泥法)	0.07～0.18	12～25	20～35	—	3 000～5 500	16～20
LUCAS/UNITANK 法(传统活性污泥法与序批式活性污泥法复合工艺)	0.05～0.10	15～20	—	—	2 000～5 000	8～12

续表

生物处理类型	污泥负荷 [kgBOD₅/ (kgMLSS·d)]	泥龄 (d)	外回流比 (%)	内回流比 (%)	MLSS (mg/L)	水力停留 时间(h)
MSBR 法(改良式 序批间歇曝气 活性污泥法)	0.05～0.13	8～15	30～50	130～150	2 200～4 000	12～18
ICEAS 法(间歇 式循环延时曝 气活性污泥法)	0.05～0.15	12～25	—		3 000～6 000	14～20
卡鲁塞尔式氧气沟	0.05～0.15	12～18	75～150	—	3 000～5 500	≥16
奥贝尔式氧化沟	0.05～0.15	12～18	60～100	—	3 000～5 000	≥16
双沟式(DE 型氧化沟)	0.05～0.10	10～30	60～200	—	2 500～4 500	≥16
三沟式氧化沟	0.05～0.10	20～30	—	—	3 000～6 000	≥16
水解酸化法	—	15～20	—	—	7 000～15 000	5～14
延时曝气法	0.05～0.15	20～30	50～150	—	3 000～6 000	18～36

(19)生物膜法工艺运行参数应符合设计要求,并可按表 8-4 中的规定确定。

表 8-4　生物膜法工艺运行参数

工艺	水力负荷 [m³/(m²·d)]	转盘速度 (r/min)	BOD₅ 容积负荷 [kgBOD₅/(m³·d)]	反冲洗 周期(h)	反冲洗 水量(%)
曝气生物滤池 (BIOFOR)			3.5～5.0	14～40	5～12
低负荷生物滤池	1～3	—	0.15～0.30	—	—
高负荷生物滤池	10～36	—	0.8～1.2	—	—
生物转盘	0.04～0.20	0.8～3.0	0.005～0.020 [kg/(m²·d)]		

7. 二沉池

(1)调节各池进水量,应根据池组设置,进水量变化确定,保证各池配水均匀。

(2)二沉池污泥排放量可根据生物反应池的水温、污泥沉降比、混合液污泥浓度、污泥回流比、泥龄及二沉池污泥界面高度确定。

(3)对出水堰口,应经常观察,保持出水均匀;堰板与池壁之间应密合、不漏水。

(4)操作人员应经常检查刮吸泥机以及排泥闸阀,应保证吸泥管、排泥管路畅通,并应保证各池均衡运行。

(5)对设有积泥槽的刮吸泥机,应定期清除槽内污物。

(6)池内污水宜每年排空1次,并进行池底清理以及刮吸泥机水下部件的检查、维护。

(7)当二沉池出水出现浮泥等异常情况时,应查明原因并及时处理。

(8)二沉池停运10 d以上时,应将池内积泥排空,并对刮吸泥机采取防变形措施。

(9)刮吸泥机运行时,同时在桥架上的人数,不得超过允许的重量荷载。

(10)二沉池运行参数应符合设计要求,并可按表8-5中的规定确定。

表8-5　二沉池运行参数

池　　型		表面负荷 $[m^3/(m^2 \cdot d)]$	固体负荷 $[kg/(m^2 \cdot d)]$	停留时间(h)	污泥含水率(%)
平流式沉淀池	活性污泥法后	0.6~1.5	≤150	1.5~4.0	99.2~99.6
	生物膜法后	1.0~2.0	≤150	1.5~4.0	96.0~98.0
中心进边出辐流式沉淀池		0.6~1.5	≤150	1.5~4.0	99.2~99.6
周进周出辐流式沉淀池		1.0~2.5	≤240	1.5~4.0	98.8~99.0

8. 回流污泥泵房

(1)回流比应根据生物反应池的污泥浓度及污泥沉降性能调节,确定回流污泥泵开启数量。

(2)对泵房集泥池内杂物应及时清捞。

(3)对回流泵的泵体、叶轮、叶片,应定期检查。

(4)对带有耐磨内衬螺旋离心泵的叶轮与内衬的间隙应定期检查,并应及时调整。

(5)长期停用的螺旋泵应每周旋转180°,并应每月至少试机一次。

(6)寒冷季节,启动螺旋泵时,应检查其泥池内是否结冰。

9. 供气系统

(1)调节鼓风机的供气量,应根据生物反应池的需氧量确定。

(2)当鼓风机及水(油)冷却系统突然断电或发生故障时,应立即采取措施。

(3)鼓风机叶轮严禁倒转。

(4)鼓风机房应保证良好的通风。正常运行时,出风管压力不应超过设计压力值。停止运行后,应关闭进、出气闸阀或调节阀。长期停用的水冷却鼓风机,应将水冷却系统的存水放空。

(5)鼓风机在运行中,应定时巡查风机及电机的油温、油压、风量、风压、外界温度、电流、电压等参数,并填写记录报表。当遇到异常情况不能排除时,应立即按操作程序停机。

(6)对鼓风机的进风廊道、空气过滤及油过滤装置,应根据压差变化情况适时清洁;并应按设备运行要求进行检修或更换已损坏的部件。

(7)对备用的鼓风机转子与电机的联轴器,应定期手动旋转1次,并更换原停置角度。

(8)对鼓风系统消声器消声材料及导叶的调节装置,应定期检查,当发生腐蚀、老化、脱落现象时,应及时维修或更换。

(9)使用微孔曝气装置时,应进行空气过滤,并应对微孔曝气器、单孔膜曝气器进行定期清洗。

(10)对横轴表曝机两侧的轴承,应定期补充润滑剂,并应检查减速机的油位和减速机通气帽是否畅通。

(11)长期停止运行的横轴曝气机,必须切断电源,减速机加满润滑油,应定期调整水平轴的静置方位并固定。

(12)调整表面曝气设备的浸没深度和转速,应根据运行工况确定,并应保证最佳充氧能力和推流效果。

(13)正常运行的罗茨鼓风机,严禁完全关闭排气阀,不得超负荷运行。

(14)对以沼气为动力的鼓风机,应严格按照开停机程序进行,每班应加强巡查,并应检查气压、沼气管道和闸阀,发现漏气应及时处理。

(15)鼓风机运行中严禁触摸空气管路。维修空气管路时,应在散热降温后进行。

(16)调节出风管闸阀时,应避免发生湍振。

(17)按照运行维护周期,应在卸压的情况下对安全阀进行各项功能的检查。

(18)在机器间巡视或工作时,应与联轴器等运转部件保持安全距离。

(19)进入鼓风机房时,应佩戴安全防护耳罩等。

10. 化学除磷

(1)选择合适的除磷化学药剂、投加量和药剂投加点,应根据工艺要求确定,可采用一点或多点投加方式。

(2)化学药剂的储存与使用,应符合国家现行有关标准的规定。

(3)化学药剂投加后,应保证与污水充分混合,并应达到设计规定的反应时间。

(4)对生物反应池中混合液的 pH 值和碱度,应每班检测 1 次并及时调整。

(5)对干式投料仓及附属投料设备,应每班检查 1 次,保证药剂不在料仓内板结。

(6)对湿式投料罐及附属投料设备的密闭情况,应每班检查 1 次。

(7)药剂投加管道应保持通畅。

(8)对药剂储罐的液位计,应每 2 h 检查 1 次。

(9)采用水稀释的药液系统,应每 2 h 检查 1 次供水的压力和流量。

11. 消毒

(1)采用二氧化氯消毒时,必须符合下列规定。

1)盐酸的采购和存放应符合国家现行有关标准的规定;

2)固体氯酸钠应单独存放,且与设备间的距离不得小于 5 m;库房应通风阴凉;

3)在搬运和配制氯酸钠过程中,严禁用金属器件锤击或摔击,严禁明火;

4)操作人员应佩戴防护手套和眼镜。

(2)采用二氧化氯消毒时,除应符合上述(1)外,还应符合下列规定。

1)应根据水量及对水质的要求确定加药量;

2)应定期清洗二氧化氯原料罐口闸阀中的过滤网;

3)开机前应检查防爆口是否堵塞,并应确保防爆口处于开启状态;

4)开机前应检查水浴补水阀是否开启,并应确认水浴箱中自来水是否充足;

5)停机时加药泵停止工作后,设备应再运行 30 min 以后,方可关闭进水;

6)停机时,应关闭加热器电源。

(3)采用次氯酸钠消毒时,应符合下列规定。

1)应根据水量及对水质的要求确定加药量;

2)应每月清洗 1 次次氯酸钠发生器电极;

3)应将药剂储存在阴暗干燥处和通风良好的清洁室内;

4)运输时应有防晒、防雨淋等措施;并应避免倒置装卸。

(4)采用液氯消毒时,必须符合下列规定。

1)应每周检查 1 次报警器及漏氯回收装置与漏氯检测仪表的有效联动功能,并应每周启动 1 次手动装置,确保其处于正常状态;

2)氯库应设置漏氯检测报警装置及防护用具。

(5)采用液氯消毒时,除应符合上述(4)外,还应符合下列规定。

1)加氯量应根据水质、水量、水温和 pH 值等具体情况确定;

2)应每月检查并维护漏氯检测仪 1 次,每周对防毒面具检查
1 次;

3)漏氯吸收装置宜每 6 个月清洗 1 次;

4)加氯时应按加氯设备的操作规程进行,停泵前应关闭出氯总
闸阀;

5)加氯间的排风系统,在加氯机工作前应通风 5~10 min;

6)应制定液氯泄漏紧急处理预案和程序;

7)加氯设施较长时间停置,应将氯瓶妥善处置;重新启用时,应按
加氯间投产运行的检查和验收方案重新做好准备工作;

8)开、关氯瓶闸阀时,应使用专用扳手,用力均匀,严禁锤击,同时
应进行检漏;

9)氯瓶的管理应符合现行国家标准《氯气安全规程》(GB 11984—
2008)的规定;

10)采用液氯消毒时,运行参数应符合设计要求,可按表 8-6 中的
规定确定。

表 8-6　液氯消毒运行参数

项目	接触时间 (min)	加氯间内氯气的 最高允许浓度(mg/m³)	出水余氯量(mg/L)
污水	≥30	1	—
再生水	≥30	1	≥0.20(城市杂用水)
			≥0.05(工业用水)
			≥1.00~1.50(农田灌溉)
			≥0.05(景观环境水)

注:1. 对于景观环境用水采用非加氯方式消毒时,无此项要求;

　　2. 表中城市杂用水和工业用水的余氯值均指管网末端。

(6)采用紫外线消毒,消毒水渠无水或水量达不到设备运行水位
时,严禁开启设备。

(7)采用紫外线消毒时,除应符合上述(6)外,还应符合下列规定。

1)无论是否具备自动清洗机构,都必须根据污水水质和现场污水

实际处理情况定期对玻璃套管进行人工清洗;

2)应定期更换紫外灯、玻璃套管、玻璃套管清洗圈及光强传感器;

3)应定期清除溢流堰前的渠内淤泥;

4)应满足溢流堰前有效水位,保证紫外灯管的淹没深度;

5)在紫外线消毒工艺系统上工作或参观的人员必须做好防护;非工作人员严禁在消毒工作区内停留;

6)设备灯源模块和控制柜必须严格接地,避免发生触电事故;

7)人工清洗玻璃套管时,应佩戴橡胶手套和防护眼镜;

8)采用紫外线消毒的污水,其透射率应大于30%。

(8)采用臭氧消毒时,应定期校准臭氧发生间内的臭氧浓度探测报警装置;当发生臭氧泄漏事故时,应立即打开门窗并启动排风扇。

(9)采用臭氧消毒时,除应符合上述(8)外,还应符合下列规定。

1)臭氧发生器的开启和关闭应滞后于臭氧系统的其他设备,操作人员必须严格按照系统的启动和停机顺序进行操作;

2)应根据温度、湿度的高低,增减空气压缩机的排污次数;

3)空气压缩机必须设有安全阀,保证其在规定的压力范围内工作,当系统中的压力超过设定压力时,应检查超压原因并排除故障;

4)水冷式空气压缩机应根据温度调节冷却水量;循环冷却水进水温度宜控制在 20~32 ℃,出水温度不应超过 38 ℃;

5)干燥机的运行在满足用气质量要求的前提下,应尽量减少再生气体消耗量;

6)冬季或臭氧发生器长时间不工作,应将设备系统内的水排净;

7)采用尾气破坏器进行尾气处理时,应检查催化剂使用效果,及时更换催化剂;

8)应每月对空气压缩机、干燥机、预冷机、臭氧发生器等进行维护保养;

9)每年应至少对臭氧接触及尾气吸收设施进行清刷 1 次,油漆铁件 1 次;

10)不同种类的臭氧发生器,其臭氧产量与电耗的关系应符合设计要求,生产每千克臭氧的电耗参数可按表 8-7 中的规定确定。

表 8-7　不同种类的臭氧发生器生产每千克臭氧的电耗参数

发生器种类	臭氧产量(g/h)	电耗[kWh/(kg·O₃)]
大型	>1 000	≤18
中型	100~1 000	≤20
小型	1~100	≤22
微型	<1	实测

注：表中电耗指标限值不包括净化气源的电耗。

三、深度处理

1. 传统工艺

(1)混合反应池的运行管理、安全操作、维护保养等应符合下列规定。

1)应按设计要求和运行工况，控制流速、水位和停留时间等；

2)采用机械搅拌的混合反应池，应根据实际运行状况设定搅拌强度；

3)药液与水的接触混合应快速、均匀；

4)应定期排除混合反应池、配水池内的积泥；

5)混合反应设施、设备应每年检修 1 次，并做好防腐处理，及时维修更换损坏部件。

(2)滤池的运行管理、安全操作、维护保养等应符合下列规定。

1)应根据水头损失或过滤时间进行反冲洗；

2)冲洗前应检查排水槽、排水管道是否畅通；

3)进行气水冲洗时，气压必须恒定，严禁超压；

4)水力冲洗强度应为 8~17 L/(m² · s)，冲洗时滤料膨胀率应在 40%~50%；

5)进水浊度宜控制在 10 NTU 以下，滤后水浊度不得大于 5 NTU；

6)应定期对滤层做抽样检查，含泥量大于 3%时，应进行滤料清洗或更换；

7)对于新装滤料或刚刚更换滤料的滤池，应进行清洗处理后方可使用；

8)长期停用的滤池,应使池中水位保持在排水槽之上。

(3)清水池的运行管理、安全操作、维护保养等应符合下列规定。

1)应设定运行水位的上限和下限,严禁超上限或下限水位远行；

2)池顶严禁堆放有可能污染水质的物品或杂物；当池顶种植植物时,严禁施用各种肥料、药物；

3)应至少每2年排空清刷1次池体；

4)应采取有效防止雨、污水倒流和渗透到池内的措施；

5)应设置清水池水质检测点,每日检测化验不得少于1次；当发现水质超标时,应立即采取措施；

6)应每年检查仪表孔、通气孔、人孔等处的防护措施是否良好,并应对清水池内外的金属构件做防腐处理。

(4)送水泵房的运行管理、安全操作、维护保养等应符合下列规定。

1)应根据管网调度指令合理开启送水泵台数,并确保管网水量、水压满足用户需求；

2)当出现瞬时供水流量或压力的波动时,工作人员应及时与管网调度人员联系,不得擅自进行开关泵、升降压等影响供水安全性的操作；

3)用户端水质、水量和水压应满足国家现行标准及供水合同要求。

2. 膜处理工艺

(1)粗过滤系统的运行管理、安全操作、维护保养等应符合下列规定。

1)连续微滤系统启动前,应先检查粗过滤器是否处于自动状态；

2)系统开机前,应同时打开进水阀和出水阀,然后关闭旁通阀转为过滤器供水,并应打开过滤器上的排气阀,排除罐内空气后,关闭排气阀；

3)当需要切换启动备用水泵时,应使过滤器处于手动自清洗运行状态；

4)应每日检查进、出口压力表,检查自清洗是否彻底；当清洗不彻底时,应延长自清洗时间或手动自清洗时间；

5)应经常观察浊水腔和清水腔压力表,发现异常,应及时处理；

6)应每月定期排污 1 次;

7)应每 6 个月拆卸清洗 1 次过滤柱;

8)压差控制器的差压设定范围应为 $0.2\times10^5\sim1.6\times10^5$ Pa,切换差设定范围应为 $0.35\times10^5\sim1.50\times10^5$ Pa。

(2)微过滤膜系统的运行管理、安全操作、维护保养等应符合下列规定。

1)微过滤膜系统启动前,粗过滤器应处于自动状态;应确认空气压缩系统处于正常状态;系统进水泵应处于自动状态;应确认水源供应正常。

2)定时巡查过滤单元,发现异常情况,应及时处理;

3)应定时排放压缩空气储罐内的冷凝水;

4)当单元的过滤阻力值超出规定值时,应及时进行化学清洗;

5)系统需要停机时,应在正常滤水状态下进行;

6)停机时间超过时,应将微过滤膜浸泡在专用药剂中保存;

7)外压式微过滤膜系统每 3 个月必须进行 1 次声纳测试,膜元件出现问题,应及时隔离或修补;

8)微滤膜系统在化学清洗时不得将单元内水排空;设备维修时必须将单元内水排空;

9)微滤膜系统运行参数除应符合设计要求外,还可按表 8-8 和表 8-9 中的规定确定。

表 8-8　外压式微洁、膜系统运行参数

工艺控制压力 (Pa)	反冲频率 (min/次)	反冲洗时间 (min)	碱洗频率 (d/次)	酸洗频率 (d/次)	反冲洗压力 (Pa)
$1.2\times10^5\sim6.0\times10^5$	30～40	2.5	10～15	40～75	6×10^5

表 8-9　浸没式微滤膜系统运行参数

工艺控制压力 (Pa)	反冲频率 (min/次)	反冲洗时间 (min)	化学增强 频率(d/次)	化学清洗 频率(d/次)	反冲洗压力 (Pa)
$1.2\times10^5\sim6.0\times10^5$	30～40	2.5	3	18	0.25×10^5

(3)反渗透系统的运行管理、安全操作、维护保养等应符合下列规定。

1)应根据进水水质定期校核阻垢剂的投加浓度;

2)设备停机超过 24 h,应将膜厂商指定的专用药液注入膜压力容器内将膜浸润;

3)应巡查反渗透系统管道及膜压力容器,发现漏水应及时处理;

4)根据系统的污染情况,应定期进行化学清洗(酸洗、碱洗),清洗周期应根据单元的操作环境和污染程度确定,并应符合下列规定。

①化学清洗前,必须严格遵守安全规定;再操作和处理化学药品时必须佩戴劳动防护用品;

②进行化学清洗时,应保证设备处于停止状态;

③清洗后,应重新安装拆卸的管道,并应确认其牢固性;

④系统启动前,应用反渗透进水罐的储水将系统中的空气排出;

⑤化学清洗应保持清洗水温在 30~35 ℃;

⑥酸洗的药液 pH 值应小于 2.8,但不得低于 1.0;碱洗的药液 pH 值不得大于 12,电导率应在 50~80 μS/cm。

5)化学清洗前后应记录系统运行时的参数,包括滤液流量、进水流量、反渗透进水压力、各段浓水压力、进水电导率和滤液电导率等;

6)膜处理工艺出水水质指标除应符合设计要求外,还可按表 8-10 中的规定确定。

表 8-10 膜处理工艺出水水质指标

SS (mg/L)	pH	浊度 (NTU)	电导率 (μS/cm)	总溶解性固体(mg/L)	总磷 (mg/L)	$NH_3^- N$ (mg/L)	$NO_3^- N$ (mg/L)	粪大肠菌群
≤5	6.5~7.5	≤1	≤400	≤320	不得检出	≤0.5	≤1.0	每 100 mL 不得检出

(4)化学清洗间的运行管理、安全操作、维护保养等应符合下列规定。

1)冬季运行时,车间内温度应保持 5 ℃以上,并应避免碱液结晶堵塞管道;

2)化学药品的储存和放置应按其特性及使用要求定位摆放整齐，并应有明显标志；

3)用于化学清洗的酸、碱泵，应按设备使用要求定期检查并添加润滑油；

4)化学药品储罐应定期进行彻底清洗；

5)操作人员在化学清洗间操作时，应正确使用和佩戴劳动防护用品；

6)必须保证化学清洗间的通风良好；

7)化学清洗配药罐清洗液位应控制在30%～70%。

四、污泥处理与处置

1. 稳定均质池

(1)稳定均质池应每 2 h 巡视 1 次，观察池内混合液液位及搅拌器、污泥泵等设备运行状况。

(2)对稳定均质池的污泥含固率应每日检测 1 次，其含固率宜为 2%～3%。

(3)对稳定均质池内的杂物应及时清除。

(4)当稳定均质池停运 1 周时，应将污泥排空。

(5)对稳定均质池内搅拌器等配套设备应定期检修。

(6)当稳定均质池需要养护或检修时，所有参与操作的人员必须佩戴防护装置。

2. 浓缩池

(1)重力浓缩池运行管理、安全操作、维护保养等应符合下列规定。

1)刮泥机宜连续运行；

2)可采用间歇排泥方式，并应控制浓缩池排泥周期和时间；

3)刮泥机停运时间不得超过 1 周，超过规定时间，应将污泥排空，同时不得超负荷运行；

4)应及时清除浮渣、刮泥机上的杂物及集水槽中的淤泥。

(2)气浮浓缩池运行管理、安全操作、维护保养等应符合下列规定。

　　1)气浮浓缩池及溶气水系统应24 h连续运行;

　　2)气浮浓缩池宜采用连续排泥;当采用间歇排泥时,其间歇时间可为2~4 h;

　　3)应保持压缩空气的压力稳定,宜通过恒压阀控制溶气水饱和罐进气压力,压力设定宜为0.3~0.5 MPa;

　　4)刮泥机停运时间不得超过1周,超过规定时间,应将污泥排空,同时不得超负荷运行;

　　5)应及时清捞出水堰的浮渣,并清除刮吸泥机走道上的杂物;

　　6)应保证气浮池池面污泥密实;

　　7)应保证上清液清澈;

　　8)气浮浓缩池应无底泥沉积;

　　9)气浮浓缩池宜用于剩余活性污泥的浓缩,不宜投加混凝剂;

　　10)当刮泥机在长时间停机后再开启时,应先点动、后启动;当冬季有结冰时,应先破坏冰层、再启动;

　　11)排泥时,应观察稳定均质池液位,不得漫溢;

　　12)加压溶气罐的压力表应每6个月检查、校验1次;

　　13)应经常清理池体堰口、刮泥机搅拌栅及溶气水饱和罐内的杂物;

　　14)应每班检查压缩空气系统畅通情况,并及时排放压缩空气系统内的冷凝水。

　　(3)浓缩池的运行参数除应符合设计要求外,还可按表8-11中的规定确定。

表8-11　浓缩池运行参数

污泥类型		污泥固体负荷 $[kg/(m^2 \cdot d)]$	污泥含水率(%)		停留时间 (h)	气固比(kg气/kg固体)
			浓缩前	浓缩后		
重力型	剩余活性污泥	20~30	98.5~99.6	95.0~97.0	6~8	—
气浮型		1.8~5.0	99.2~99.8	95.5~97.5	—	0.005~0.040
重力型	初沉污泥与剩余活性污泥的混合污泥	50~75	—	95.0~98.0	10~12	—

3. 污泥厌氧消化

(1)污泥厌氧消化池运行管理、安全操作、维护保养等应符合下列规定。

1)应按一定投配率依次均匀投加新鲜污泥,并应定时排放消化污泥;

2)新鲜污泥投加到消化池,应充分搅拌、保证池内污泥浓度混合均匀,并应保持消化温度稳定;

3)对池外加温且为循环搅拌的消化池,投泥和循环搅拌宜同时进行;

4)对采用沼气搅拌的消化池,在产气量不足或在消化池启动期间,应采取辅助措施进行搅拌;

5)对采用机械搅拌的消化池,在运行期间,应监控搅拌器电机的电流变化;

6)应每日检测池内污泥的 pH 值、脂肪酸、总碱度,进行沼气成分的测定,并应根据检测数据调整消化池运行工况;

7)应保持消化池单池的进、排泥的泥量平衡;

8)应每班检查静压排泥管的通畅情况;

9)应每班排放二级消化池的上清液;

10)应每周检查二级消化池上清液管的通畅情况;

11)应每班巡视并记录池内的温度、压力和液位;

12)应每班检查沼气管线冷凝水排放情况;

13)应每班检查消化池及其附属沼气管线的气体密闭情况,并及时处理发现的问题;

14)应每班检查消化池污泥的安全溢流装置;

15)应按相关规定校验污泥消化系统的温度、压力和液位等各种仪表;

16)应每 6 个月检查和校验 1 次沼气系统中的压力安全阀;

17)当消化池热交换器长期停止使用时,应关闭通往消化池的相关闸阀,并应将热交换器中的污泥放空、清洗;螺旋板式热交换器宜每 6 个月清洗 1 次,套管式热交换器宜每年清洗 1 次;

18)连续运行的消化池,宜 3~5 年彻底清池、检修 1 次;

19)污泥消化控制室应设置可燃气体报警器,并应定期维修和校验;

20)池顶部应设置避雷针,并应定期检查遥测;

21)空池投泥前,气相空间应进行氮气置换;

22)各类消化池的运行参数除应符合设计要求外,还可按表8-12中的规定确定。

(2)沼气脱硫装置运行管理、安全操作、维护保养等应符合下列规定。

1)应按相关要求,定期检验脱硫装置的温度、压力和pH计算;

2)当采用保温加热的脱硫装置时,应每日检查1次保温系统;

3)应每年至少对脱硫装置进行1次防腐处理;

4)应定期清理和更换反应塔内喷淋系统的部件;

5)应每日检测1次脱硫效果,并应根据其效果再生或更换脱硫装置的填料,操作时还应采取必要的安全措施;

表 8-12 污泥厌氧消化池的运行参数

序号	项 目		中温消化	高温消化
1	温度(℃)		33~35	52~55
2	日温度变化范围小于(℃)		±1	
3	投配率(%)		5~8	5~12
4	一级消化污泥含水率(%)	进泥	96~97	
		出泥	97~98	
	二级消化污泥含水率(%)	出泥	95~96	
5	pH		6.4~7.8	
6	碱度(mg/L)以 $CaCO_3$ 计		1 000~5 000	
7	沼气中主要气体成分(%)		$CH_4 > 50$	
			$CO_2 < 40$	
			$CO < 10$	
			$H_2S < 1$	
			$O_2 < 2$	
8	产气率(m^3 气/m^3 泥)		>5	
9	有机物分解率(%)		>40	
10	酸碱比		0.1~0.5	

6)干式脱硫装置的运行管理、安全操作、维护保养等应符合下列规定。

①应每班检查并记录脱硫装置的温度和压力；

②应定时排放脱硫装置内的冷凝水；

③当填料再生或更换后，恢复通入沼气前，宜采用氮气置换。

7)湿式脱硫装置的运行管理、安全操作、维护保养等应符合下列规定。

①应每日测试脱硫装置碱液的 pH 值，并保证碱液溢流通畅；

②应每日检查碱液投加泵、碱液循环泵的运行状况；

③应每日检查脱硫装置的气密性；

④应定期补充碱液，冲洗并清理碱液管线、不得堵塞；

⑤当操作间内出现碱液泄漏时，应使用清水及时冲洗。

8)生物脱硫装置的运行管理、安全操作、维护保养等应符合下列规定。

①应通过观察硫泡沫的颜色，及时调节曝气量和回流量；

②应每日监控反应塔内吸收液的 pH 值，并应及时补充吸收液；

③应根据进气硫化氢的负荷，调控反应塔的运行组数；

④应每日检测脱硫前后硫化氢的浓度；

⑤采用外加生物催化剂或菌种的脱硫工艺，应定期补充催化剂或菌种；

⑥应避免人身接触硫污泥、硫气泡、碱液，并应配备防护用品；

⑦应定期检查脱硫系统的布气管道，并进行防腐处理。

9)脱硫后沼气中硫化氢的含量应小于 0.01%。

(3)当维修沼气柜时，必须采取安全措施并制定维修方案。

(4)沼气柜的运行管理、安全操作、维护保养等应符合下列规定。

1)低压浮盖式气柜的水封应保持水封高度，寒冷地区应有防冻措施；

2)沼气应充分利用，剩余沼气不得直接排放，必须经燃烧器燃烧；

3)应按时对沼气柜内的储气量和压力进行检查并做好记录；

4)应每日排放蒸汽管道、沼气管道内的冷凝水；

　　5)应每日对干式气柜柔膜及柜体金属结构进行检查；

　　6)当沼气柜出现异常时，应及时采取相应措施；

　　7)湿式气柜水封槽内水的 pH 值应定期测定，当 pH 值小于 6 时，应换水并保持压力平衡，严禁出现负压；

　　8)应每日对湿式气柜的导轨和导轮进行检查，以防气柜出现偏轨现象；

　　9)沼气柜的顶部和外侧应涂饰反射性色彩的涂料；

　　10)在寒冷地区，湿式气柜水封的加热与保温设施应在冬季前进行检修；

　　11)沼气柜内沼气处于低位状态时严禁排水；

　　12)检修气柜顶部时，严禁直接在柜顶板上操作；

　　13)任何人员不得随意打开沼气柜的检查孔；

　　14)空柜通入沼气前，气相空间应进行氮气置换；

　　15)气柜应安装避雷器，并按相关要求定期检测；

　　16)干式气柜柔膜压力应为 2 500～10 000 Pa；

　　17)湿式气柜的压力应为 2 500～4 000 Pa。

　　(5)沼气发电机的运行管理、安全操作、维护保养等应符合下列规定。

　　1)应按时巡视、检查机组运行情况，并做好巡视检查记录，发现问题及时解决；

　　2)应定期清洗沼气、空气过滤装置；

　　3)必须每班检查沼气发电机进气管路，不得因漏气及冷凝水过多而影响供气；

　　4)应按相关要求清洗、检修发电机组余热利用系统的管道、闸阀、换热器等；

　　5)应每班检测沼气稳压罐；

　　6)在发电、供电等各项操作中，必须执行有关电器设备操作票制度；

　　7)当发电机组备用或待修时，应将循环水的进、出闸阀关闭，并放空主机及附属设备内的存水；

8)发电机系统的冷却用水必须使用软化水或在循环水中加入阻垢剂,必要时,应更换循环水;

9)当在寒冷地区冬季运行时,机组启动前应检查润滑系统,停止运转后应及时排放水箱中的冷却水;

10)进入发电机的沼气必须进行脱硫处理;

11)进气压力应满足发电机组的设定值,每立方米沼气的发电量宜大于 1.5 kW·h。

(6)沼气锅炉的运行管理、安全操作、维护保养等应符合下列规定。

1)锅炉的用水水质,应符合现行国家标准《工业锅炉水质》(GB/T 1576—2008)的规定;

2)进入锅炉的沼气必须进行脱硫处理;

3)点火前,必须对沼气锅炉进行相关内容的检查;

4)沼气锅炉运行中,当出现经简单处理不可解决的问题时,应立即停炉;

5)对备用或停用的锅炉,必须采取防腐措施;

6)应严格执行排污制度,定期排污应在低负荷下进行,并应严格监视水位;

7)锅炉沼气燃烧器的安装、调试、操作和保养等各项工作,应按设备说明书及相关的安全规定与准则执行,严禁误操作;

8)应确保沼气供应的稳定与充足;

9)应每班检查输气管道及阀门等组件的气密性;

10)当在保养及检验工作中密封件被打开,重新安装时必须清洁密封面并注意保持密闭性能;

11)应每年对锅炉全套设备进行 1 次维护与保养,对相关部件的气密性进行复查,并应测量每次保养及故障处理后的燃烧烟气值;

12)应合理降低热损失,使锅炉的热效率达到设计值;

13)燃气锅炉污染物的排放必须符合现行国家标准《锅炉大气污染物排放标准》(GB 13271—2001)中的有关规定。

(7)沼气燃烧器(火炬)的运行管理、安全操作、维护保养等应符合下列规定。

1) 手动式沼气燃烧器应根据沼气柜储气量适时点燃;

2) 应按相关规定,检查自动式沼气燃烧器的自动点燃程序及母火管路的压力;

3) 应按相关规定,清理沼气燃烧器火焰喷嘴的污物;

4) 应按相关规定,校核沼气燃烧器上的压力表;

5) 应按相关规定,保养和维修沼气燃烧器管路上的电动闸阀;

6) 采用电子点火装置的,应按相关规定,检查接地母线;

7) 采用人工点火装置的,操作人员应站在上风向,并必须与燃烧器保持一定距离;

8) 沼气燃烧器在运行期间,应每班按时监控火焰燃烧情况。

4. 污泥浓缩脱水

(1) 选择合适的絮凝剂,应根据污泥的理化性质,通过试验,确定最佳投加量。带式脱水机还应选择合适的滤布。

(2) 对带式浓缩机、带式脱水机絮凝剂投加量、进泥量、带速、滤布张力和污泥分布板,应及时调整,使滤布上的污泥分布均匀,控制污泥含水率,滤液含固率应小于 10%。

(3) 当巡视检查带式脱水机反冲洗水系统、滤布纠偏系统和投药系统时,发现异常,应及时维修。

(4) 对离心浓缩机、离心脱水机絮凝剂投加量、进泥量、扭矩和差速,应及时调整,控制污泥含水率,滤液含固率应小于 5%。

(5) 停机前应先关闭进泥泵、加药泵;停机后应间隔 30 min 方可再次启动。

(6) 对破碎机清淘系统应定期清理,经常检查破碎机刀片磨损程度并应及时更换。

(7) 各种污泥浓缩、脱水设备脱水工作完成后,都应立即将设备冲洗干净,对带式脱水机应将滤布冲洗干净。

(8) 污泥脱水机械带负荷运行前,应空载运转数分钟。

(9) 对溶药系统应经常清洗,防止药液堵塞;在溶药池边工作时,应注意防滑,同时,应将撒落在池边、地面的药剂清理干净。

(10)机房内的通风应保持良好。

(11)浓缩机投药量(干药/干泥)应控制在 2～4 kg/t;脱水机投药量(干药/干泥)应控制在 3～5 kg/t。脱水后污泥含水率应小于 80%。

5. 污泥料仓

(1)当采用多仓式污泥料仓储存脱水后污泥时,应使各仓污泥量相对均匀。

(2)料仓在寒冷季节运行,应采取有效的防冻措施。

(3)通过机械振动、搅拌等方式,使污泥在料仓内均匀储存,不得发生堵挂现象。

(4)污泥在料仓内存放的时间不宜超过 5 d。

(5)做好料仓仓体和钢结构架的内外防腐,并定期检查和维修,发现问题应及时处理。

(6)污泥输送设备在带负荷运行前,应先空载运行,并检查进料仓和出料仓闸阀的开启状态,同时应进行合理调控。

(7)料仓的防雷、通风和防爆等安全措施应齐全。

(8)料仓的储存量不得大于总容量的 90%。

(9)料仓停用应将仓内沉积的污泥彻底清理干净。

(10)维修或维护料仓时,应监测仓内有毒、有害气体含量,不得在超标的环境下操作。

6. 污泥干化

(1)当流化床式污泥干化机运行时,应连续监测气体回路中的氧含量浓度,严禁在高氧量下连续运行。

(2)流化床式污泥干化机的运行管理、安全操作、维护保养等应符合下列规定。

1)污泥泵启动运行必须在自动模式下进行;

2)分配器的启动必须在自动模式下进行;

3)湿污泥的破碎尺度应以易被干燥机分配流化而定;

4)可根据干化系统污泥的需要量调节分配器;

5)分配器在运行中,应注意观察油杯的自动加油状况;

6)分配器转速应保持平稳,发现振动或电压、电流异常波动且不

能排除时,应立即停机;

7)干化系统的运行必须按自动程序完成;运行中应监视干化机的流化状态和床体的温度等各类参数值的变化;

8)干化系统的设备及各部件间的连接口、检查孔应保持良好的密封性;

9)应控制循环气体回路的流量在一定范围内,并应保持良好的流化状态;

10)干化机每运行 3 个月应对热交换器、风帽、气水分离器、高水位报警点、风室挡板等进行全面检查、清理,并应对所有的密封磨损情况进行详细的检查和记录;

11)检修或调换分配器的滚轮时,应使其嘴片盒的间隙满足要求;

12)应每班检查旋风分离器内壁的磨损、变形、积灰、漏点及浸没管的浸没深度等情况;

13)应调节冷凝换热器的进水量,保证气体回路冷凝后的气体温度满足工艺要求;

14)气水分离器底部的冲洗不得间断,并缓慢调节其进水量,必须保证排水管道通畅;

15)鼓风机、引风机的运行管理应按《城镇污水处理厂运行、维护及安全技术规程》(CJJ 60—2011)的有关规定执行;

16)干燥机出几压力应控制在允许的范围内;

17)当需要进入容器内检修时,检修人员必须做好安全防护;

18)循环回路气体温度应控制在规定范围内;

19)干化系统运行中或暂停时,不得停止排气风机的运转。

(3)带式污泥干化机的运行管理、安全操作、维护保养等应符合下列规定。

1)应防止干化机污泥进泥系统的污泥搭桥和堵塞;

2)干化机系统应设定为全自动运行模式;

3)应每班检查污泥在干化带上的布料效果,出现异常工况,应停机及时调整;

4)应每年对干化机的干化带、风道系统等进行 1 次清理;

5)应检查干化带的接头是否牢固并调整干化带的张力；

6)干化机的风道系统严禁短路漏风,装置内部应处在微负压工况运行；

7)每运行 3 个月应对热交换器的密封、压力表、排水帽等进行全面检查、清理,并对所有的密封磨损情况进行详细的记录和跟踪；

8)在正常操作条件下,累计运行 15 000 h 后应更换润滑油,但最长不得超过 3 年；

9)斗式干泥输送机应设接地装置；

10)应每班检查干化机系统配套的电气、仪表和控制柜,当出现不稳定和不安全因素时,应及时维修或更换；

11)应根据实际运转时间和磨损件损坏程度修理与更换轴承、干化带、切割刀等磨损件。

(4)转鼓式污泥干化机的运行管理、安全操作、维护保养等应符合下列规定。

1)干化机的启动、运行、卸载等应采用自动操作模式；

2)在自动运行模式下,系统必须连续供应物料；

3)系统运行中,应巡检设备的密封、热油系统、传动装置、气闸箱等；

4)运行中应检查所有闸阀的开启位置；

5)当系统在自动运行模式下冷启动时,应确定所有系统的选择开关都处于关闭状态；

6)正常运行需停运干化机时,必须经过冷却程序,严禁手动关闭干化系统；

7)当干化机需维修或停机时,应执行冷却的自动模式；

8)严禁干化机待机运行；

9)过滤器应保持清洁,必要时应进行更换；

10)干化机设备防火、防爆的管理必须严格执行国家有关规定和标准。

(5)干化后污泥的含水率,应根据污泥最终处置的方法确定。

7. 污泥焚烧

(1)焚烧炉点火时,宜在炉内流化床上、下压力差最小的状态下进

行,且应缓慢升温,保持焚烧炉炉膛出口处压力为$-100\sim-50$ Pa
之间。

（2）焚烧炉温升至 550 ℃以上时,可投煤或干污泥升温,焚烧温度
应控制在 850～900 ℃。

（3）煤和泥的切换应依据焚烧状态调整,且调整的速率应相对
平稳。

（4）对焚烧炉内物料流化燃烧状况,应随时观察。

（5）风机工况点必须避开产生湍振位置,且应保证风机安全、平稳
运行。

（6）焚烧烟气排放温度必须大于烟气排放酸露点温度。

（7）焚烧炉在运行中应保持料层的流化完好,并应根据料层的压
力差及时排渣。

（8）焚烧炉启动前应对下列部位进行检查,且应及时处理发现的
问题。

1）流化空气风室、风帽、流化风机、管道和流化床砂层;

2）耐火砖、辅助油喷枪、流化床温度传感器及保护管、底部出灰
斜槽;

3）燃烧器耐火材料、喷嘴、燃烧器空气风门和记录器;

4）加热面、烟道气管道和引风机;

5）燃料投入机及其转子和壳体;

6）防爆门和开孔的耐火材料。

（9）风机应在无负载下启动,并应在流化风机运行平稳后逐步开
大流化风门。

（10）仪表空气压力应保持在 5×10^5 Pa 以上。

（11）后部烟道烟气含氧量宜保持在 4～10 vol%,燃烧器油压应
保持在能保证油枪雾化良好的范围内。

（12）焚烧炉停炉前,必须以一定速度减少焚烧炉的处理能力,保
证残留在流化床的废燃料燃烧尽。

（13）焚烧炉物料流化高度应控制在 0.4～0.8 m。

（14）风室内压力应为$(0.85\sim1.3)\times10^4$ Pa。

（15）密相区和稀相区的温度应为 850～900 ℃。

8. 污泥堆肥

（1）污泥堆肥前期混合调整段的运行管理、安全操作和维护保养应符合下列规定。

1）当用锯末、秸秆、稻壳等有机物做膨松剂时，污泥、膨松剂和返混干污泥等物料经混合后，其含水率应为 55%～65%；

2）当无膨松剂时，污泥与返混干污泥等物料经混合后，其含水率应小于 55%；

3）膨松剂颗粒应保持均匀；

4）混合机在运行中严禁人工搅拌；

5）清理混合机残留物料时，应断开混合机电源。

（2）快速堆肥阶段的运行管理、安全操作和维护保养等应符合下列规定。

1）在快速堆肥阶段中，垛体温度为 55～65 ℃ 的天数宜大于 3 d；

2）强制供气时，宜采用均匀间断供气方式；

3）垛体高度不宜超过设计高度；

4）应每日检查 1 次供气管路并保证管路畅通；

5）在翻垛过程中，应及时排除仓内水蒸气；当遇低温时，仓内应留有排气口；

6）翻垛周期宜为每周 3～4 次；

7）翻垛机在运行中，应随时巡查，发现问题应及时处理；

8）应按相关规定，对翻垛机进行维护保养和防腐处理；

9）翻垛机工作时，非操作人员不得进入；

10）在堆肥发酵车间工作时，工作人员应佩戴防尘保护用品。

（3）污泥堆肥稳定熟化段的运行管理、安全操作和维护保养等应符合下列规定。

1）污泥稳定熟化期宜为 30～60 d；

2）稳定熟化期间可采用自然通气或强制供气；

3）翻堆周期宜控制在 7～14 d；

4）污泥稳定熟化后，有机物分解率应在 25%～40% 之间；含水率不宜高于 35%。

(4)污泥堆肥的化验检测应符合下列规定。

1)应每日检测 1～2 次垛体温度；

2)应每日测定 1 次污泥、返混干污泥、膨松剂、混合物及垛体的有机物和含水率。

五、臭气处理

1. 收集与输送

(1)对集气罩、集气管道与输气管道的密闭状况应按时巡视、检查。

(2)对集气罩与其他设备、设施相连接处的滑环磨损程度应定期检查、维护。

(3)对集气罩骨架上的钢丝绳和遮盖物应定期检查并紧固。

(4)当进入臭气收集系统的封闭环境内进行检修维护时,必须具备自然通风或强制通风条件,并必须佩戴防毒面具。

(5)对气体输送管线的压降应每班检查和记录。

(6)雨、雪、大风天气,应加强输气管线和集气罩的检查、巡视。应及时清除集气罩与轨道间的积雪。

(7)对集气输送管道内的冷凝水应每班排放 1 次。

(8)当打开集气罩上的观察窗时,操作人员应站在上风向。

(9)对风机和输气管道应定期检查、维护。

2. 除臭

(1)采用化学除臭工艺时应符合下列规定。

1)系统开机前应检查供水、供电、供药情况,并应确保各类阀门处于正常状态；

2)系统运行时应监测 pH 值、臭气浓度、流量、温度、压力等参数；

3)应根据臭气负荷,及时调整加药量；

4)应根据填料塔中的填料压降,及时对填料进行清洗或更换；

5)应清洁化学洗涤器底部、除雾器、喷嘴和给水排水管路的污垢；

6)室外运行的除臭系统,应采取防冻、防晒措施；

7)除臭系统长时间停用,应清洗设备及系统管路,同时,应对 pH 值、ORP 探头采取保护措施;

8)应每班对化学吸收系统的压力、振动、噪声、密封等情况进行检查;

9)化学药品储罐、备用罐等不应在高温下灼晒,并注意开盖安全;

10)化学药品的使用及储藏应符合国家现行有关规定;

11)化学洗涤塔必须停机后进行检修,并应排除污染气体、确保塔内正常通风,检修人员应配备安全防护用品。

(2)采用生物除臭工艺时应符合下列规定。

1)系统运行时,应监测臭气流量、浓度、温度、湿度、压力和 pH 等参数;

2)当生物滴滤系统出现大量脱膜、生物膜过度膨胀、生物过滤床板结、土壤床出现孔洞短流等情况时,应及时查明原因,并采取有效措施处理;

3)应保证滤床适宜的湿度;

4)除臭系统宜连续运行,当长时间停机时,应敞开封闭构筑池或水井,并保证系统通风;

5)应每日检查加湿器、生物洗涤塔及滴滤塔的填料,当出现挂碱过厚、下沉、粉化等情况时,应及时处理、补充或更换;

6)应根据生物滤床压降情况,对滤料做疏松维护或更换;被更换的滤料应封闭后集中处理;

7)应每班检查系统的压力、振动、噪声、密封等情况,宜定期对洗涤系统、滴滤系统进行维护。

(3)采用离子除臭工艺时应符合下列规定。

1)除臭系统可间歇运行;当处理臭气时,必须提前启动离子发生装置;

2)除臭系统应注意保持管路系统和设备的清洁和密封;

3)应每班检查 1 次离子发生装置是否破损、泄漏,并应及时维护和更换;

4)除臭系统维修时必须断电,同时,应关闭废气收集系统的进风阀并保证设备内通风良好；

　　5)空气过滤装置应保持清洁,必要时应对其更换；

　　6)应每班巡视和检查、记录离子除臭系统风机运行状况；

　　7)应每班监控除臭系统进、出气中挥发性气体分子浓度、硫化氢气体浓度以及离子浓度的变化。

　　(4)采用活性炭吸附除臭工艺时,必须符合下列规定。

　　1)更换活性炭时应停机断电,并应关闭进气闸阀；

　　2)必须佩戴防毒面具方可打开卸料口；

　　3)室内操作必须强制通风。

　　(5)采用活性炭吸附除臭工艺时,除应符合上述(4)外,还应符合下列规定。

　　1)应监视系统的压力值,并应及时更换炭料,防止舱内炭的粉化堆积产生堵塞；

　　2)应对室外系统做好夏季防晒处理,不宜在高温环境下运行；

　　3)使用清水再生且在室外运行的系统,冬季应采取防冻、保温措施；

　　4)使用热蒸汽再生的系统,应监视蒸汽的流量和压力,并保证再生处理过程的有效和正常；

　　5)使用碱液再生的系统,应保证碱液的投加量；

　　6)应每2h对系统压力、振动、噪声、密封等情况进行检查；

　　7)应及时清除或清洗过滤器上集结的污物,可根据使用情况予以更换；

　　8)可结合出口的臭气浓度确定炭料的再生次数和更换周期；

　　9)活性炭的存放,应采取防火措施,并按危险品的有关管理规定执行；

　　10)清理活性炭污染物时,应佩戴防护面具；

　　11)废弃的活性炭应装入专用的容器内,予以封闭,并应送交专业部门进行集中处理。

　　(6)采用植物除臭工艺时应符合下列规定。

　　1)天然植物液应在有效期内使用；

2)应每日检查供液系统的运行情况,并应及时处理发现的问题;

3)用于挥发和喷嘴雾化系统的植物液,应用纯净水稀释,稀释比例应根据除臭现场的动态效果确定;

4)应经常检查雾化系统的自动间断式喷洒和液面控制器的有效性、除臭设备的清洁干燥度、输送液管道各个接口的严密性及接地线的可靠性;

5)应每班检查挥发系统的风机、风机控制器、供液电机是否正常运转,应及时更换出现滴漏的供液系统输液管道,及时清洗或更换渗透网;

6)应保持植物液储存罐内清洁;

7)当设备出现故障时,应切断电源,并应采取相应措施,防止植物液流失。

第三节 生产过程中常见的事故与危害

一、防毒气

在城市下水道中和污水处理厂矿各种池下和井下,都有可能存在有毒有害气体。这些有毒有害气体虽然种类繁多成分复杂,但根据危害方式的不同,可将它们分为有毒气体(窒息性气体)和易燃易爆气体两大类。

下水道和污水池中危害性最大的气体是硫化氢和氰化氢,尤其是硫化氢,城市污水系统中都存在,污水处理厂必须采取一系列安全措施来预防硫化氢中毒。

(1)掌握污水性质,弄清硫化物污染来源。严重威胁工人生命安全的,应及时向上级有关领导部门申报,采取有效措施。

(2)经常检测工作环境、泵站集水井、敞口出水井,下池下井处理构筑物的硫化氢浓度时,必须连续监测池内、井内的硫化氢浓度。

(3)用通风机鼓风是预防硫化氢中毒的有效措施,通风能吹散硫化氢,降低其浓度,下池、下井必须用通风机通风,并必须注意由于硫化氢相对密度大,不易被吹出的情况,在管道风时,必须把相邻窨井盖打开,让风一边进,一边出。泵站中通风宜将风机安装在泵站底层,把毒气抽出。

(4)配备必要的防硫化氢用具,防毒面具能够防硫化氢中毒,但必须选用针对性的滤罐。

(5)建立下池、下井操作制度,进入污水集水池底部清理垃圾,进入下水道窨井封拆头子或其他下池、下井操作,都属于危险作业,应该预先填写下池、下井操作单,经过安全技术员会签并经基层领导批准后才能进行。建立这一管理制度能够有效控制下池下井次数,避免盲目操作,并能督促职工重视安全操作,避免事故的发生。

(6)必须对职工进行防硫化氢中毒的安全教育,下水道、泵站、处理厂内既然存在硫化氢,那么必须使职工认识硫化氢的性质、特征、中毒护理及预防措施。用硫化氢中毒事故的血的教训教育职工更是必不可少的。

二、防火防爆

火灾是指在时间或空间上失去控制地燃烧所造成的灾害。在各种灾害中,火灾是最经常、最普遍地威胁公众安全和社会发展的主要灾害之一。火灾通常是指违反人的意图而发生或扩大,由于纵火而成为有必要灭火,或有必要利用相同程度效果的灭火作用,最终在时间与空间上失去控制并造成财物和人身伤害的燃烧现象。根据火灾损失(人员伤亡、受灾户数和财物直接损失金额)分为一般火灾、重大火灾和特大火灾。

爆炸是物质非常迅速的化学或物理变化过程,在变化过程中,迅速地放出巨大的热量并生成大量的气体,此时的气体由于瞬间尚存在于有限的空间内,故有极大的压强,对爆炸点周围的物体产生了强烈的压力,当高压气体迅速膨胀时形成爆炸。

火灾与爆炸是相辅相成的,燃烧的三个要素一般也是发生化学性爆炸的必要条件。而且可燃物质与助燃物质必须预先均匀混合,并以一定的浓度比例组成爆炸性混合物,遇着火源才会爆炸。这个浓度范围叫作爆炸极限。爆炸性混合物能发生爆炸的最低浓度叫爆炸下限,反之为爆炸上限。物理爆炸的必要条件:压力超过一定空间或容器所能承受的极限强度。而防爆的基本原理,同样也是消除其中任一必要条件。

污水处理厂及泵站防火防爆的管理,主要应注意以下几点。

(1)建立防火防爆知识宣传教育制度。组织施工人员认真学习《中华人民共和国消防条例》,教育参加施工的全体职工认真贯彻执行消防法规,增强法律意识。

(2)建立定期消防技能培训制度。定期对职工进行消防技能培训,使所有施工人员都懂得基本防火防爆知识,掌握安全技术,能熟练使用工地上配备的防火防爆器具,能掌握正确的灭火方法。

(3)建立现场明火管理制度。施工现场未经主管领导批准,任何人不准擅自动用明火。从事电、气焊的作业人员要持证上岗(用火证),在批准的范围内作业。要从技术上采取安全措施,消除火源。

(4)存放易燃易爆材料的库房建立严格管理制度。现场的临建设施和仓库要严格管理,存放易燃液体和易燃易爆材料的库房,要设置专门的防火防爆设备,采取消除静电等防火防爆措施,防止火灾、爆炸等恶性事故的发生。

(5)建立定期防火检查制度。定期检查施工现场设置的消防器具,存放易燃易爆材料的库房、施工重点防火部位和重点工种的施工操作,不合格者责令整改,及时消除火灾隐患。

三、防雷

(1)遇雷雨天气,应该留在室内,并关好门窗;在室外的工作人员应躲入建筑物内;不宜使用无防雷措施或防雷措施不足的电视、音响等电器,不宜使用水龙头。

(2)避免使用电话和无线电话;切勿接触天线、水管、铁丝网、金属门窗、建筑物外墙,远离电线等带电设备或其他类似金属装置。

(3)切勿游泳或从事其他水上运动,不宜进行户外球类、攀爬、骑驾等运动,离开水面以及其他空旷场地,寻找有防雷设施的地方躲避。

在旷野无法躲入有防雷设施的建筑物内时,应远离树木、电线杆、桅杆等尖耸物体,不宜打伞,不宜把羽毛球拍、高尔夫球棍等工具物品扛在肩上。

(4)切勿站立于山顶、楼顶或其他凸出物体;切勿靠近导电性高的物体;切勿处理开口容器盛载的易燃物品。

(5)不宜驾驶、骑行车辆赶路。

四、防溺水

污水处理厂职工常在污水池上工作,防溺水事故极其重要,为此要求做到。

(1)污水池必须有栏杆,栏杆高度 1.2 m。在没有栏杆的污水池上工作时,必须穿救生衣。

(2)污水池管理工不能随便越栏工作,越栏工作必须穿好救生衣并有人监护。

(3)池上走道不能太光滑,也不能高低不平。污水池区域必须设置若干救生圈,以备不测之需。

(4)铁栅、池盖、井盖如有腐蚀损坏,需及时调换。

另外,污水处理工还应懂得溺水急救方法。

五、安全用电

1. 电气

(1)变、配电装置的工作电压、工作负荷和温度应控制在额定值的允许变化范围内。

(2)对变、配电室内的主要电气设备应巡视检查,并应按要求做好运行日志。

(3)当变、配电室设备在运行中发生跳闸时,在未查明原因之前严禁合闸。

(4)电气设备的运行参数应按时记录,并记录有关的命令指示、调度安排,严禁漏记、编造和涂改。应遵守当地电力部门变电站管理制度的规定。

(5)变压器及相关设备的运行条件、维护等,均应严格遵守变压器运行规程。

(6)高、低压变、配电装置的清扫、检修工作必须符合现行行业标准《电业安全工作规程(电力线路部分)》(DL 409—1991)的规定。

(7)当在电气设备上进行倒闸操作时,必须符合现行行业标准《电业安全工作规程(电力线路部分)》(DL 409—1991)及"倒闸操作票"制度的规定。

(8)当变、配电装置在运行中发生异常情况不能排除时,应立即停止运行。

(9)电容器在重新合闸前,必须使断路器断开,并将电容器放电。

(10)隔离开关接触部分过热,应断开断路器、切断电源;当不允许断电时,则应降低负荷并加强监视。

(11)所有的高压电气设备,应根据具体情况和要求选用含义相符的标志牌。

(12)电缆接头、接线端子等直接接触腐蚀气体的部位,应做好防腐处理。

(13)电器综合保护装置的保养、检修,应按规定的周期进行,并应保留检定值的记录。

(14)对变电站运行数据、各种记录应进行备份,并应保留检定值的记录。

2. 自动控制

(1)自控系统应设置用户使用权限。

(2)当自控系统需要与外界网络相连时,应只设置一条途径与外界相连,同时,还应采取必要的措施保护硬件和软件,并应及时升级。

(3)自控系统应采取有效措施避免病毒和非法软件的侵入。

(4)布置各类测量仪表应根据工艺需求和现场实际情况确定,监测点设定的参数不得随意改动。

(5)对仪表应按有关规定进行维护和校验,属国家强检范围的仪表应按周期报技术监督部门进行标定。

(6)仪表维护、检修时,应先查看保护接地情况,带电部位应说明显标志,防止触电。

（7）仪表的测量范围、精度、灵敏度应符合工艺要求。

（8）自控系统的软件、程序应存档,并应备份运行数据。

（9）中央控制系统的显示参数应与现场设备、仪表的运行状况相符,并应及时维护和校核。

（10）正常情况下,PLC（可编程逻辑控制器）应长期保持带电状态,并应及时更换 CPU（中央处理器）电池。

（11）PLC 机站、计算机房应保持适宜设备正常工作的温度和湿度。

（12）对各种在线分析仪表应每月进行校准,并应确保测量准确。室外仪表箱（柜）应有防腐蚀功能,并应做好维护保持清洁。

六、化验室安全管理

污水处理厂一般都有水质分析化验室,化验室工作应遵守以下几点安全规则。

（1）加热挥发性或易燃性有机溶剂时,禁止用火焰或电炉直接加热,必须在水浴锅或电热板上缓慢进行。

（2）可燃物质如汽油、酒精、煤油等物,不可放在煤气灯、电炉或其他火源附近。

（3）当加热蒸馏及有关用火或电热工作中,至少要有一人负责管理。高温电热炉操作时要佩戴好手套。

（4）电热设备所用电线应经常检查是否完整无损。电热器械应有合适垫板。

（5）电源总开关应安装坚固的外罩,开关电闸时,决不可用湿手并应注意力集中。

（6）剧毒药品必须制定保管、使用制度,应设专柜并双人双锁保管。

（7）强酸与氨水分开存放。

（8）稀释酸时必须仔细缓慢地将硫酸加入到水中,而不能将水加入到硫酸中。

(9)用吸液管吸取酸、碱和有害性溶液时,不能用口吸而必须用橡皮球吸取。

(10)倒用硝酸、氨气和氢氟酸等必须戴好橡皮手套。启开乙醚和氨水等易挥发的试剂瓶时,决不可使口对着自己或他人。尤其在夏季当开启时极易形成大量液体冲出,如不小心,会引起严重伤害事故。

(11)从事产生有害气体的操作,必须在通风柜内进行。

(12)操作离心机时,必须在完全停止转动后才能开盖。

(13)压力容器如氢气钢瓶等必须远离热源,并停放稳定。

(14)接触污水和药品后,应注意洗手,手上有伤口时不可接触污水和药品。

(15)化验室应备有消防设备,如黄沙桶和四氯化碳灭火机等,黄沙桶内的黄沙应保持干燥,不可浸水。

(16)化验室内应保持空气流通,环境整洁,每天工作结束,应进行水、电等安全检查。在冬季,下班前应进行防冻措施检查。

第四节　安全生产评价及考核

一、管理目标

安全目标管理是施工项目重要的安全管理举措之一。它通过确定安全目标,明确责任,落实措施,实行严格的考核与奖惩,激励企业员工积极参与全员、全方位、全过程的安全生产管理,严格按照安全生产的奋斗目标和安全生产责任制的要求,落实安全措施,消除人的不安全行为和物的不安全状态,实现施工生产安全。施工项目推行安全生产目标管理不仅能进一步优化企业安全生产责任制,强化安全生产管理,体现"安全生产,人人有责"的原则,使安全生产工作实现全员管理,有利于提高企业全体员工的安全素质。

安全目标管理的基本内容包括目标体系的确立、目标的实施及目标成果的检查与考核。

(1)确定切实可行的目标值。采用科学的目标预测法,根据需要和可能,采取系统分析的方法,确定合适的目标值,并研究围绕达到目标应采取的措施和手段。

(2)根据安全目标的要求,制定实施办法。做到有具体的保证措施,并力求量化,以便于实施和考核,包括组织技术措施,明确完成程序和时间、承担具体责任的负责人,并签订承诺书。

(3)规定具体的考核标准和奖惩办法。考核标准不仅应规定目标值,而且要把目标值分解为若干具体要求来考核。

(4)项目制定安全生产目标管理计划时,要经项目分管领导审查同意,由主管部门与实行安全生产目标管理的单位签订责任书,将安全生产目标管理纳入各单位的生产经营或资产经营目标管理计划,主要领导人应对安全生产目标管理计划的制定与实施负第一责任。

(5)安全生产目标管理与安全生产责任制挂钩。层层分解,逐级负责,充分调动各级组织和全体员工的积极性,保证安全生产管理目标的实现。

二、安全管理工作标准

1. 安全责任书制度

安全管理目标必须层层分解,责任到部门,责任到个人,每年年初签订安全责任书,内容包括:安全管理措施、安全生产组织人员保证体系、安全生产工作目标、考核奖惩办法等。

2. 安全规程与安全应急预案制度

污水处理厂应建立的安全规程包括:《污水处理厂一般生产安全注意事项》、《下池(井)作业安全规程》、《厂区动土安全规程》、《设备操作安全规程》、《高低压配电系统安全操作规程》、《电气作业一般安全规程》、《设备维修安全规程》等。

应急预案内容应包括:应急机构与人员组成、应急处理流程与措施等。污水处理厂应建立的安全应急预案包括:《火灾应急预案》、《沼气中毒应急预案》、《溺水应急预案》、《触电应急预案》等。

3. 安全教育与培训工作标准

(1)对新聘用的员工必须经过三级安全教育;从事特种作业的人

员必须接受市级劳动、公安部门组织的安全技术培训，经市级劳动、公安部门考核合格后，取得《特种作业安全操作许可证》，方可上岗作业；员工调换岗位或原岗位采用新工种、新技术和新设备后，应对其进行岗位安全制度和安全操作方面的教育培训，考核合格方可上岗。

（2）实行全员安全教育计划，加强经常性的公共安全和岗位安全教育；安全培训计划及培训结果应记入员工考核表中。

（3）每年至少安排两次安全培训和消防演习。安全培训内容由安全主任确定。

4. 安全检查与整改工作标准

安全检查的形式多样，主要有上级检查、定期检查、专业性检查、经常性检查、季节性检查以及自行检查等。

（1）上级检查。上级检查是指主管各级部门对下属单位进行的安全检查。这种检查，能发现本行业安全施工存在的共性和主要问题，具有针对性、调查性，也有批评性。同时，通过检查总结，扩大（积累）安全施工经验，对基层推动作用较大。

（2）定期检查。定期进行安全自查，对存在的安全隐患制定整改计划；积极配合劳动、公安部门的安全检查工作，认真落实整改措施，及时消除隐患。

（3）专业性检查。专业安全检查应由公司有关业务分管部门单独组织，有关人员针对安全工作存在的突出问题，对某项专业存在的普遍性安全问题进行单项检查。

（4）经常性检查。经常性的安全检查主要是要提高大家的安全意识，督促员工时刻牢记安全，在施工中安全操作，及时发现安全隐患，消除隐患，保证施工的正常进行。

（5）季节性检查。季节性和节假日前后的安全检查。主要是防止施工人员在这段时间思想放松，纪律松懈而容易发生事故。检查应由单位领导组织有关部门人员进行。

（6）自行检查。施工人员在施工过程中还要经常进行自检、互检和交接检查。安全自查工作应列入每周生产例会前的生产巡查工作中。每月至少应安排一次安全专项检查，由安全主任组织，巡查结果记入《安全检查记录表》(表 8-13)。

《安全检查记录表》中除应记录安全隐患,还应明确整改责任人、整改期限、整改结果。

5. 安全事故处理工作标准

(1)生产作业过程中发生员工伤亡事故,必须严格按照规定做好报告、登记、调查、分析、处理和统计,做好证据收集、现场保护、勘察等管理工作。

(2)安全事故处理应严格执行"四不放过原则"。

(3)每次发生事故后必须召开事故分析总结会并做好记录。找出事故发生的规律,制定合理的防范措施并认真贯彻执行,努力减少和防止类似事故的发生。

表 8-13　安全检查记录表

年　月　日

检查部门		检查时间		修改期限	
发现存在隐患: 　　　　　　　　　　　　　　　　　检查人(签名) 　　　　　　　　　　　　　　　　　　年　月　日					
采取措施: 　　　　　　　　　　　　　　　　整改负责人(签名) 　　　　　　　　　　　　　　　　　　年　月　日					
整改后情况: 　　　　　　　　　　　　　　　安全生产负责人(签名)					

三、安全管理的考核

安全生产目标在实施过程中和完成后,都要对各项目标完成情况进行检查和责任落实。检查是评价和考核的前提,是确保实现目标的手段。

评价一般包括各层次目标执行情况的汇总,各类存在问题的汇总,目标管理整套思路和方法的优劣等内容。常用的评价方法主要有百分分配法和综合评价法。百分分配法即常用的打分法。

综合评价法的公式为。

综合评价＝完成程度×困难程度÷努力程度±修正值

修正值是因客观条件出乎意料的变化,使目标完成比制定目标时变难(＋)或变易(－)而给定的一个修正系数。三者比例应事先确定,比例大小为:完成程度≥困难程度≥努力程度。

评价时,目标执行者首先对目标完成情况按照规定的标准进行自我评价,对完成目标所实施的方案、手段、条件、进度等情况进行评价,总结成功经验和失败教训。再以上级检查结果为依据,在分析讨论的基础上,对目标执行者目标执行情况做出科学评价,找出成功点和挫折点。

考核标准分为集体或个人考核标准两类。单位应组织季度和年度考核,考核检查结果按年初制定的安全责任书的考核奖惩办法,与部门及个人绩效考核挂钩。具体的考核评价内容可参考表 8-14。

表 8-14　季度(年度)安全生产考核表

检查内容	检查说明	打分标准	分值	应得分
安全生产基础工作	有健全的各级安全管理机构;安全规章制度;安全检查记录齐全;发现安全隐患有积极的响应措施并能及时解决;安全检查台账及安全隐患排除记录齐全	缺一项扣××分,扣完为止		

续表

检查内容	检查说明	打分标准	分值	应得分
安全规程及防护	操作规程齐全、到位;岗位人员有必要的安全保护措施;必要场所有安全警示牌;有毒、有害场所有安全防护仪器、仪表、器具配备;危险品、易燃、易爆品有相应的管理规定	缺一项扣××分,扣完为止		
安全培训	安全培训要有年度、月度计划,并结合工作岗位对职工进行安全教育,并有安全教育台账;厂主管领导和安全负责人要接受正规安全培训并具有上级颁发的安全培训证书	缺一项扣××分,扣完为止		
应急预案	专项应急预案应包括水质、管道、电气、停电等突发事故及火灾、爆炸、中毒等重大安全事故的预案,并根据实际情况,定期组织演练	建立完善的污水处理厂应急预案,并定期组织演练,得××分;有应急预案,无定期组织演练得××分;无应急预案不得分		

第九章　污水处理成本及管理

第一节　污水处理成本的构成与分析

一、污水处理成本的构成

污水处理成本是指污水处理厂及其配套管网在建设和运营过程中产生各项费用的总和。由于企业性质不同,投资方式不同,处理规模和工艺不同,其污水处理成本和内容不尽相同,但其主要成本内容包括主营业务成本、管理费用、财务费用和税金等。为便于比较和控制,通常把剔除折旧费、管理费用和财务费用的污水处理成本称为运行成本,主要细项包括直接工资及福利、直接材料(如药剂费)、电费、维修费、污泥处理费与其他费用(如办公费等),以上各项成本费用在污水处理成本中一般所占比例见表 9-1。

表 9-1　各项成本费用所占比例

成本费用项目	直接工资及福利	直接材料	电费	维修费	污泥处理费	其他费用
所占比例(%)	15～20	10～15	35～45	5～10	15～20	5～8

二、污水处理运行成本分析

1. 直接工资及福利

直接工资及福利包括直接从事污水处理生产人员的工资、职工福利费、社会保险费、住房公积金、职工教育经费、工会经费等。

(1)污水处理生产人员的工资:是指按规定支付给职工的劳动报酬,包括基础工资、职务工资等。

(2)职工福利费:是指按规定标准计提的职工福利费。

(3)社会保险费。

1)养老保险费：是指企业按规定标准为职工缴纳的基本养老保险费。

2)失业保险费：是指企业按照国家规定标准为职工缴纳的失业保险费。

3)医疗保险费：是指企业按照规定标准为职工缴纳的基本医疗保险费。

(4)住房公积金：是指企业按规定标准为职工缴纳的住房公积金。

(5)危险作业意外伤害保险：是指按照建筑法规定，企业为从事危险作业的建筑安装施工人员支付的意外伤害保险费。

(6)工会经费：是指企业按职工工资总额计提的工会经费。

(7)职工教育经费：是指企业为职工学习先进技术和提高文化水平，按职工工资总额计提的费用。

由于污水处理厂生产人员数量及薪酬相对稳定，这些费用一般比较固定，只有遇到政策调整或人员发生变化时，此项成本费用才有较大的变动。

2. 直接材料

直接材料主要包括絮凝剂、化学除磷药剂、各种化验试剂、消毒剂等。对于进水水质比较稳定的污水处理厂，其絮凝剂及各种化验试剂用量也相对稳定，而化学除磷药剂的用量则视污水中磷指标的高低而定，消毒剂会在加氯及臭氧消毒中使用。

3. 电费

电费是污水处理主要成本项目，其中污水提升泵、污泥回流泵、生化池曝气系统是主要用电单元，而粗细格栅、二沉池设施、污泥脱水机房及消毒间等设备功率相对较小，电耗相对不高。污水处理所消耗的电能而产生的电费是污水运营成本的主要部分。

4. 维修费

维修费主要指各类机器设备的日常保养维护及大、中、小维修、管道维修维护费、仪器仪表的校验保养费等。维修费随着设备、仪器、管道使用年限的增加而增加。

(1)折旧费：是指施工机械在规定的使用年限内，陆续收回其原值及购置资金的时间价值。

（2）大修理费：是指施工机械按规定的大修理间隔台班进行必要的大修理，以恢复其正常功能所需的费用。

（3）经常修理费：是指施工机械除大修理外的各级保养和临时故障排除所需的费用。包括为保障机械正常运转所需替换设备与随机配备工具附具的摊销和维护费用，机械运转中日常保养所需润滑与擦拭的材料费用及机械停滞期间的维护和保养费用等。

（4）安拆费及场外运费：安拆费是指施工机械在现场进行安装与拆卸所需的人工、材料、机械和试运转费用以及机械辅助设施的折旧、搭设、拆除等费用；场外运费是指施工机械整体或分体自停放地点运至施工现场或由一施工地点运至另一施工地点的运输、装卸、辅助材料及架线等费用。

5. 污泥处理费

污泥处理费包括污泥外运、无害化处置所产生的费用。随着国家对污泥处置的减量化、无害化、稳定化和资源化要求越来越高，污泥处理方面必将逐步规范化，该项费用支出也将越来越高。

6. 其他费用

其他费用包括办公费、劳动保护费、生产车辆使用费、绿化保养费等，在生产规模和人员相对稳定情况下，此项费用也相对固定。

第二节　污水处理成本核算方法

成本核算是在项目法施工条件下诞生的，是企业探索适合行业特点管理方式的一个重要体现。它是建立在企业管理方式和管理水平基础上，适合施工企业特点的一个降低成本开支、提高企业利润水平的主要途径。

一、成本核算的意义、任务与对象

1. 成本核算的意义

成本核算是指项目施工过程中所发生的各种费用和形式项目成

本的核算。一是按照规定的成本开支范围对施工费用进行归集,计算出施工费用的实际发生额;二是根据成本核算对象,采用适当的方法,计算出该工程项目的总成本和单位成本。项目成本核算所提供的各种成本信息,是成本预测、成本计划、成本控制、成本分析和成本考核等各个环节的依据。因此,加强项目成本核算工作,对降低项目成本、提高企业的经济效益有积极的作用。

2. 成本核算的任务

(1)执行国家有关成本开支范围,费用开支标准,工程预算定额和企业施工预算,成本计划的有关规定。控制费用,促使项目合理、节约地使用人力、物力和财力。这是成本核算的先决前提和首要任务。

(2)正确及时地核算施工过程中发生的各项费用,计算工程项目的实际成本。这是成本核算的主体和中心任务。

(3)反映和监督成本计划的完成情况,为项目成本预测、参与项目施工生产、技术和经营决策提供可靠的成本报告和有关资料,促进项目改善经营管理,降低成本,提高经济效益。这是成本核算的根本目的。

3. 成本核算的对象

(1)一个单位工程由几个施工单位共同施工时,各施工单位都应以同一单位工程为成本核算对象,各自核算自行完成的部分。

(2)规模大、工期长的单位工程,可以将工程划分为若干部位,以分部位的工程作为成本核算对象。

(3)同一建设项目,由同一施工单位施工,并在同一施工地点,属于同一建设项目的各个单位工程合并作为一个成本核算对象。

(4)改建、扩建的零星工程,可根据实际情况和管理需要,以一个单项工程为成本核算对象,或将同一施工地点的若干个工程量较少的单项工程合并成为一个成本核算对象。

(5)也可以污水处理过程的各个阶段为成本计算对象。如污水处理阶段、污泥处理阶段、运行保障阶段等。

二、成本核算的过程

污水处理成本的核算过程,实际上是费用归集和分配的过程。为了正确地归集和分配各种费用,做好污水处理成本的计算工作,一般应做到以下几项原则。

(1)按国家规定的成本开支范围,注意划清几个支出界限。哪些成本支出可以计入成本,哪些费用支出不可以计入成本,国家都有统一规定,即开支范围。任何单位都必须遵守国家关于成本开支范围的规定,不得乱计成本。

1)划清基建支出与污水处理费用支出的界限。凡是达到基本建设额度的支出,应报请上级计划部门从基建投资中安排,不得挤占污水处理经费。

2)划清单位支出与个人支出的界限。应由个人负担支出的,不得由单位负担。

3)划清经营支出与污水处理费用支出的界限。有其他经营业务的污水处理单位,不得将其他经营支出列入污水处理项目,也不要把污水处理费用列入其他经营支出。

(2)按权责发生制的原则,划清费用受益期限。

1)权责发生制的原则,就是指凡由本期成本负担的费用,不论是否支付,都应计入本期成本,凡不应由本期成本负担的费用,即使已经支付,也不能计入本期成本。

2)纳入企业会计核算体系的单位,应该按照权责发生制的原则,正确划分费用的归属期,将待摊费用和预提费用合理地由各期成本负担。

3)按事业单位会计核算的单位,虽然是按收付实现制进行核算,但也要注意经费支出的列报口径,比如材料费的支出应在领用时列支报出。

(3)按成本分配受益原则,划清费用受益对象。按成本分配受益者原则划分,就是指发生的各种费用,要按照各个成本对象有无受益和受益程度大小来负担。凡能分清应由某一成本对象负担的费用,应采取直接分配法,直接计入该成本对象;凡不能分清费用对象,即应由两个以上的成本对象共同负担费用,按一定的分配标准,采用间接分配法,间接分配计入各成本对象。能够直接计入成本对象的费用,叫作直接费用;不能直接计入成本对象的费用,叫作间接费用。

(4)按成本计算对象开设并登记费用、成本明细分类账户、编制成本计算表。计算各个成本对象的成本,是通过费用、成本明细分类核算来完成的。因此,计算成本必须按规定的成本项目,为各个成本计算对象开设有关的费用、成本明细分类账户。根据各种费用凭证,将发生的各种费用,按其经济用途在各明细分类账户中进行归集和分配,借以计算各成本对象的成本。然后,根据各费用、成本明细分类账户的有关成本资料,按规定的成本项目编制成本计算表,全面反映各个成本对象总成本和单位成本的完成情况。

三、成本核算的方法

1. 成本会计核算法

会计核算法是指建立在会计核算基础上,利用会计核算所独有的借贷记账法和收支全面核算的综合特点,按项目成本内容和收支范围,组织项目成本核算的方法。

(1)项目成本的直接核算。项目除及时上报规定的工程成本核算资料外,还要直接进行项目施工的成本核算,编制会计报表,落实项目成本的盈亏。项目不仅是基层财务核算单位,而且是成本核算的主要承担者。还有一种是不进行完整的会计核算,通过内部列账单的形式,利用项目成本台账,进行项目成本列账核算。

直接核算是将核算放在项目上,便于项目及时了解项目各项成本情况,也可以减少一些扯皮。不足的一面是每个项目都要配有专业水平和工作能力较高的会计核算人员。目前,一些单位还不具备直接核算的条件。此种核算方式,一般适用于大型项目。

(2)项目成本的间接核算。项目经理部不设置专职的会计核算部门,由项目有关人员按期、按规定的程序和质量向财务部门提供成本核算资料,委托企业在本项目成本责任范围内进行项目成本核算,落实当期项目成本盈亏。企业在外地设立分公司的,一般由分公司组织会计核算。

间接核算是将核算放在企业的财务部门,项目经理部不配专职的会计核算部门,由项目有关人员按期与相应部门共同确定当期的项目成本收入。项目按规定的时间、程序和质量向财务部门提供成本核算资料,委托企业的财务部门在项目成本收支范围内,进行项目成本支出的核算,落实当期项目成本的盈亏。这样,可以使会计专业人员相对集中,一个成本会计可以完成两个或两个以上的项目成本核算。其不足之处:一是项目了解成本情况不方便,项目对核算结论信任度不高;二是由于核算不在项目上进行,项目开展管理岗位成本责任核算,就会失去人力支持和平台支持。

(3)项目成本列账核算。项目成本列账核算是介于直接核算和间接核算之间的一种方法。

项目经理部组织相对直接核算,正规的核算资料留在企业的财务部门。项目每发生一笔业务,其正规资料由财务部门审核存档后,与项目成本员办理确认和签认手续。项目凭此列账通知作为核算凭证和项目成本收支的依据,对项目成本范围的各项收支,登记台账会计核算,编制项目成本及相关的报表。企业财务部门按期以确认资料,对其审核。这里的列账通知单,一式两联,一联给项目据以核算,另一联留财务审核之用。

2. 成本表格核算法

表格核算法是建立在内部各项成本核算基础上、各要素部门和核算单位定期采集信息,填制相应的表格,并通过一系列的表格,形成项目成本核算体系,作为支撑项目成本核算平台的方法。

表格核算法一般有以下几个过程。

(1)确定项目责任成本总额。首先根据确定"项目成本责任总额"分析项目成本收入的构成。

(2)项目编制内控成本和落实岗位成本责任。在控制项目成本开支的基础上;在落实岗位成本考核指标的基础上,制定"项目内控成本"。

(3)项目责任成本和岗位收入调整。岗位收入变更表:工程施工过程中的收入调整和签证而引起的工程报价变化或项目成本收入的变化,而且后者更为重要。

(4)确定当期责任成本收入。在已确认的工程收入基础上,按月确定本项目的成本收入。这项工作一般由项目统计员或合约预算人员与公司合约部门或统计部门,依据项目成本责任合同中有关项目成本收入确认方法和标准,进行计算。

(5)确定当月的分包成本支出。项目依据当月分部分项的完成情况,结合分包合同和分包商提出的当月完成产值,确定当月的项目分包成本支出,编制"分包成本支出预估表",这项工作一般是由施工员提出,预算合约人员初审,项目经理确认,公司合约部门批准的程序。

(6)材料消耗的核算。以经审核的项目报表为准,由项目材料员和成本核算员计算后,确认其主要材料消耗值和其他材料的消耗值。在分清岗位成本责任的基础上,编制材料耗用汇总表。由材料员依据各施工员开具的领料单,而汇总计算的材料费支出,经项目经理确认后,报公司物资部门批准。

(7)周转材料租用支出的核算。以施工员提供的或财务转入项目的租费确认单为基础,由项目材料员汇总计算,在分清岗位成本责任的前提下,经公司财务部门审核后,落实周转材料租用成本支出,项目经理批准后,编制其费用预估成本支出。如果是租用外单位的周转材料,还要经过公司有关部门审批。

(8)水、电费支出的核算。以机械管理员或财务转入项目的租费确认单为基础,由项目成本核算员汇总计算,在分清岗位成本责任的前提下,经公司财务部门审核后,落实周转材料租用成本支出,项目经理批准后,编制其费用成本支出。

(9)项目外租机械设备的核算。所谓项目从外租入机械设备,是指项目从公司或公司从外部租入用于项目的机械设备,从项目讲,不管此机械设备是公司的产权还是公司从外部临时租入用于项目施工的,对于项目而言都是从外部获得,周转材料也是这个性质,真正属于项目拥有的机械设备,往往只有部分小型机械设备或部分大型工器具。

(10)项目自有机械设备、大小型工器具摊销、CI 费用分摊、临时设施摊销等费用开支的核算。由项目成本核算员按公司规定的摊销年限,在分清岗位成本责任的基础上,按期计算进入成本的金额。经公司财务部门审核并经项目经理批准后,按月计算成本支出金额。

(11)现场实际发生的措施费开支的核算。由项目成本核算员按公司规定的核算类别,在分清岗位成本责任的基础上,按照当期实际发生的金额,计算进入成本的相关明细。经公司财务部门审核并经项目经理批准后,按月计算成本支出金额。

(12)项目成本收支核算。按照已确认的当月项目成本收入和各项成本支出,由项目会计编制,经项目经理同意,公司财务部门审核后,及时编制项目成本收支计算表,完成当月的项目成本收支确认。

(13)项目成本总收支的核算。首先由项目预算合约人员与公司相关部门,根据项目成本责任总额和工程施工过程中的设计变更,以及工程签证等变化因素,落实项目成本总收入。由项目成本核算员与公司财务部门,根据每月的项目成本收支确认表中所反映的支出与耗费,经有关部门确认和依据相关条件调整后,汇总计算并落实项目成本总支出。

在以上基础上由成本核算员落实项目成本总的收入、总的支出和项目成本降低水平。

四、污水处理成本核算指标

(1)以人员经费支出总额即工资、补助工资、其他工资、职工福利费、社会保险费的支出总额。

(2)人员支出比率。

$$人员支出比率 = \frac{人员支出}{事业支出} \times 100\%$$

(3)公用支出总额即公务费、业务费、设备购置费、修缮费和其他费用的支出总额。

(4)公用支出比率。

$$公用支出比率 = \frac{公用支出}{事业支出} \times 100\%$$

(5)污水处理总成本即人员经费与公用支出的总额。

(6)污水处理单位成本。

$$污水处理单位成本 = \frac{污水处理总成本}{污水处理总量}$$

(7)污水处理经营总成本。

污水处理经营总成本＝污水处理总成本－设备购置费(或固定资产折旧费)

(8)污水处理单位经营成本。

$$污水处理单位经营成本 = \frac{污水处理经营总成本}{污水处理总量}$$

第三节　污水处理厂成本管理

污水处理厂的成本管理,就是对生产经营活动的所有环节,运用预测、计划、核算、考核、分析、评价、控制、监督的技术,对生产经营的耗费和支出实行科学管理。

一、成本管理的原则

1. 领导者推动原则

企业的领导者是企业成本的责任人,必然是工程项目施工成本的责任人。领导者应该制定项目成本管理的方针和目标,组织项目成本管理体系的建立和保持,创造使企业全体员工能充分参与项目施工成本管理、实现企业成本目标的良好内部环境。

2. 管理层次与管理内容的一致性原则

成本管理是企业各项专业管理的一个部分,从管理层次上讲,企业是决策中心、利润中心,项目是企业的生产场地,是企业的生产车间,由于大部分的成本耗费在此发生,因而它也是成本中心。项目完成了材料和半成品在空间和时间上的流水,绝大部分要素或资源要在项目上完成价值转换,并要求实现增值,其管理上的深度和广度远远大于一个生产车间所能完成的工作内容,因此,项目上的生产责任和成本责任是非常大的,为了完成或实现工程管理和成本目标,就必须建立一套相应的管理制度,并授予相应的权力。因而,相应的管理层次,它相对应的管理内容和管理权力必须相称和匹配,否则会发生责、权、利的不协调,从而导致管理目标和管理结果的扭曲。

3. 以人为本,全员参与原则

成本管理的每一项工作、每一个内容都需要相应的人员来完善,抓住本质,全面提高人的积极性和创造性,是搞好项目成本管理的前提。项目成本管理工作是一项系统工程,项目的进度管理、质量管理、安全管理、施工技术管理、物资管理、劳务管理、计划统计、财务管理等一系列管理工作都关联到项目成本。项目成本管理是项目管理的中心工作,必须让企业全体人员共同参与,才能保证项目成本管理工作顺利地进行。

4. 动态性、及时性、准确性原则

成本管理是为了实现项目成本目标而进行的一系列管理活动,是对项目成本实际开支的动态管理过程。由于项目成本的构成是随着工程施工的进展而不断变化的,因而,动态性是项目成本管理的属性之一。进行项目成本管理是不断调整项目成本支出与计划目标的偏差,是项目成本支出基本与目标一致的过程。这就需要进行项目成本的动态管理,它决定了项目成本管理不是一次性的工作,而是项目全过程每日每时都在进行的工作。项目成本管理需要及时、准确地提供成本核算信息,不断反馈,为上级部门或项目经理进行项目成本管理提供科学的决策依据。如果这些信息的提供严重滞后,就起不到及时纠偏、亡羊补牢的作用。项目成本管理所编制的各种成本计划、消耗量计划,统计的各项消耗、各项费用支出,必须是实事求是、准确的。如果计划的编制不准确,各项成本管理就失去了基准;如果各项统计不实事求是、不准确,成本核算就不能真实反映,出现虚盈或虚亏,只能导致决策失误。

5. 目标分解与责任明确原则

成本管理的工作业绩最终要转化为定量指标,而这些指标的完成是通过上述各级各个岗位的工作实现的,为明确各级各岗位的成本目标和责任,就必须进行指标分解。企业确定工程项目责任成本指标和成本降低率指标,是对工程成本进行了一次目标分解。企业的责任是降低企业管理费用和经营费用,组织项目经理部完成工程项目责任成本指标和成本降低率指标。项目经理部还要对工程项目责任成本指标和成本降低率目标进行二次目标分解,根据岗位不同、管理内容不同,确定每个岗位的成本目标和所承担的责任。把总目标进行层层分解,落实到每一个人,通过每个指标的完成来保证总目标的实现。事实上每个项目管理工作都是由具体的个人来执行,执行任务而不明确承担的责任,等于无人负责,久而久之,形成人人都在工作,谁也不负责任的局面,使企业无法搞好。

因此,确保项目成本管理的动态性、及时性、准确性是项目成本管理的灵魂,否则,项目成本管理就只能是纸上谈兵,流于形式。

6. 过程控制与系统控制原则

成本是由施工过程中各个环节的资源消耗形成的。因此,项目成本的控制必须采用过程控制的方法,分析每一个过程影响成本的因素,制订工作程序和控制程序,使之时时处于受控状态。

成本形成的每一个过程又是与其他过程互相关联的,一个过程成本的降低,可能会引起关联过程成本的提高。因此,项目成本的管理,必须遵循系统控制的原则,进行系统分析,制订过程的工作目标必须从全局利益出发,不能为了小团体的利益,损害了整体的利益。

二、成本管理的措施

为了取得成本管理的理想成果,应当从多方面采取措施实施管理,实现节约,降低成本,提高经济效益。为达到控制成本的目标,应做到以下几点。

(1)建立健全成本管理体系,加强成本费用预算管理。

参考同行业标准并结合自身实际,制定能耗、药耗、工资及费用定额,编制年度、季度、月度预算计划(包括开支计划、采购计划等),通过预算指导控制成本费用支出。

(2)改进生产运行方式,提高设备效率,实现节能降耗。

根据进水水量、水质状况,在满足工艺运行条件下调整运行设备,使各段生产工序处于最佳运行状态,对于大功率设备如水泵、曝气系统要调整好运行参数,包括流量、电流、风量、风压等应处于合理、适量水平,提高运行效率和稳定性,最大限度地降低能耗。

(3)应用节电技术,有效降低电费开支。

对大功率设备如水泵、鼓风机等,可采用变频控制技术,按工况要求调节,使设备处于高效运行状态,或者更换新型的节能电机和水泵。

(4)加强设备综合管理,降低设备维修费用。

建立设备管理机构和设备台账,按设备使用要求和运行状况制定保修计划,定期进行保养和维护,延长设备使用周期。加强设备巡检,发现问题及时处理,以免造成大的设备故障。

(5)采用新工艺、新技术降低材料成本。

污水处理过程中,各种材料(含药剂、零配件等)的消耗在运行成本占有比较大的比重,是成本日常管理的重点,在保证出水水质和处理水量的前提下,采用有利于节约的新工艺、新技术开展技术改造,降低材料消耗,节约材料成本。

(6)增强成本意识,建立员工成本考核、奖惩机制。

组织开展降低成本的活动,增强员工成本意识,建立员工成本考核、奖惩机制,对节约成本工作有突出贡献的员工,给予表扬和奖励,对浪费资源、材料的行为给予批评和惩罚。只有全体员工有了成本观念,才能自觉的在工作中注意节约,挖掘降低成本的潜力。

三、成本管理的制度控制方法

在污水处理过程中,为了控制生产耗费和支出,应当建立健全各项成本控制制度。通过严格执行,使生产中的耗费和支出按预定标准支出。一般来说,主要有如下制度。

(1)成本分级分口管理责任制。分级分口管理是我们目前成本管理工作中贯彻责任制的有效形式,也是进行成本管理首先要制定的制度。分级分口管理就是在单位内部,在厂长或主要负责人的统一领导下,以厂部成本管理为主导,建立厂部成本管理、车间(工段)成本管理、班组成本管理相结合的纵向管理责任体系;以财会部门为中心,建立财会、生产、设备、劳资、技术等部门密切配合的横向成本管理责任网络。

实行成本分级分口管理,可以使成本计划指标和生产任务分解落实到各部门,变为全体职工的行动目标。从而调动一切积极因素,挖掘各方面的潜力,保证成本任务的完成。

分级分口管理要求明确各级各部门在执行成本管理方面的职责,赋予成本管理上的权限,定期组织检查,对完成的结果进行考核,并作为评比奖励的条件。

(2)材料物资的管理制度。材料物资的管理制度是成本管理中一项重要的制度。在材料物资管理中,对于材料的购买,应有购买条件、审批权限、购买手续的规定。对于材料的领发应有批准、核发、计量、验收的规定,对余料、废料应有分级、计量、回收的规定。

制定材料物资管理制度,可避免买料无计划、领料无手续、发料不计数、用料不核算、废料不回收的现象,降低材料物资的消耗成本。

(3)财务支出制度。财务支出制度是贯彻执行国家规定的有关财务的制度,控制成本开支,进行成本管理的重要环节。在财务支出制度中,应规定成本开支的范围、开支标准,各项费用支出的审批权限,审批手续,监督方式等。

在财务支出制度制定后,领导可按规定审批,财务按制度把关,使各项成本费用支出有章可循,避免任意扩大开支范围,提高开支标准。

除以上主要制度外,还有设备的维护保养制度、车辆维修制度、用车制度、劳保制度、接待制度、办公用品购买制度等。各单位可根据自身特性(点)来制定。

四、目标成本控制方法

目标成本是指一定时期内污水处理成本和总控制都达到的标准。一般是指一个年度达到的标准。

目标成本控制的方法主要包括:目标成本的制订,成本差异的计算与分析。

(1)目标成本的制订要根据成本特性将所有的成本分为变动成本与固定成本两大类,然后,针对不同类型的成本采用不同的编制方法。

1)变动成本。这类成本与业务量的总额成正比增减关系。主要指直接材料费、直接人工费(计时制企业)和燃料、水电费、辅料等变动费用。其中直接材料费、直接人工费可采用制订标准成本的方法,燃料、水电、辅料等变动费用可以采用编制弹性预算方法。

①标准成本实质上就是按成本项目反映的单位目标成本。标准成本是由"价格标准"与"用量标准"两个因素构成的。如

直接材料的标准成本=价格标准×用量标准

直接材料的标准成本=计划单价×消耗定额

直接人工的标准成本=价格标准×用量标准

直接人工的标准成本=工资率标准×工作时间标准

有了标准成本,就可根据污水处理量的大小来计算目标成本。

②弹性预算是在编制费用预算时,考虑到计划期内业务量可能发生变动,编出一套能适合多种业务量的费用预算,以便分别反映在该业务量的情况下所应开支的费用水平。由于这种预算是随着业务量的变化做机动调整,本身具有弹性,故称为弹性预算。

③在实际工作中,许多费用项目属于半变动或半固定性质。

因此,需对每个费用子项目逐一进行分析计算,并编出一套能适应多种不同业务量水平的费用预算。在污水处理厂,可按设计的污水处理能力来预测这类变动费用的总额,并根据以编制这类变动费用的弹性预算。

$$每\ 1\ m^3\ 标准变动费用分配率=\frac{变动费用预算合计(达设计能力)}{污水处理能力}$$

变动费用的目标成本=变动费用分配率×污水处理量

按标准成本和弹性预算方法来确定目标成本,一定要以过去和现在本单位和国内其他同类行业数据为基础,然后由管理部门采用各种专门方法,结合目前科学技术的发展情况及物价变动情况,进行计算、比较和分析,最后再做出判断。

2)固定成本。这类成本不受业务量的增减变动影响而固定不变。

如事业单位固定职工的基本工资、固定资产的折旧费、大修费、车辆的保险费、养路费、基本电价费、宣传费、工本费、差旅费、绿化费、通信费、社会保险费等。这类费用可采用"零基预算"的方法编制目标成本。

①"零基预算"的基本原理是：对于任何一个计划期,任何一种费用的开支数,不是从原有的基础出发,即不考虑基础的费用开支水平,而是一切以零为起点,从根本上来考虑各个费用项目的必要性及其规律。

②"零基预算"的具体做法,大体上分为以下三个步骤。

第一,要求各部门的责任人,根据在单位计划期内的目标和该部门的具体任务,详细计划期内需要发生哪些费用项目,并对每一费用项目编写一套方案,提出费用开支的目的,以及需要开支的数额。

第二,对每一费用项目进行分析,然后把各个费用开支方案在权衡轻重缓急的基础上,分成若干层次,排出先后顺序。

第三,按照上一步骤所定的层次与顺序,结合计划期内可动用的资金来源,落实预算,确定目标成本。

(2)成本差异的计算与分析。在日常经济活动中,往往由于种种原因,使实际发生的成本数额与预定的目标成本会发生偏差或差额,这种差额就叫作"成本差异"。成本差异可归结为"价格差异"与"数量差异"两种。

例如：材料价格差异的计算与分析

1)材料价格差异的计算

材料价格差异＝实际价格×实际数量－标准价格×实际数量

2)材料用量差异的计算

材料用量差异＝标准价格×实际用量－标准价格×标准用量

3)材料差异的分析：如材料出现了不利价格差异,就是对采购部门亮出了红灯,应由采购部门负责。当然也会有一些是采购部门难以负责的因素,应由采购部门加以分析,找出原因。

4)如果材料出现了不利数量差异,一般应由生产部门负责。但有时也可能是因采购部门片面为了压低进料价格,购入质量低劣的材料,造成用量过多。

5)其他差异如工资差异、产品质量差异、变动制造费用差异等与材料的差异计算与分析相同,可根据分析出的原因,立即采取措施加以改进和纠正。其中变动制造费用是由许多明细项目组成,必须根据变动制造费用各明细项目的弹性预算与实际发生额进行对比。

五、污水处理成本的日常管理

为了降低污水处理成本和提高生产效率,必须抓好各种费用的日常管理。在污水处理的一切环节,注意合理利用资源,如人力、物力和财力等。在保证产品质量和数量的前提下,节约一切能够节约的耗费和支出。一般来说,不同性质的费用,应有不同的管理方法。

1. 工资费用管理

(1)工资费用在污水处理成本中也占有一定的比例,尤其是在规模较小的工厂,要占较大比重。因此,加强工资费用管理,对于控制污水处理成本也有重要意义。

(2)工资费用管理,主要应做好以下几个方面工作。

1)正确计算和发放工资。劳动人力部门应与车间、科室密切配合,严格考勤制度,核定人员,记录考勤。处理违反劳动纪律的人和事。财会部门应在考勤的基础上,按照规定的工资制度、工资标准,正确计算和支付工资。

2)控制工资增长。随着经济发展,人民生活水平不断地提高,工资增长是必然的趋势,但是应该控制那些不能调动人们积极性的,没有必要的工资费用的增长。

3)制定健全的用人制度。

4)要按照合理设定的岗位以及劳动定额配备工人。根据经营管理需要设置机构,按照精简、高效的原则,配备管理人员。使单位内任何一个岗位都能得到相对最佳人选。

5)严格控制加班加点,减少不必要的加班工资支出。

6)严格掌握工资开支的范围和标准。

2. 材料费用管理

在污水处理厂运行中,各种材料费(含各种药剂费、备品备件费等)在成本中占有较大比重,因此,应是成本日常管理的重点。

(1)制定材料消耗定额。材料的收、发、保管,一般均由设备材料科管理。因此,设备材料科会同各个生产部门,在财务部门的配合下,制定各种消耗定额,作为材料收、发、消耗的控制标准。对于主要材料,应按规定消耗定额领用和消耗(如药剂等)。

但对种类繁多的零星耗用材料,可以实行金额控制法,即以零星材料耗用的历史材料为依据,核定允许领用的总金额,在总金额范围内控制领用。

(2)采用有利于节约材料的先进科学技术。采用科学的材料配方和先进的生产工艺,是促使合理和节约利用材料的重要途径。污水处理厂应在保证出水水质、水量的条件下,不断试验,采用新工艺、新材料、新技术,以达到节约材料、降低成本的目的。还要积极开展科学研究,开展技术革新,开展设备改造,节约各种零配件的消耗。

(3)开发新的材料资源,采用优质廉价的代用材料。随着科学技术的发展,新的可以利用的资源不断出现,经过科学试验,肯定了许多材料品种,因而,出现了资源多、价格低的材料替代稀缺昂贵的材料,这种替代,不仅缓解了某些物资稀缺的限制,更有利于降低成本。

污水处理厂因其生产的特殊性,不像工业产品企业那样需用大量直接构成产品实体的原材料,但其所用的药剂(如絮凝剂)维修所用配件(国产替代进口),污泥脱水所用的滤带(国产替代进口),空气滤布(国产替代进口)等,也可以在不影响污水处理水质、水量的前提下,尽量采用廉价的代用材料。

(4)减少运输和储存的损耗。材料在运输和储存中,往往会发生损耗。属于正常合理的损耗部分,应当制定定额加以控制。超定额的损耗,则应采取措施加以防止。如在材料运输中,要加固产品包装,减少破损洒漏,尽量采用直达运输,减少装卸中转次数。对储存有期限的药剂,尽可能在期限内用完,不能多存。否则,超期用不完会造成浪费。在材料、备品备件等存储中,要实行科学管理,保证库容整洁,存放有序,账、物、卡全对齐。要有防火、防潮、防霉变、防虫害、鼠害措施,不使库存物资发生短少和意外损失。

(5)选购质优价廉材料,降低材料采购成本材。料采购供应部门一般由设备材料科担任,应加强市场调查,掌握市场信息和供货商的信誉。选择货真价实的供货单位。少量购货采用"货比三家"的原则。大宗贵重物品要招投标。

3. 燃料、水电费用管理

(1)实行定额管理。为使各个部门合理、节约地使用燃料和水电,需对燃料、水电等耗能实行定额管理。应由技术部门和设备材料部门按设备、生产车间的性质,结合已往消耗的经验数据,制定燃料消耗和水电消耗的定额,按定额控制消耗。对超定额的消耗,要按规定手续审批,并分析原因,明确责任,兑现奖罚。

(2)健全计量工作。要执行燃料领发计量制度,分部门、班组核算燃料、水电用量,安装水表、电表,克服各部门耗用数量不清、定额消耗责任不明的现象。用定额量与表的计量相比较,对各部门、班组进行考核(兑现奖罚)。

(3)建立分管部门责任制,是提高专业管理人员的责任心的有效手段之一。只有将责任落实到个人,才能使"要他做"变为"我要做"。还要加强对耗用燃料的设备、供水设施、供电设施的技术管理,向管理要效益,防止损失和浪费。同时,按管理的绩效进行考核,实行奖罚兑现。

(4)加强对燃料、水电等使用情况的分析,总结和推广合理节约的经验,查明燃料、水电等非生产损耗和浪费的原因,督促责任部门、责任人采取措施加以改进,使消耗能源逐渐趋于更合理,更节约。

4. 综合费用管理

(1)污水处理厂的综合费用,是指除燃料、材料、人工工资以外的费用,它由许多明细费用项目组成。各项综合费用支出的节约和超支,对成本也有一定的影响,因此,也要加强管理,从管理中得到效益。

(2)实行指标控制。对全厂各项综合费用,应根据综合费用计划,实行指标分解,再落实到各科室、车间、班组。例如,按批准的公务费计划指标,进行总额控制,再将其分解到各部门,各部门根据分解指标报送明细使用计划,对某些明细项目,可对分管部门实行项目控制。如办公费由行政部门归口管理。即将分解的该项目指标向下各部门再分解,按该计划对下各部门进行控制。

(3)严格审核支出。对综合费用的每笔支出,财会部门事前应审核其合法性,合格后再支出。购货后,应根据原始凭证进行审核,监督支出的合理性、合法性。对不合规定、不合法或者超过开支标准的支出,应严格把关,堵住铺张浪费。

各部门应对下达费用指标的完成情况负责。特殊情况需要超过指标开支费用的,应由开支部门提出申请,经厂领导批准,给予追加指标。

(4)为了便于财会部门按其他部门的自控费用支出,也便于使用经费的部门做到心中有数,可推荐两种方法在实际管理中应用。

1)费用手册方式。费用手册按部门设置,里面记载有各部门经厂核准的费用指标,记录每次实际支出的费用数额,并随之计算出费用指标的结余额,这样使使用部门和控制部门都很明白费用指标的支出和剩余现状。便于财会部门控制和使用部门对指标余额精打细算,合理安排。

2)内部流通券方式。这种方式由财会部门印制,发行内部流通券(也称内部货币),按各部已核定的费用指标,发给等额的流通券。各部门领用消耗物品,按物品内部价格付给有关部门等额的流通券,向外购物清款和报销费用,也同时付给财会部门等额的流通券。月末存于各部门的流通券(未用完的),就是各部门费用指标的节约额。

以上两种方法,各部门均要指定专人负责管理。

(5)完善费用核算项目。财会部门除按会计制定要求,组织好费用总分类核算和明细核算外,还可以按分管费用的责任部门建立辅助记录,以分别记载各部门费用的实际发生数,掌握费用计划或指标执行的动态,定期进行检查考核,对费用支出有可能超支的分管部门,及时发出信息。

(6)定期组织费用计划执行情况的检查和分析(至少每月 1 次)。

对于综合费用计划的执行情况,应当实行检查和分析,全面了解费用支出节约或超支的项目和金额,分析取得节约、发生超支的原因,深入检查存在的问题,提出相应的对策和措施,及时督促有关责任部门或人员迅速改进。对于各责任部门完成指标好的,又节约成本的经验也及时加以总结和推广。

六、绩效考核与奖惩兑现

1. 绩效考核

绩效考核办法是根据每个单位、部门的全年目标责任分解到每个月或每个季度设置指标考核。从以下几个方面考核指标打分。

(1)主要业务工作的考核。如运行单位的业务是生产指标完成情况。①处理水量按要求完成打分;②处理水质达标完成打分;③污泥脱水含固率达标完成打分;④沼气产量或沼气发电量完成打分;⑤生产回用水量按计划完成打分;⑥污泥运输无撒漏、堆放符合环保要求完成打分。

(2)本单位或部门的成本核算。如运行单位的成本消耗情况。①电量单位消耗标准完成打分;②污水处理、污泥处理、生产回用水药剂单耗完成打分;③自来水消耗完成打分;④出水消毒剂单位消耗完成打分;⑤生产车辆油耗、维修费用完成打分;⑥其他成本,如办公用品、劳保用品、保洁用品等费用完成打分。

(3)本单位或部门的安全工作考核。如运行单位的安全工作考核。①无重大安全责任事故和人身事故,一般事故每发生1次扣分1次。重大责任事故和人身事故全扣分;②有违章操作、不佩戴劳动防护用品扣分;③发现安全隐患在规定时间内未完成扣分;④按规定组织本单位职工参加安全学习,有不参加者每次扣分。按规定组织外来施工人员安全培训,漏培训者扣分;⑤每月组织安全会议和检查,及时上报事故和未遂事件。每漏开会议和检查或迟交一次上报事故和未遂事件扣分;⑥门卫对人员、车辆出入的管理达到《门卫管理规程》的要求,保安管理到位。根据执行情况酌情扣分。发生1起被盗事件扣分。

（4）本单位或部门的设备管理考核。如运行单位的设备管理考核。①设备的运转率、完好率达标，达不到扣分；②设备按计划维修保养到位，完不成扣分；③设备大修、改造按计划完成，完不成扣分；④设备紧急重大抢修、节约较大维修费用、合理化建议改造设备提高效率等加分；⑤设备卫生（承包到个人）达标，不达标扣分；⑥设备档案按要求记录并存档，不符合要求扣分。

（5）员工管理。①劳动纪律检查。对有严重违规行为的员工，扣除该项分数；②每月对部门员工出勤情况进行抽查（指纹打卡或工作情况抽查）。若有违规行为，每次扣分；③培训管理。按时提交部门年度培训计划并组织实施。未达要求，扣分；④厂组织的各类培训，参训人数出勤率达 90％以上。未达要求，每次扣分；⑤执行培训管理制度。未达要求，每次扣分；⑥绩效考核执行。考核制度公正，提交考核报告及时无失误。未达要求，每次扣分。

（6）绿化卫生管理。①确保厂区各部门负责的绿化整齐美观。树木花草按季节修整、打药；②道路按时打扫整洁干净。如不合格，按实际状况扣分；③室内、车间物品摆放整齐，没有蚊蝇、蜘蛛网。地面清洁无死角，门窗玻璃洁净。如不符合要求扣分；④厕所每天打扫，轮流值日，无蚊蝇、无异味。如不符合要求扣分。

2. 兑现奖惩

兑现奖惩首先对考核结果进行打分。①分数可封顶，如满分 100 分，没有增加分数项，做得不好有减分，做得最好就满分。②分数也可不封顶，有加分项，如特殊贡献奖增加 10 分，就可能 110 分以上。最后总得分数乘以分值等于奖金数给予兑现。③奖惩可多样化。可物质奖励为主，精神奖励为辅。物质奖励可多样化，如送技术培训，专业证书培训，到外地同行参观学习等。精神奖励也可多样化，如口头表扬，书面表扬。设各种荣誉称号，如先进个人、先进集体等。

附　　录

附录一　地表水环境质量标准

1　范围

1.1　本标准按照地表水环境功能分类和保护目标,规定了水环境质量应控制的项目及限值,以及水质评价、水质项目的分析方法和标准的实施与监督。

1.2　本标准适用于中华人民共和国领域内江河、湖泊、运河、渠道、水库等具有使用功能的地表水水域。具有特定功能的水域,执行相应的专业用水水质标准。

2　引用标准

《生活饮用水卫生规范》(卫生部,2001年)和本标准表4～表6所列分析方法标准及规范中所含条文在本标准中被引用即构成为本标准条文,与本标准同效。当上述标准和规范被修订时,应使用其最新版本。

3　水域功能和标准分类

依据地表水水域环境功能和保护目标,按功能高低依次划分为五类:

Ⅰ类　主要适用于源头水、国家自然保护区;

Ⅱ类　主要适用于集中式生活饮用水地表水源地一级保护区、珍稀水生生物栖息地、鱼虾类产卵场、仔稚幼鱼的索饵场等;

Ⅲ类　主要适用于集中式生活饮用水地表水源地二级保护区、鱼虾类越冬场、洄游通道、水产养殖区等渔业水域及游泳区;

Ⅳ类　主要适用于一般工业用水区及人体非直接接触的娱乐用水区;

Ⅴ类　主要适用于农业用水区及一般景观要求水域。

对应地表水上述五类水域功能,将地表水环境质量标准基本项目标准值分为五类,不同功能类别分别执行相应类别的标准值。水域功能类别高的标准值严于水域功能类别低的标准值。同一水域兼有多类使用功能的,执行最高功能类别对应的标准值。实现水域功能与达功能类别标准为同一含义。

4　标准值

4.1　地表水环境质量标准基本项目标准限值见表1。

4.2　集中式生活饮用水地表水源地补充项目标准限值见表2。

4.3　集中式生活饮用水地表水源地特定项目标准限值见表3。

5　水质评价

5.1　地表水环境质量评价应根据应实现的水域功能类别,选取相应类别标准进行单因子评价,评价结果应说明水质达标情况,超标的应说明超标项目和超标倍数。

5.2　丰、平、枯水期特征明显的水域,应分水期进行水质评价。

5.3　集中式生活饮用水地表水源地水质评价的项目应包括表1中的基本项目。表2中的补充项目以及由县级以上人民政府环境保护行政主管部门从表3中选择确定的特定项目。

6　水质监测

6.1　本标准规定的项目标准值,要求水样采集后自然沉降30分钟,取上层非沉降部分按规定方法进行分析。

6.2　地表水水质监测的采样布点、监测频率应符合国家地表水环境监测技术规范的要求。

6.3　本标准水质项目的分析方法应优先选用表4~表6规定的方法,也可采用ISO方法体系等其他等效分析方法,但须进行适用性检验。

7　标准的实施与监督

7.1　本标准由县级以上人民政府环境保护行政主管部门及相关部门按职责分工监督实施。

7.2　集中式生活饮用水地表水源地水质超标项目经自来水厂净化处理后,必须达到《生活饮用水卫生规范》的要求。

7.3　省、自治区、直辖市人民政府可以对本标准中未作规定的项目,制定地方补充标准,并报国务院环境保护行政主管部门备案。

表 1　地表水环境质量标准基本项目标准限值　　　单位：mg/L

序号	项目　　标准值　　分类	Ⅰ类	Ⅱ类	Ⅲ类	Ⅳ类	Ⅴ类
1	水温(℃)	人为造成的环境水温变化应限制在：周平均最大温升≤1　周平均最大温降≤2				
2	pH 值(无量纲)	6～9				
3	溶解氧≥	饱和率90%(或7.5)	6	5	3	2
4	高锰酸盐指数≤	2	4	6	10	15
5	化学需氧量(COD)≤	15	15	20	30	40
6	五日生化需氧量(BOD₅)≤	3	3	4	6	10
7	氨氮(NH⁻2N)≤	0.15	0.5	1.0	1.5	2.0
8	总磷(以 P 计)≤	0.02(湖、库0.01)	0.1(湖、库0.025)	0.2(湖、库0.05)	0.3(湖、库0.1)	0.4(湖、库0.2)
9	总氮(湖、库,以 N 计)≤	0.2	0.5	1.0	1.5	2.0
10	铜≤	0.01	1.0	1.0	1.0	1.0
11	锌≤	0.05	1.0	1.0	2.0	2.0
12	氟化物(以 F⁻计)≤	1.0	1.0	1.0	1.5	1.5
13	硒≤	0.01	0.01	0.01	0.02	0.02
14	砷≤	0.05	0.05	0.05	0.1	0.1
15	汞≤	0.00005	0.00005	0.0001	0.001	0.001
16	镉≤	0.001	0.005	0.005	0.005	0.01
17	铬(六价)≤	0.01	0.05	0.05	0.05	0.1
18	铅≤	0.01	0.01	0.05	0.05	0.1
19	氰化物≤	0.005	0.05	0.2	0.2	0.2
20	挥发酚≤	0.002	0.002	0.005	0.01	0.1

续表

序号	项目＼标准值＼分类	I 类	II 类	III 类	IV 类	V 类
21	石油类≤	0.05	0.05	0.05	0.5	1.0
22	阴离子表面活性剂≤	0.2	0.2	0.2	0.3	0.3
23	硫化物≤	0.05	0.1	0.2	0.5	1.0
24	粪大肠菌群(个/L)≤	200	2 000	10 000	20 000	40 000

表2　集中式生活饮用水地表水源地补充项目标准限值　单位：mg/L

序　号	项　目	标准值
1	硫酸盐(以 SO 计)	250
2	氯化物(以 Cl⁻ 计)	250
3	硝酸盐(以 N 计)	10
4	铁	0.3
5	锰	0.1

表3　集中式生活饮用水地表水源地特定项目标准限值　单位：mg/L

序号	项　目	标准值	序号	项　目	标准值
1	三氯甲烷	0.06	41	丙烯酰胺	0.000 5
2	四氯化碳	0.002	42	丙烯腈	0.1
3	三溴甲烷	0.1	43	邻苯二甲酸二丁酯	0.003
4	二氯甲烷	0.02	44	邻苯二甲酸二(2-乙基己基)酯	0.008
5	1,2-二氯乙烷	0.03	45	水合肼	0.01
6	环氧氯丙烷	0.02	46	四乙基铅	0.000 1
7	氯乙烯	0.005	47	吡啶	0.2
8	1,1-二氯乙烯	0.03	48	松节油	0.2

续表

序号	项　　目	标准值	序号	项　　目	标准值
9	1,2-二氯乙烯	0.05	49	苦味酸	0.5
10	三氯乙烯	0.07	50	丁基黄原酸	0.005
11	四氯乙烯	0.04	51	活性氯	0.01
12	氯丁二烯	0.002	52	滴滴涕	0.001
13	六氯丁二烯	0.000 6	53	林丹	0.002
14	苯乙烯	0.002	54	环氧七氯	0.000 2
15	甲醛	0.9	55	对硫磷	0.003
16	乙醛	0.05	56	甲基对硫磷	0.002
17	丙烯醛	0.1	57	马拉硫磷	0.05
18	三氯乙醛	0.01	58	乐果	0.08
19	苯	0.01	59	敌敌畏	0.05
20	甲苯	0.7	60	敌百虫	0.05
21	乙苯	0.3	61	内吸磷	0.03
22	二甲苯①	0.5	62	百菌清	0.01
23	异丙苯	0.25	63	甲萘威	0.05
24	氯苯	0.3	64	溴氰菊酯	0.02
25	1,2-二氯苯	1.0	65	阿特拉津	0.003
26	1,4-二氯苯	0.3	66	苯并(a)芘	2.8×10^{-2}
27	三氯苯②	0.02	67	甲基汞	1.0×10^{-2}
28	四氯苯③	0.02	68	多氯联苯⑥	2.0×10^{-2}
29	六氯苯	0.05	69	微囊藻毒素－LR	0.001
30	硝基苯	0.017	70	黄磷	0.003
31	二硝基苯④	0.5	71	钼	0.07
32	2,4-二硝基甲苯	0.003	72	钴	1.0
33	2,4,6-三硝基甲苯	0.5	73	铍	0.002

续表

序号	项　目	标准值	序号	项　目	标准值
34	硝基氯苯⑤	0.05	74	硼	0.5
35	2,4-二硝基氯苯	0.5	75	锑	0.005
36	2,4-一氯苯酚	0.093	76	镍	0.02
37	2,4,6-三氯苯酚	0.2	77	钡	0.7
38	五氯酚	0.009	78	钒	0.05
39	苯胺	0.1	79	钛	0.1
40	联苯胺	0.000 2	80	铊	0.000 1

①二甲苯:指对-二甲苯、间-二甲苯、邻-二甲苯。
②三氯苯:指1,2,3-三氯苯、1,2,4-三氯苯、1,3,5-三氯苯。
③四氯苯:指1,2,3,4-四氯苯、1,2,3,5-四氯苯、1,2,4,5-四氯苯。
④二硝基苯:指对-二硝基苯、间-二硝基苯、邻-二硝基苯。
⑤硝基氯苯:指对-硝基氯苯、间-硝基氯苯、邻-硝基氯苯。
⑥多氯联苯:指PCB-1016、PCB-1221、PCB-1232、PCB-1242、PCB-1248、BCB-1254、BCB-1260。

表4　地表水环境质量标准基本项目分析方法

序号	基本项目	分析方法	测定下限(mg/L)	方法来源
1	水温	温度计法	—	GB 13195—91
2	pH	玻璃电极法	—	GB 6920—86
3	溶解氧	碘量法	0.2	GB/T 7489—87
		电化学探头法	—	HJ 506—2009
4	高锰酸盐指数	—	0.5	GB 11892—89
5	化学需氧量	重铬酸盐法	5	GB 11914—89
6	五日生化需氧量	稀释与接种法	2	HJ 505—2009
7	氨氮	纳氏试剂比色法	0.05	HJ 535—2009
		水杨酸分光光度法	0.01	HJ 536—2009
8	总磷	钼酸铵分光光度法	0.01	GB 11893—89

续表

序号	基本项目	分析方法	测定下限 (mg/L)	方法来源
9	总氮	碱性过硫酸钾消解紫外分光光度法	0.05	HJ 636—2012
10	铜	2,9-二甲基-1,10-菲啰啉分光光度法	0.06	HJ 486—2009
		二乙基二硫代氨基甲酸钠分光光度法	0.010	HJ 485—2009
		原子吸收分光光度法(整合萃取法)	0.001	GB/T 7475—87
11	锌	原子吸收分光光度法	0.05	GB/T 7475—87
12	氟化物	氟试剂分光光度法	0.05	HJ 488—2009
		离子选择电极法	0.05	GB/T 7484—87
		离子色谱法	0.02	HJ/T 84—2001
13	硒	2,3-二氯基萘荧光法	0.00025	GB 11902—89
		石墨炉原子吸收分光光度法	0.003	GB/T 15505—1995
14	砷	二乙基二硫代氨基甲酸银分光光度法	0.007	GB/T 7485—87
		冷原子荧光法	0.00006	1)
15	汞	冷原子吸收分光光度法	0.00005	HJ 597—2011
		冷原子荧光法	0.00005	1)
16	镉	原子吸收分光光度法(螯合萃取法)	0.001	GB/T 7475—87
17	铬(六价)	二苯碳酰二肼分光光度法	0.004	GB 7467—87
18	铅	原子吸收分光光度法螯合萃取法	0.01	GB/T 7475—87
19	总氰化物	异烟酸-吡唑啉酮比色法	0.004	HJ 484—2009
		吡啶-巴比妥酸比色法	0.002	—
20	挥发酚	蒸馏后 4-氨基安替比林分光光度法	0.002	HJ 503—2009
21	石油类	红外分光光度法	0.01	HJ 637—2012
22	阴郭子表面活性剂	亚甲蓝分光光度法	0.05	GB/T 7494—87
23	硫化物	亚甲基蓝分光光度法	0.005	GB/T 16489—1996
		直接显色分光光度法	0.004	—
24	粪大肠菌群	多管发酵法、滤膜法		1)

注:暂采用下列分析方法,待国家方法标准发布后,执行国家标准。

表5　集中式生活饮用水地表水源地补充项目分析方法

序号	项目	分析方法	最低检出限 (mg/L)	方法来源
1	硫酸盐	重量法	10	GB 11899—89
		火焰原子吸收分光光度法	0.4	—
		铬酸钡光度法	8	1)
		离子色谱法	0.09	HJ/T 84—2001
2	氯化物	硝酸银滴定法	10	GB 11896—89
		硝酸汞滴定法	2.5	1)
		离子色谱法	0.02	HJ/T 84—2001
3	硝酸盐	酚二磺酸分光光度	0.02	GB/T 7480—87
		紫外分光光度法	0.08	1)
		离子色谱法	0.08	HJ/T 84—2001
4	铁	火焰原子吸收分光光度法	0.03	GB 11911—89
		邻菲啰啉分光光度法	0.03	1)
5	锰	火焰原子吸收分光光度法	0.01	GB 11911—89
		甲醛肟光度法	0.01	1)
		高碘酸钾分光光度法	0.02	GB 11906—89

表6　集中式生活饮用水地表水源地特定项目分析方法气相色谱法

序号	项目	分析方法	最低检出限 (mg/L)	方法来源
1	三氯甲烷	顶空气相色谱法	0.000 3	HJ 620—2011
		气相色谱法	0.000 6	2)
2	四氯化碳	顶空气相色谱法	0.000 05	HJ 620—2011
		气相色谱法	0.000 3	2)
3	三溴甲烷	顶空气相色谱法	0.001	HJ 620—2011
		气相色谱法	0.006	2)

续表

序号	项目	分析方法	最低检出限 (mg/L)	方法来源
4	二氯甲烷	顶空气相色谱法	0.008 7	2)
5	1,2-二氯乙烷	顶空气相色谱法	0.012 5	2)
6	环氧氯丙烷	气相色谱法	0.02	2)
7	氯乙烯	气相色谱法	0.001	2)
8	1,1-二氯乙烯	吹出捕集气相色谱法	0.000 018	2)
9	1,2-二氯乙烯	吹出捕集气相色谱法	0.000 012	2)
10	三氯乙烯	顶空气相色谱法	0.000 5	HJ 620—2011
		气相色谱法	0.003	2)
11	四氯乙烯	顶空气相色谱法	0.000 2	HJ 620—2011
		气相色谱法	0.001 2	2)
12	氯丁二烯	顶空气相色谱法	0.002	2)
13	六氯丁二烯	气相色谱法	0.000 02	2)
14	苯乙烯	气相色谱法	0.01	2)
15	甲醛	乙酰丙酮分光光度法	0.05	HJ 601—2011
		4-氨基-3-联氨-5-疏基-1,2,4-三氮杂茂(AHMT)分光光度法	0.05	2)
16	乙醛	气相色谱法	0.24	2)
17	丙烯醛	气相色谱法	0.019	2)
18	三氯乙醛	气相色谱法	0.001	2)
19	苯	液上气相色谱法	0.005	GB 11890—89
		顶空气相色谱法	0.000 42	2)
20	甲苯	液上气相色谱法	0.005	GB 11890—89
		二硫化碳萃取气相色谱法	0.05	
		气相色谱法	0.01	2)

续表

序号	项目	分析方法	最低检出限（mg/L）	方法来源
21	乙苯	液上气相色谱法	0.005	GB 11890—89
		二硫化碳萃取气相色谱法	0.05	
		气相色谱法	0.01	2)
22	二甲苯	液上气相色谱法	0.005	GB 11890—89
		二硫化碳萃取气相色谱法	0.05	
		气相色谱法	0.01	2)
23	异丙苯	顶空气相色谱法	0.003 2	2)
24	氯苯	气相色谱法	0.01	HJ/T 74—2001
25	1,2-二氯苯	气相色谱法	0.002	HJ 621—2011
26	1,4-二氯苯	气相色谱法	0.005	HJ 621—2011
27	三氯苯	气相色谱法	0.000 04	2)
28	四氯苯	气相色谱法	0.000 02	2)
29	六氯苯	气相色谱法	0.000 02	2)
30	硝基苯	气相色谱法	0.000 2	HJ 648—2013
31	二硝基苯	气相色谱法	0.2	2)
32	2,4-二硝基甲苯	气相色谱法	0.000 3	HJ 648—2013
33	2,4,6-三硝基甲苯	气相色谱法	0.1	2)
34	硝基氯苯	气相色谱法	0.000 2	HJ 648—2013
35	2,4-二硝基氯苯	气相色谱法	0.1	2)
36	2,4-二氯苯酚	电子捕获—毛细色谱法	0.000 4	2)
37	2,4,6-三氯苯酚	电子捕获—毛细色谱法	0.000 4	2)
38	五氯酚	气相色谱法	0.000 04	HJ 591—2010
		电子捕获—毛细色谱法	0.000 024	2)
39	苯胺	气相色谱法	0.002	2)
40	联苯胺	气相色谱法	0.000 2	3)

序号	项目	分析方法	最低检出限（mg/L）	方法来源
41	丙烯酰胺	气相色谱法	0.000 15	2)
42	丙烯酯	气相色谱法	0.10	2)
43	邻苯二甲酸二丁酯	液相色谱法	0.000 1	HJ/T 72—2001
44	邻苯二甲酸二（2-乙基己基)酯	气相色谱法	0.000 4	2)
45	水合肼	对二甲氨基苯甲醛直接分光光度法	0.005	2)
46	甲乙基铅	双硫腙比色法	0.000 1	2)
47	吡啶	气相色谱法	0.031	GB/T 14672—93
		巴比土酸分光光度法	0.05	2)
48	松节油	气相色谱法	0.02	2)
49	苦味酸	气相色谱法	0.001	2)
50	丁基黄原酸	铜试剂亚铜分光光度法	0.002	2)
51	活性氯	N,N—二乙基对苯二胺（DPD)分光光度法	0.01	2)
		3,3,5,5—四甲基联苯胺比色法	0.005	2)
52	滴滴涕	气相色谱法	0.000 2	GB/T 7492—87
53	林丹	气相色谱法	4×10^{-6}	GB/T 7492—87
54	环氧七氯	液液萃取气相色谱法	0.000 083	2)
55	对硫磷	气相色谱法	0.000 54	GB 13192—91
56	甲基对硫磷	气相色谱法	0.000 42	GB 13192—91
57	马拉硫磷	气相色谱法	0.000 64	GB 13192—91
58	乐果	气相色谱法	0.000 57	GB 13192—91
59	敌敌畏	气相色谱法	0.000 06	GB 13192—91
60	敌百虫	气相色谱法	0.000 051	GB 13192—91

续表

序号	项目	分析方法	最低检出限 (mg/L)	方法来源
61	内吸磷	气相色谱法	0.002 5	2)
62	百菌清	气相色谱法	0.000 4	2)
63	甲萘威	高效液相色谱法	0.01	2)
64	溴氰菊酯	气相色谱法	0.000 2	2)
		高效液相色谱法	0.002	2)
65	阿特拉律	气相色谱法	—	3)
65	苯并(a)芘	乙酰化滤纸层折荧光分光光度法	4×10^{-6}	GB 11895—89
		高效液相色谱法	1×10^{-6}	GB/T 3198—2010
67	甲基汞	气相色谱法	1×10^{-8}	GB/T 17132—1997
68	多氯联苯	气相色谱法	—	3)
69	微囊藻毒素－LR	高效液相色谱法	0.000 01	2)
70	黄磷	钼－锑－抗分光光度法	0.002 5	2)
71	钼	无火焰原子吸收分光光度法	0.002 31	2)
72	钴	无火焰原子吸收分头光度法	0.001 91	2)
73	铍	铬菁 R 分光光度法	0.000 2	HJ/T 58—2000
		石墨炉原子吸收分光光度法	0.000 02	HJ/T 59—2000
		桑色素荧光分光光度法	0.000 2	2)
74	硼	姜黄素分光光度法	0.02	HJ/T 49—1999
		甲亚胺－H 分光光度法	0.2	2)
75	锑	氢化原子吸收分光光度法	0.000 25	2)
76	镍	无火焰原子吸收分光光度法	0.002 48	2)
77	钡	无火焰原子吸收分光光度法	0.006 18	2)
78	钒	钽试剂(BPHA)萃取分光光度法	0.018	GB/T 15503—1995
		无火焰原子吸收分光光度法	0.006 98	2)

序号	项目	分析方法	最低检出限（mg/L）	方法来源
79	钛	催化示波极谱法	0.000 4	2)
		水杨基荧光酮分光光度法	0.02	2)
80	铊	无火焰原子吸收分光光度法	1×10^{-6}	2)

注：暂采用下列分析方法，待国家方法标准发布后，执行国家标准：1)《水和废水监测分析方法(第3版)》,中国环境科学出版社,1989年。2)《生活饮用水卫生规范》,中华人民共和国卫生部,2001年。3)《水和废水标准检验法(第15版)》,中国建筑工业出版社,1985年。

附录二　中华人民共和国水污染防治法

（1984年5月11日第六届全国人民代表大会常务委员会第五次会议通过根据1996年5月15日第八届全国人民代表大会常务委员会第十九次会议《关于修改〈中华人民共和国水污染防治法〉的决定》修正 2008年2月28日第十届全国人民代表大会常务委员会第三十二次会议修订）

第一章　总　则

第一条　为了防治水污染,保护和改善环境,保障饮用水安全,促进经济社会全面协调可持续发展,制定本法。

第二条　本法适用于中华人民共和国领域内的江河、湖泊、运河、渠道、水库等地表水体以及地下水体的污染防治。

海洋污染防治适用《中华人民共和国海洋环境保护法》。

第三条　水污染防治应当坚持预防为主、防治结合、综合治理的原则,优先保护饮用水水源,严格控制工业污染、城镇生活污染,防治农业面源污染,积极推进生态治理工程建设,预防、控制和减少水环境污染和生态破坏。

第四条　县级以上人民政府应当将水环境保护工作纳入国民经济和社会发展规划。

县级以上地方人民政府应当采取防治水污染的对策和措施,对本行政区域的水环境质量负责。

第五条　国家实行水环境保护目标责任制和考核评价制度,将水环境保护目标完成情况作为对地方人民政府及其负责人考核评价的内容。

第六条　国家鼓励、支持水污染防治的科学技术研究和先进适用技术的推广应用,加强水环境保护的宣传教育。

第七条　国家通过财政转移支付等方式,建立健全对位于饮用水水源保护区区域和江河、湖泊、水库上游地区的水环境生态保护补偿机制。

第八条　县级以上人民政府环境保护主管部门对水污染防治实施统一监督管理。

交通主管部门的海事管理机构对船舶污染水域的防治实施监督管理。

县级以上人民政府水行政、国土资源、卫生、建设、农业、渔业等部门以及重要江河、湖泊的流域水资源保护机构,在各自的职责范围内,对有关水污染防治实施监督管理。

第九条　排放水污染物,不得超过国家或者地方规定的水污染物排放标准和重点水污染物排放总量控制指标。

第十条　任何单位和个人都有义务保护水环境,并有权对污染损害水环境的行为进行检举。

县级以上人民政府及其有关主管部门对在水污染防治工作中做出显著成绩的单位和个人给予表彰和奖励。

第二章　水污染防治的标准和规划

第十一条　国务院环境保护主管部门制定国家水环境质量标准。

省、自治区、直辖市人民政府可以对国家水环境质量标准中未作规定的项目,制定地方标准,并报国务院环境保护主管部门备案。

第十二条　国务院环境保护主管部门会同国务院水行政主管部门和有关省、自治区、直辖市人民政府，可以根据国家确定的重要江河、湖泊流域水体的使用功能以及有关地区的经济、技术条件，确定该重要江河、湖泊流域的省界水体适用的水环境质量标准，报国务院批准后施行。

第十三条　国务院环境保护主管部门根据国家水环境质量标准和国家经济、技术条件，制定国家水污染物排放标准。

省、自治区、直辖市人民政府对国家水污染物排放标准中未作规定的项目，可以制定地方水污染物排放标准；对国家水污染物排放标准中已作规定的项目，可以制定严于国家水污染物排放标准的地方水污染物排放标准。地方水污染物排放标准须报国务院环境保护主管部门备案。

向已有地方水污染物排放标准的水体排放污染物的，应当执行地方水污染物排放标准。

第十四条　国务院环境保护主管部门和省、自治区、直辖市人民政府，应当根据水污染防治的要求和国家或者地方的经济、技术条件，适时修订水环境质量标准和水污染物排放标准。

第十五条　防治水污染应当按流域或者按区域进行统一规划。国家确定的重要江河、湖泊的流域水污染防治规划，由国务院环境保护主管部门会同国务院经济综合宏观调控、水行政等部门和有关省、自治区、直辖市人民政府编制，报国务院批准。

前款规定外的其他跨省、自治区、直辖市江河、湖泊的流域水污染防治规划，根据国家确定的重要江河、湖泊的流域水污染防治规划和本地实际情况，由有关省、自治区、直辖市人民政府环境保护主管部门会同同级水行政等部门和有关市、县人民政府编制，经有关省、自治区、直辖市人民政府审核，报国务院批准。

省、自治区、直辖市内跨县江河、湖泊的流域水污染防治规划，根据国家确定的重要江河、湖泊的流域水污染防治规划和本地实际情况，由省、自治区、直辖市人民政府环境保护主管部门会同同级水行政等部门编制，报省、自治区、直辖市人民政府批准，并报国务院备案。

经批准的水污染防治规划是防治水污染的基本依据,规划的修订须经原批准机关批准。

县级以上地方人民政府应当根据依法批准的江河、湖泊的流域水污染防治规划,组织制定本行政区域的水污染防治规划。

第十六条　国务院有关部门和县级以上地方人民政府开发、利用和调节、调度水资源时,应当统筹兼顾,维持江河的合理流量和湖泊、水库以及地下水体的合理水位,维护水体的生态功能。

第三章　水污染防治的监督管理

第十七条　新建、改建、扩建直接或者间接向水体排放污染物的建设项目和其他水上设施,应当依法进行环境影响评价。

建设单位在江河湖泊新建、改建、扩建排污口的,应当取得水行政主管部门或者流域管理机构同意;涉及通航、渔业水域的,环境保护主管部门在审批环境影响评价文件时,应当征求交通、渔业主管部门的意见。

建设项目的水污染防治设施,应当与主体工程同时设计、同时施工、同时投入使用。水污染防治设施应当经过环境保护主管部门验收,验收不合格的,该建设项目不得投入生产或者使用。

第十八条　国家对重点水污染物排放实施总量控制制度。

省、自治区、直辖市人民政府应当按照国务院的规定削减和控制本行政区域的重点水污染物排放总量,并将重点水污染物排放总量控制指标分解落实到市、县人民政府。市、县人民政府根据本行政区域重点水污染物排放总量控制指标的要求,将重点水污染物排放总量控制指标分解落实到排污单位。具体办法和实施步骤由国务院规定。

省、自治区、直辖市人民政府可以根据本行政区域水环境质量状况和水污染防治工作的需要,确定本行政区域实施总量削减和控制的重点水污染物。

对超过重点水污染物排放总量控制指标的地区,有关人民政府环境保护主管部门应当暂停审批新增重点水污染物排放总量的建设项目的环境影响评价文件。

第十九条　国务院环境保护主管部门对未按照要求完成重点水污染物排放总量控制指标的省、自治区、直辖市予以公布。省、自治区、直辖市人民政府环境保护主管部门对未按照要求完成重点水污染物排放总量控制指标的市、县予以公布。

县级以上人民政府环境保护主管部门对违反本法规定、严重污染水环境的企业予以公布。

第二十条　国家实行排污许可制度。

直接或者间接向水体排放工业废水和医疗污水以及其他按照规定应当取得排污许可证方可排放的废水、污水的企业事业单位，应当取得排污许可证；城镇污水集中处理设施的运营单位，也应当取得排污许可证。排污许可的具体办法和实施步骤由国务院规定。

禁止企业事业单位无排污许可证或者违反排污许可证的规定向水体排放前款规定的废水、污水。

第二十一条　直接或者间接向水体排放污染物的企业事业单位和个体工商户，应当按照国务院环境保护主管部门的规定，向县级以上地方人民政府环境保护主管部门申报登记拥有的水污染物排放设施、处理设施和在正常作业条件下排放水污染物的种类、数量和浓度，并提供防治水污染方面的有关技术资料。

企业事业单位和个体工商户排放水污染物的种类、数量和浓度有重大改变的，应当及时申报登记；其水污染物处理设施应当保持正常使用；拆除或者闲置水污染物处理设施的，应当事先报县级以上地方人民政府环境保护主管部门批准。

第二十二条　向水体排放污染物的企业事业单位和个体工商户，应当按照法律、行政法规和国务院环境保护主管部门的规定设置排污口；在江河、湖泊设置排污口的，还应当遵守国务院水行政主管部门的规定。

禁止私设暗管或者采取其他规避监管的方式排放水污染物。

第二十三条　重点排污单位应当安装水污染物排放自动监测设

备,与环境保护主管部门的监控设备联网,并保证监测设备正常运行。排放工业废水的企业,应当对其所排放的工业废水进行监测,并保存原始监测记录。具体办法由国务院环境保护主管部门规定。

应当安装水污染物排放自动监测设备的重点排污单位名录,由设区的市级以上地方人民政府环境保护主管部门根据本行政区域的环境容量、重点水污染物排放总量控制指标的要求以及排污单位排放水污染物的种类、数量和浓度等因素,商同级有关部门确定。

第二十四条　直接向水体排放污染物的企业事业单位和个体工商户,应当按照排放水污染物的种类、数量和排污费征收标准缴纳排污费。

排污费应当用于污染的防治,不得挪作他用。

第二十五条　国家建立水环境质量监测和水污染物排放监测制度。国务院环境保护主管部门负责制定水环境监测规范,统一发布国家水环境状况信息,会同国务院水行政等部门组织监测网络。

第二十六条　国家确定的重要江河、湖泊流域的水资源保护工作机构负责监测其所在流域的省界水体的水环境质量状况,并将监测结果及时报国务院环境保护主管部门和国务院水行政主管部门;有经国务院批准成立的流域水资源保护领导机构的,应当将监测结果及时报告流域水资源保护领导机构。

第二十七条　环境保护主管部门和其他依照本法规定行使监督管理权的部门,有权对管辖范围内的排污单位进行现场检查,被检查的单位应当如实反映情况,提供必要的资料。检查机关有义务为被检查的单位保守在检查中获取的商业秘密。

第二十八条　跨行政区域的水污染纠纷,由有关地方人民政府协商解决,或者由其共同的上级人民政府协调解决。

第四章　水污染防治措施

第一节　一般规定

第二十九条　禁止向水体排放油类、酸液、碱液或者剧毒废液。禁止在水体清洗装贮过油类或者有毒污染物的车辆和容器。

第三十条　禁止向水体排放、倾倒放射性固体废物或者含有高放射性和中放射性物质的废水。

向水体排放含低放射性物质的废水,应当符合国家有关放射性污染防治的规定和标准。

第三十一条　向水体排放含热废水,应当采取措施,保证水体的水温符合水环境质量标准。

第三十二条　含病原体的污水应当经过消毒处理;符合国家有关标准后,方可排放。

第三十三条　禁止向水体排放、倾倒工业废渣、城镇垃圾和其他废弃物。

禁止将含有汞、镉、砷、铬、铅、氰化物、黄磷等的可溶性剧毒废渣向水体排放、倾倒或者直接埋入地下。

存放可溶性剧毒废渣的场所,应当采取防水、防渗漏、防流失的措施。

第三十四条　禁止在江河、湖泊、运河、渠道、水库最高水位线以下的滩地和岸坡堆放、存贮固体废弃物和其他污染物。

第三十五条　禁止利用渗井、渗坑、裂隙和溶洞排放、倾倒含有毒污染物的废水、含病原体的污水和其他废弃物。

第三十六条　禁止利用无防渗漏措施的沟渠、坑塘等输送或者存贮含有毒污染物的废水、含病原体的污水和其他废弃物。

第三十七条　多层地下水的含水层水质差异大的,应当分层开采;对已受污染的潜水和承压水,不得混合开采。

第三十八条　兴建地下工程设施或者进行地下勘探、采矿等活动,应当采取防护性措施,防止地下水污染。

第三十九条　人工回灌补给地下水,不得恶化地下水质。

第二节　工业水污染防治

第四十条　国务院有关部门和县级以上地方人民政府应当合理规划工业布局,要求造成水污染的企业进行技术改造,采取综合防治措施,提高水的重复利用率,减少废水和污染物排放量。

第四十一条　国家对严重污染水环境的落后工艺和设备实行淘

汰制度。

国务院经济综合宏观调控部门会同国务院有关部门,公布限期禁止采用的严重污染水环境的工艺名录和限期禁止生产、销售、进口、使用的严重污染水环境的设备名录。

生产者、销售者、进口者或者使用者应当在规定的期限内停止生产、销售、进口或者使用列入前款规定的设备名录中的设备。工艺的采用者应当在规定的期限内停止采用列入前款规定的工艺名录中的工艺。

依照本条第二款、第三款规定被淘汰的设备,不得转让给他人使用。

第四十二条　国家禁止新建不符合国家产业政策的小型造纸、制革、印染、染料、炼焦、炼硫、炼砷、炼汞、炼油、电镀、农药、石棉、水泥、玻璃、钢铁、火电以及其他严重污染水环境的生产项目。

第四十三条　企业应当采用原材料利用效率高、污染物排放量少的清洁工艺,并加强管理,减少水污染物的产生。

第三节　城镇水污染防治

第四十四条　城镇污水应当集中处理。

县级以上地方人民政府应当通过财政预算和其他渠道筹集资金,统筹安排建设城镇污水集中处理设施及配套管网,提高本行政区域城镇污水的收集率和处理率。

国务院建设主管部门应当会同国务院经济综合宏观调控、环境保护主管部门,根据城乡规划和水污染防治规划,组织编制全国城镇污水处理设施建设规划。县级以上地方人民政府组织建设、经济综合宏观调控、环境保护、水行政等部门编制本行政区域的城镇污水处理设施建设规划。县级以上地方人民政府建设主管部门应当按照城镇污水处理设施建设规划,组织建设城镇污水集中处理设施及配套管网,并加强对城镇污水集中处理设施运营的监督管理。

城镇污水集中处理设施的运营单位按照国家规定向排污者提供污水处理的有偿服务,收取污水处理费用,保证污水集中处理设施的正常运行。向城镇污水集中处理设施排放污水、缴纳污水处理费用的,不再缴纳排污费。收取的污水处理费用应当用于城镇污水集中处理设施的建设和运行,不得挪作他用。

城镇污水集中处理设施的污水处理收费、管理以及使用的具体办法,由国务院规定。

第四十五条　向城镇污水集中处理设施排放水污染物,应当符合国家或者地方规定的水污染物排放标准。

城镇污水集中处理设施的出水水质达到国家或者地方规定的水污染物排放标准的,可以按照国家有关规定免缴排污费。

城镇污水集中处理设施的运营单位,应当对城镇污水集中处理设施的出水水质负责。

环境保护主管部门应当对城镇污水集中处理设施的出水水质和水量进行监督检查。

第四十六条　建设生活垃圾填埋场,应当采取防渗漏等措施,防止造成水污染。

第四节　农业和农村水污染防治

第四十七条　使用农药,应当符合国家有关农药安全使用的规定和标准。

运输、存贮农药和处置过期失效农药,应当加强管理,防止造成水污染。

第四十八条　县级以上地方人民政府农业主管部门和其他有关部门,应当采取措施,指导农业生产者科学、合理地施用化肥和农药,控制化肥和农药的过量使用,防止造成水污染。

第四十九条　国家支持畜禽养殖场、养殖小区建设畜禽粪便、废水的综合利用或者无害化处理设施。

畜禽养殖场、养殖小区应当保证其畜禽粪便、废水的综合利用或者无害化处理设施正常运转,保证污水达标排放,防止污染水环境。

第五十条　从事水产养殖应当保护水域生态环境,科学确定养殖密度,合理投饵和使用药物,防止污染水环境。

第五十一条　向农田灌溉渠道排放工业废水和城镇污水,应当保证其下游最近的灌溉取水点的水质符合农田灌溉水质标准。

利用工业废水和城镇污水进行灌溉，应当防止污染土壤、地下水和农产品。

第五节　船舶水污染防治

第五十二条　船舶排放含油污水、生活污水，应当符合船舶污染物排放标准。从事海洋航运的船舶进入内河和港口的，应当遵守内河的船舶污染物排放标准。

船舶的残油、废油应当回收，禁止排入水体。

禁止向水体倾倒船舶垃圾。

船舶装载运输油类或者有毒货物，应当采取防止溢流和渗漏的措施，防止货物落水造成水污染。

第五十三条　船舶应当按照国家有关规定配置相应的防污设备和器材，并持有合法有效地防止水域环境污染的证书与文书。

船舶进行涉及污染物排放的作业，应当严格遵守操作规程，并在相应的记录簿上如实记载。

第五十四条　港口、码头、装卸站和船舶修造厂应当备有足够的船舶污染物、废弃物的接收设施。从事船舶污染物、废弃物接收作业，或者从事装载油类、污染危害性货物船舱清洗作业的单位，应当具备与其运营规模相适应的接收处理能力。

第五十五条　船舶进行下列活动，应当编制作业方案，采取有效的安全和防污染措施，并报作业地海事管理机构批准：

（一）进行残油、含油污水、污染危害性货物残留物的接收作业，或者进行装载油类、污染危害性货物船舱的清洗作业；

（二）进行散装液体污染危害性货物的过驳作业；

（三）进行船舶水上拆解、打捞或者其他水上、水下船舶施工作业。

在渔港水域进行渔业船舶水上拆解活动，应当报作业地渔业主管部门批准。

第五章　饮用水水源和其他特殊水体保护

第五十六条　国家建立饮用水水源保护区制度。饮用水水源保护区分为一级保护区和二级保护区；必要时，可以在饮用水水源保护区外围划定一定的区域作为准保护区。

饮用水水源保护区的划定，由有关市、县人民政府提出划定方案，报省、自治区、直辖市人民政府批准；跨市、县饮用水水源保护区的划定，由有关市、县人民政府协商提出划定方案，报省、自治区、直辖市人民政府批准；协商不成的，由省、自治区、直辖市人民政府环境保护主管部门会同同级水行政、国土资源、卫生、建设等部门提出划定方案，征求同级有关部门的意见后，报省、自治区、直辖市人民政府批准。

跨省、自治区、直辖市的饮用水水源保护区，由有关省、自治区、直辖市人民政府商有关流域管理机构划定；协商不成的，由国务院环境保护主管部门会同同级水行政、国土资源、卫生、建设等部门提出划定方案，征求国务院有关部门的意见后，报国务院批准。

国务院和省、自治区、直辖市人民政府可以根据保护饮用水水源的实际需要，调整饮用水水源保护区的范围，确保饮用水安全。有关地方人民政府应当在饮用水水源保护区的边界设立明确的地理界标和明显的警示标志。

第五十七条　在饮用水水源保护区内，禁止设置排污口。

第五十八条　禁止在饮用水水源一级保护区内新建、改建、扩建与供水设施和保护水源无关的建设项目；已建成的与供水设施和保护水源无关的建设项目，由县级以上人民政府责令拆除或者关闭。

禁止在饮用水水源一级保护区内从事网箱养殖、旅游、游泳、垂钓或者其他可能污染饮用水水体的活动。

第五十九条　禁止在饮用水水源二级保护区内新建、改建、扩建排放污染物的建设项目；已建成的排放污染物的建设项目，由县级以上人民政府责令拆除或者关闭。

在饮用水水源二级保护区内从事网箱养殖、旅游等活动的，应当按照规定采取措施，防止污染饮用水水体。

第六十条　禁止在饮用水水源准保护区内新建、扩建对水体污染严重的建设项目；改建建设项目，不得增加排污量。

第六十一条　县级以上地方人民政府应当根据保护饮用水水源的实际需要，在准保护区内采取工程措施或者建造湿地、水源涵养林等生态保护措施,防止水污染物直接排入饮用水水体,确保饮用水安全。

第六十二条　饮用水水源受到污染可能威胁供水安全的,环境保护主管部门应当责令有关企业事业单位采取停止或者减少排放水污染物等措施。

第六十三条　国务院和省、自治区、直辖市人民政府根据水环境保护的需要,可以规定在饮用水水源保护区内,采取禁止或者限制使用含磷洗涤剂、化肥、农药以及限制种植养殖等措施。

第六十四条　县级以上人民政府可以对风景名胜区水体、重要渔业水体和其他具有特殊经济文化价值的水体划定保护区,并采取措施,保证保护区的水质符合规定用途的水环境质量标准。

第六十五条　在风景名胜区水体、重要渔业水体和其他具有特殊经济文化价值的水体的保护区内,不得新建排污口。在保护区附近新建排污口,应当保证保护区水体不受污染。

第六章　水污染事故处置

第六十六条　各级人民政府及其有关部门,可能发生水污染事故的企业事业单位,应当依照《中华人民共和国突发事件应对法》的规定,做好突发水污染事故的应急准备、应急处置和事后恢复等工作。

第六十七条　可能发生水污染事故的企业事业单位,应当制定有关水污染事故的应急方案,做好应急准备,并定期进行演练。

生产、储存危险化学品的企业事业单位,应当采取措施,防止在处理安全生产事故过程中产生的可能严重污染水体的消防废水、废液直接排入水体。

第六十八条　企业事业单位发生事故或者其他突发性事件,造成或者可能造成水污染事故的,应当立即启动本单位的应急方案,采取应急措施,并向事故发生地的县级以上地方人民政府或者环境保护主管部门报告。环境保护主管部门接到报告后,应当及时向本级人民政府报告,并抄送有关部门。

造成渔业污染事故或者渔业船舶造成水污染事故的,应当向事故发生地的渔业主管部门报告,接受调查处理。其他船舶造成水污染事故的,应当向事故发生地的海事管理机构报告,接受调查处理;给渔业造成损害的,海事管理机构应当通知渔业主管部门参与调查处理。

第七章　法律责任

第六十九条　环境保护主管部门或者其他依照本法规定行使监督管理权的部门,不依法做出行政许可或者办理批准文件的,发现违法行为或者接到对违法行为的举报后不予查处的,或者有其他未依照本法规定履行职责的行为的,对直接负责的主管人员和其他直接责任人员依法给予处分。

第七十条　拒绝环境保护主管部门或者其他依照本法规定行使监督管理权的部门的监督检查,或者在接受监督检查时弄虚作假的,由县级以上人民政府环境保护主管部门或者其他依照本法规定行使监督管理权的部门责令改正,处一万元以上十万元以下的罚款。

第七十一条　违反本法规定,建设项目的水污染防治设施未建成、未经验收或者验收不合格,主体工程即投入生产或者使用的,由县级以上人民政府环境保护主管部门责令停止生产或者使用,直至验收合格,处五万元以上五十万元以下的罚款。

第七十二条　违反本法规定,有下列行为之一的,由县级以上人民政府环境保护主管部门责令限期改正;逾期不改正的,处一万元以上十万元以下的罚款:

(一)拒报或者谎报国务院环境保护主管部门规定的有关水污染物排放申报登记事项的;

(二)未按照规定安装水污染物排放自动监测设备或者未按照规定与环境保护主管部门的监控设备联网,并保证监测设备正常运行的;

(三)未按照规定对所排放的工业废水进行监测并保存原始监测记录的。

第七十三条　违反本法规定,不正常使用水污染物处理设施,或者未经环境保护主管部门批准拆除、闲置水污染物处理设施的,由县级以上人民政府环境保护主管部门责令限期改正,处应缴纳排污费数额一倍以上三倍以下的罚款。

第七十四条　违反本法规定,排放水污染物超过国家或者地方规定的水污染物排放标准,或者超过重点水污染物排放总量控制指标的,由县级以上人民政府环境保护主管部门按照权限责令限期治理,处应缴纳排污费数额二倍以上五倍以下的罚款。

限期治理期间,由环境保护主管部门责令限制生产、限制排放或者停产整治。限期治理的期限最长不超过一年;逾期未完成治理任务的,报经有批准权的人民政府批准,责令关闭。

第七十五条　在饮用水水源保护区内设置排污口的,由县级以上地方人民政府责令限期拆除,处十万元以上五十万元以下的罚款;逾期不拆除的,强制拆除,所需费用由违法者承担,处五十万元以上一百万元以下的罚款,并可以责令停产整顿。

除前款规定外,违反法律、行政法规和国务院环境保护主管部门的规定设置排污口或者私设暗管的,由县级以上地方人民政府环境保护主管部门责令限期拆除,处二万元以上十万元以下的罚款;逾期不拆除的,强制拆除,所需费用由违法者承担,处十万元以上五十万元以下的罚款;私设暗管或者有其他严重情节的,县级以上地方人民政府环境保护主管部门可以提请县级以上地方人民政府责令停产整顿。

未经水行政主管部门或者流域管理机构同意,在江河、湖泊新建、改建、扩建排污口的,由县级以上人民政府水行政主管部门或者流域管理机构依据职权,依照前款规定采取措施、给予处罚。

第七十六条　有下列行为之一的,由县级以上地方人民政府环境保护主管部门责令停止违法行为,限期采取治理措施,消除污染,处以罚款;逾期不采取治理措施的,环境保护主管部门可以指定有治理能力的单位代为治理,所需费用由违法者承担:

(一)向水体排放油类、酸液、碱液的;

(二)向水体排放剧毒废液,或者将含有汞、镉、砷、铬、铅、氰化物、黄磷等的可溶性剧毒废渣向水体排放、倾倒或者直接埋入地下的;

(三)在水体清洗装贮过油类、有毒污染物的车辆或者容器的;

（四）向水体排放、倾倒工业废渣、城镇垃圾或者其他废弃物,或者在江河、湖泊、运河、渠道、水库最高水位线以下的滩地、岸坡堆放、存贮固体废弃物或者其他污染物的;

（五）向水体排放、倾倒放射性固体废物或者含有高放射性、中放射性物质的废水的;

（六）违反国家有关规定或者标准,向水体排放含低放射性物质的废水、热废水或者含病原体的污水的;

（七）利用渗井、渗坑、裂隙或者溶洞排放、倾倒含有毒污染物的废水、含病原体的污水或者其他废弃物的;

（八）利用无防渗漏措施的沟渠、坑塘等输送或者存贮含有毒污染物的废水、含病原体的污水或者其他废弃物的。

有前款第三项、第六项行为之一的,处一万元以上十万元以下的罚款;有前款第一项、第四项、第八项行为之一的,处二万元以上二十万元以下的罚款;有前款第二项、第五项、第七项行为之一的,处五万元以上五十万元以下的罚款。

第七十七条　违反本法规定,生产、销售、进口或者使用列入禁止生产、销售、进口、使用的严重污染水环境的设备名录中的设备,或者采用列入禁止采用的严重污染水环境的工艺名录中的工艺的,由县级以上人民政府经济综合宏观调控部门责令改正,处五万元以上二十万元以下的罚款;情节严重的,由县级以上人民政府经济综合宏观调控部门提出意见,报请本级人民政府责令停业、关闭。

第七十八条　违反本法规定,建设不符合国家产业政策的小型造纸、制革、印染、染料、炼焦、炼硫、炼砷、炼汞、炼油、电镀、农药、石棉、水泥、玻璃、钢铁、火电以及其他严重污染水环境的生产项目的,由所在地的市、县人民政府责令关闭。

第七十九条　船舶未配置相应的防污染设备和器材,或者未持有合法有效地防止水域环境污染的证书与文书的,由海事管理机构、渔业主管部门按照职责分工责令限期改正,处二千元以上二万元以下的罚款;逾期不改正的,责令船舶临时停航。

船舶进行涉及污染物排放的作业,未遵守操作规程或者未在相应的记录簿上如实记载的,由海事管理机构、渔业主管部门按照职责分工责令改正,处二千元以上二万元以下的罚款。

第八十条　违反本法规定,有下列行为之一的,由海事管理机构、渔业主管部门按照职责分工责令停止违法行为,处以罚款;造成水污染的,责令限期采取治理措施,消除污染;逾期不采取治理措施的,海事管理机构、渔业主管部门按照职责分工可以指定有治理能力的单位代为治理,所需费用由船舶承担:

（一）向水体倾倒船舶垃圾或者排放船舶的残油、废油的;

（二）未经作业地海事管理机构批准,船舶进行残油、含油污水、污染危害性货物残留物的接收作业,或者进行装载油类、污染危害性货物船舱的清洗作业,或者进行散装液体污染危害性货物的过驳作业的;

（三）未经作业地海事管理机构批准,进行船舶水上拆解、打捞或者其他水上、水下船舶施工作业的;

（四）未经作业地渔业主管部门批准,在渔港水域进行渔业船舶水上拆解的。

有前款第一项、第二项、第四项行为之一的,处五千元以上五万元以下的罚款;有前款第三项行为的,处一万元以上十万元以下的罚款。

第八十一条　有下列行为之一的,由县级以上地方人民政府环境保护主管部门责令停止违法行为,处十万元以上五十万元以下的罚款;并报经有批准权的人民政府批准,责令拆除或者关闭:

（一）在饮用水水源一级保护区内新建、改建、扩建与供水设施和保护水源无关的建设项目的;

（二）在饮用水水源二级保护区内新建、改建、扩建排放污染物的建设项目的;

（三）在饮用水水源准保护区内新建、扩建对水体污染严重的建设项目,或者改建建设项目增加排污量的。

在饮用水水源一级保护区内从事网箱养殖或者组织进行旅游、垂钓或者其他可能污染饮用水水体的活动的,由县级以上地方人民政府环境保护主管部门责令停止违法行为,处二万元以上十万元以下的罚款。个人在饮用水水源一级保护区内游泳、垂钓或者从事其他可能污染饮用水水体的活动的,由县级以上地方人民政府环境保护主管部门责令停止违法行为,可以处五百元以下的罚款。

第八十二条 企业事业单位有下列行为之一的,由县级以上人民政府环境保护主管部门责令改正;情节严重的,处二万元以上十万元以下的罚款:

(一)不按照规定制定水污染事故的应急方案的;

(二)水污染事故发生后,未及时启动水污染事故的应急方案,采取有关应急措施的。

第八十三条 企业事业单位违反本法规定,造成水污染事故的,由县级以上人民政府环境保护主管部门依照本条第二款的规定处以罚款,责令限期采取治理措施,消除污染;不按要求采取治理措施或者不具备治理能力的,由环境保护主管部门指定有治理能力的单位代为治理,所需费用由违法者承担;对造成重大或者特大水污染事故的,可以报经有批准权的人民政府批准,责令关闭;对直接负责的主管人员和其他直接责任人员可以处上一年度从本单位取得的收入百分之五十以下的罚款。

对造成一般或者较大水污染事故的,按照水污染事故造成的直接损失的百分之二十计算罚款;对造成重大或者特大水污染事故的,按照水污染事故造成的直接损失的百分之三十计算罚款。

造成渔业污染事故或者渔业船舶造成水污染事故的,由渔业主管部门进行处罚;其他船舶造成水污染事故的,由海事管理机构进行处罚。

第八十四条 当事人对行政处罚决定不服的,可以申请行政复议,也可以在收到通知之日起十五日内向人民法院起诉;期满不申请行政复议或者起诉,又不履行行政处罚决定的,由做出行政处罚决定的机关申请人民法院强制执行。

第八十五条 因水污染受到损害的当事人,有权要求排污方排除危害和赔偿损失。

由于不可抗力造成水污染损害的,排污方不承担赔偿责任;法律另有规定的除外。

水污染损害是由受害人故意造成的,排污方不承担赔偿责任。水污染损害是由受害人重大过失造成的,可以减轻排污方的赔偿责任。

水污染损害是由第三人造成的,排污方承担赔偿责任后,有权向第三人追偿。

第八十六条　因水污染引起的损害赔偿责任和赔偿金额的纠纷,可以根据当事人的请求,由环境保护主管部门或者海事管理机构、渔业主管部门按照职责分工调解处理;调解不成的,当事人可以向人民法院提起诉讼。当事人也可以直接向人民法院提起诉讼。

第八十七条　因水污染引起的损害赔偿诉讼,由排污方就法律规定的免责事由及其行为与损害结果之间不存在因果关系承担举证责任。

第八十八条　因水污染受到损害的当事人人数众多的,可以依法由当事人推选代表人进行共同诉讼。

环境保护主管部门和有关社会团体可以依法支持因水污染受到损害的当事人向人民法院提起诉讼。

国家鼓励法律服务机构和律师为水污染损害诉讼中的受害人提供法律援助。

第八十九条　因水污染引起的损害赔偿责任和赔偿金额的纠纷,当事人可以委托环境监测机构提供监测数据。环境监测机构应当接受委托,如实提供有关监测数据。

第九十条　违反本法规定,构成违反治安管理行为的,依法给予治安管理处罚;构成犯罪的,依法追究刑事责任。

第八章　附　则

第九十一条　本法中下列用语的含义:

(一)水污染,是指水体因某种物质的介入,而导致其化学、物理、生物或者放射性等方面特性的改变,从而影响水的有效利用,危害人体健康或者破坏生态环境,造成水质恶化的现象。

(二)水污染物,是指直接或者间接向水体排放的,能导致水体污染的物质。

（三）有毒污染物，是指那些直接或者间接被生物摄入体内后，可能导致该生物或者其后代发病、行为反常、遗传异变、生理机能失常、机体变形或者死亡的污染物。

（四）渔业水体，是指划定的鱼虾类的产卵场、索饵场、越冬场、洄游通道和鱼虾贝藻类的养殖场的水体。

第九十二条　本法自 2008 年 6 月 1 日起施行。

参 考 文 献

[1] 中华人民共和国住房和城乡建设部．CJJ 60—2011 城镇污水处理厂运行、维护及安全技术规程[S]．北京：中国建筑工业出版社，2012.

[2] 建设部标准定额研究所．CJ/T 221—2005 城市污水处理厂污泥检验方法[S]．北京：中国标准出版社，2006.

[3] 纪轩．废水处理技术问答[M]．北京：中国石化出版社，2005.

[4] 李胜海．城市污水处理工程建设与运行[M]．合肥：安徽科学技术出版社，2001.

[5] 徐亚同，黄民生．废水生物处理的运行管理与异常对策[M]．北京：化学工业出版社，2003.

[6] 冯生华．城市中小型污水处理厂的建设与管理[M]．北京：化学工业出版社，2001.

[7] 张建丰．活性污泥法工艺控制[M]．2 版．北京：中国电力出版社，2010.

[8] 徐强．污水处理节能减排新技术、新工艺、新设备[M]．北京：化学工业出版社，2009.

[9] 沈耀良，王宝贞．废水生物处理新技术：理论与应用[M]．北京：中国环境科学出版社，2000.

[10] 侯立安．小型污水处理与回用技术及装置[M]．北京：化学工业出版社，2002.